BusinessVillage

Christian Bernhardt

Echte Wertschätzung

Beziehungen stärken.
Vertrauen vertiefen.
Teams gemeinsam entwickeln.

BusinessVillage

Christian Bernhardt
Echte Wertschätzung
Beziehungen stärken. Vertrauen vertiefen. Teams gemeinsam entwickeln.
1. Auflage 2022

Bestellnummern
ISBN 978-3-86980-666-2 (Druckausgabe)
ISBN 978-3-86980-667-9 (E-Book, PDF)
ISBN 978-3-86980-668-6 (E-Book, EPUB)

Direktbezug unter www.businessvillage.de/bl/1149

Bezugs- und Verlagsanschrift
BusinessVillage GmbH
Reinhäuser Landstraße 22
37083 Göttingen
Telefon: +49 (0)5 51 20 99-1 00
E-Mail: info@businessvillage.de
Web: www.businessvillage.de

Layout und Satz
Sabine Kempke

Autorenfoto
Dejan Jovanovic; https://novografika.de

Abbildungen Seite 40 und 292
Özlem Türk

Druck und Bindung
www.booksfactory.de

Inhalt

Gender-Hinweis

Aus Gründen der besseren Lesbarkeit wird auf die gleichzeitige Verwendung der Sprachformen männlich, weiblich und divers verzichtet. Sämtliche Personenbezeichnungen gelten gleichermaßen für alle Geschlechter.

Über den Autor

Christian Bernhardt (*1975) ist Hochschuldozent für Kommunikationspsychologie, langjähriger Berater, Trainer, Speaker und Coach. Als Experte für den Fachkräftemangel betreute er seit 2009 über fünfhundert Unternehmen bei der Personalgewinnung und der Verbesserung der Mitarbeiterbindung. Sein Fachbuch zur nonverbalen Kommunikation im Recruiting erreichte 2019 die Amazon-Bestsellerliste im Bereich Personalmanagement und wurde 2022 ins Englische übersetzt. Er schulte über dreihundert Arbeitsmarktmanager zu den Themen Professionelle Arbeitsmarktberatung, Rekrutierung, Mitarbeiterbindung und internationale Fachkräftegewinnung. Als Coach unterstützte er Coachees vom Niveau Berufseinsteiger bis hin zu C-Level Manager von DAX-Konzernen bei der Verbesserung ihrer Kommunikation und Selbstpräsentation.

Er hält Trainings und Vorträge in Unternehmen und verschiedenen Universitäten in Deutschland und der Schweiz und berät Unternehmen bei der Einführung einer neuen Kommunikationskultur, Stärkung des Miteinanders und Entwicklung von Strategien gegen den Fachkräftemangel.

Kontakt

E-Mail: christian@bernhardt-trainings.com.

Mehr Informationen zu aktuellen Veranstaltungen, Veröffentlichungen und Konzepten unter »www.bernhardt-trainings.com« sowie unter »www.linkedin.com/in/christian-bernhardt-trainings«.

Downloadangebot zum Buch

Um die Inhalte dieses Buches zu vertiefen habe ich für Sie zusätzliche Inhalte zu einem digitalen Wertschätzungspaket geschnürt. Es bietet Hintergrundwissen und Arbeitshilfen, die den Brückenschlag in die Praxis erleichtern und die Transfereffizienz erhöhen.

Inhalte für die digitale Wertschätzungsbox:

1. Bonuskapitel zu Micro Habits
2. Übersicht zu den Micro Habits, Übungen und Maßnahmen
3. PowerPoint-Vorlage: MRS – Mitarbeiter Relationship System
4. Kopiervorlage Wertschätzende Affirmationen
5. Copy & Paste Vorlage – Subliminale Affirmationen für mehr Wertschätzung
6. Druckvorlage: Vier-Ohren-Test
7. Druckvorlage: Test zu den fünf Sprachen der Anerkennung
8. Link zum Video zur Drei-Punkt-Kommunikation und Stimmmuster
9. Checkliste: Stresssignale
10. Checkliste: Ungeduldsignale
11. Chekliste: Intentionsbewegungen
12. Rabatt-Code für Clown-Workshop
13. Rabatt-Code für Warum-Workshop und Zukunftswerkstatt
14. Linkliste zu den Online-Tools im Buch
15. Kommentierte Literaturempfehlungen

www.businessvillage.de/DL-1149.html

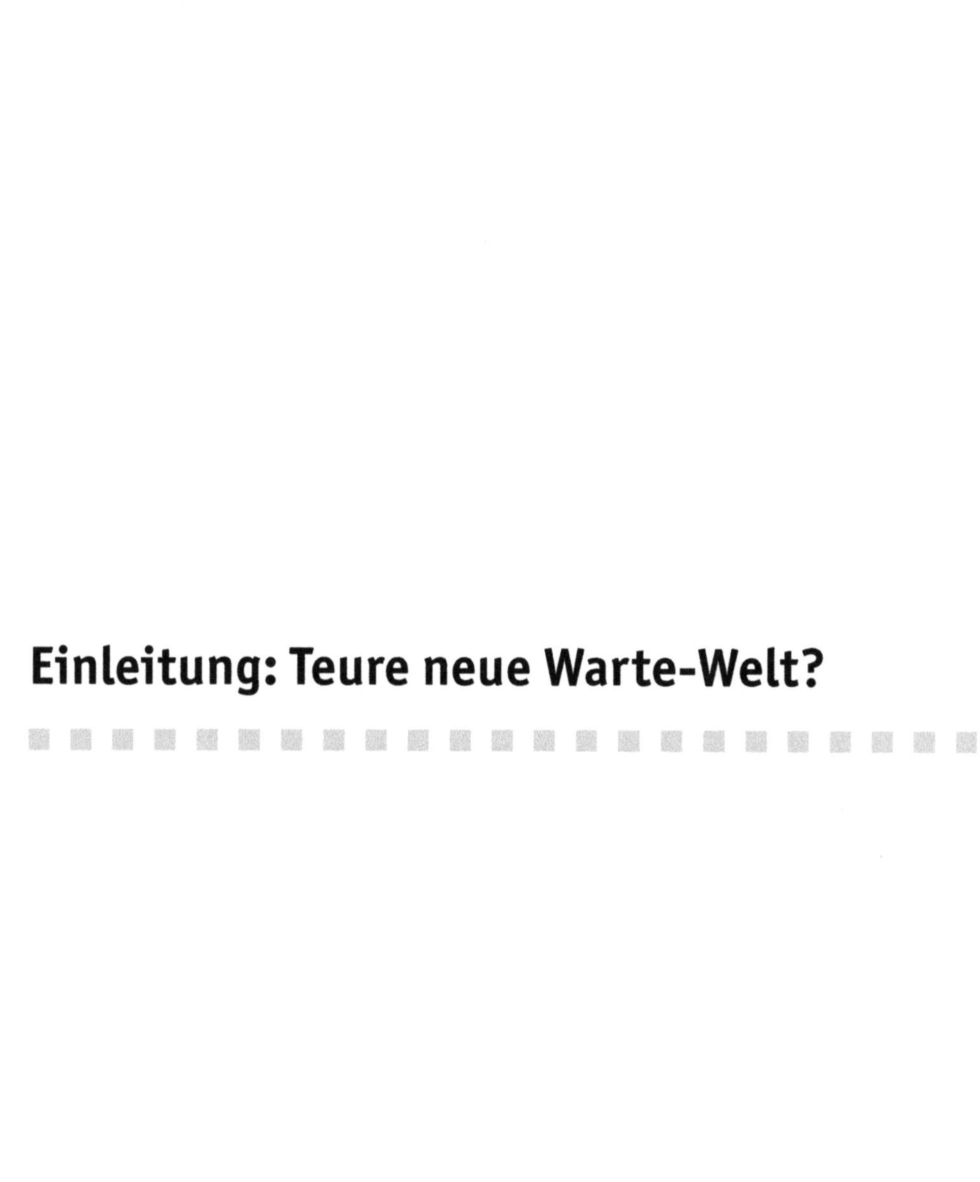

Einleitung: Teure neue Warte-Welt?

Stellen Sie sich vor, es ist ein strahlend schöner Sonntag im Frühsommer: Warm, aber nicht zu heiß. Sie fahren mit Freunden oder der Familie in einen Freizeitpark, um sich bei Achterbahnfahrten, auf Geisterbahnen und in Piraten-Höhlen in andere Welten entführen zu lassen. Strahlende Gesichter, Schokowaffeln, gute Laune: Was will man mehr? Der Europa-Park im badischen Rust ist neben dem Disneyland Paris der größte in ganz Europa. Ich erinnere mich noch, wie mein Vater mich 1984 auf dem Nachhauseweg einer gemeinsamen Reise kurzerhand dorthin entführte und mir diese fantastische Welt das erste Mal zeigte. Ein spontaner Besuch wie damals ist heute leider nicht mehr möglich: Bedingt durch den Personalmangel dürfen statt der fünfzigtausend Besucher, die gerne hineinwollen, seit Juni 2022 nur noch dreißigtausend Besucher pro Tag in den Park. Wer sicher sein will, dass er nicht wieder nach Hause geschickt wird, sollte sein Ticket online vorbestellen. Nach zwei belastenden Pandemie-Jahren kosten die fehlenden Fachkräfte den Park rund eine Million Euro pro Tag. Um das zu kompensieren ist geplant, an Spitzentagen die Eintrittspreise zu erhöhen.

Mangelnde Flexibilität, längere Wartezeiten, höhere Preise – der Fachkräftemangel ist längst kein abstraktes Problem mehr einzelner Unternehmen. Jedes Jahr dringt er stärker in unseren Alltag ein: Flugzeuge starten mit vier Stunden Verspätung, weil die Crew noch in der Luft ist und einen anderen Flug bedient. Restaurants schließen früher und bleiben an mehreren Tagen pro Woche ganz geschlossen, weil die Mitarbeiter für die zweite Schicht fehlen. Handwerker sind auf Monate hinaus ausgelastet und erleben steigende Reklamationen, weil sie gezwungen sind, mit zweitklassigen Helfern zu arbeiten.

Obwohl es in Deutschland mehr Fachkräfte und Erwerbstätige gibt denn je, fehlen sie an allen Ecken und Enden. Eine weitere Entwicklung verschärft die Situation. Während es immer schwieriger wird, neue Mitarbeiter zu gewinnen, ist deren Loyalität gesunken und die Fluktuation gestiegen. Während die Personalgewinnung sich bemüht, neue Mitarbeiter durch den Haupteingang ins Unternehmen zu bringen, verschwindet die bestehende Belegschaft durch die Hintertür. Das erinnert an einen löchrigen Fahrradschlauch, den man erfolglos versucht, wieder aufzupumpen.

Alle Stellen besetzt, alle Mann an Bord: Was früher Normalität war, ist heute Luxus. Trotzdem gibt es sie noch, die Oasen in der Fachkräftewüste. Unternehmen, die sich vor Nachfrage kaum retten können: Ihre Stellen sind gut besetzt, die Mitarbeiter engagiert und treu. Beispiele gibt es in allen Branchen. Sie zeigen, dass externe Effekte allein, wie demografische Entwicklung, Digitalisierung, Strukturwandel und Co. nicht der einzige Grund für den Fachkräftemangel sein können. Aber worin gründet er dann?

Wenn es drum geht, Mitarbeiter anzuziehen, zu motivieren und zu halten, vergessen Unternehmen oft eine simple Banalität. Es handelt sich bei Mitarbeitern nicht einfach um humane Ressourcen, die man einsetzen, verschieben und verbrauchen kann, sondern um Menschen. Und diese haben Bedürfnisse. Seit Jahren belegen Studien der renommiertesten Beratungsunternehmen: In diesen harten Zeiten kommen die Antworten für erfolgreiches Wirtschaften aus den weichen Bereichen. Unsere Wirtschaftswelt scheint zwar von Zahlen, Zielen, Konkurrenz und disruptiven Märkten geprägt, die wahren Erfolgsfaktoren sind aber Menschlichkeit und Wertschätzung.

Dabei geht es jedoch nicht um Wertschätzungsparolen, die auf großen Tafeln im Eingangsbereich verkünden, dass hier der Mensch im Mittelpunkt steht! Das tat er ja auch schon bei den Kannibalen ... Es geht nicht um oberflächliche Lippenbekenntnisse, sondern um echte Wertschätzung. Unternehmen, die das verinnerlichen, erleben regelmäßig eine Riesenüberraschung. Kaum stehen die Mitarbeiter nämlich wirklich im Mittelpunkt, verändern sich auch die Zahlen. Und zwar positiv: Neue Stellen werden ohne langwierige Recruiting-Kampagnen besetzt. Mitarbeiter, die sich wertgeschätzt fühlen, blühen auf und gewinnen Stammkunden und Multiplikatoren. Schwierige Probleme werden ohne teure Berater gelöst. Innovationen ploppen auf, Wandel und Anpassung an neue Herausforderungen vollziehen sich organisch, ohne aufwendige Change-Projekte. Sie werden staunen, wenn Sie im ersten Kapitel lesen, wie stark die messbare Wirkung ist.

Aber wie gelingt echte Wertschätzung? Und wie lässt sie sich im dichten und stressigen beruflichen Alltag leben? Davon handeln die über hundert Micro-Habits, Maßnahmen und Impulse in diesem Buch. Sie beschreiben die verschiedenen Facetten der Wertschätzung, schärfen das Verständnis für deren Feinheiten, aber auch für Hindernisse und Dilemmata. Sie zeigen mögliche nächste Schritte zu stärkeren Beziehungen, tieferem Vertrauen und gemeinschaftlichen Teams. Fühlen Sie sich dabei wie an einem guten Büffet: Laden Sie sich das, was auf Anhieb passt, auf Ihren Führungsteller, nehmen Sie von anderen Inhalten zunächst nur ein kleines Löffelchen und lassen Sie ein paar andere Impulse ruhig erst mal ganz liegen. Sie können ja später nochmal zugreifen. Beim Lesen wünsche ich Ihnen sowohl spannende Unterhaltung als auch inspirierende Aha-Erlebnisse und bei der Arbeit eine Atmosphäre und ein Miteinander, die von echter Wertschätzung erfüllt sind!

Ihr

1.

Wertschätzung – die Schlüsselgröße der Arbeitswelt

Wer Geringschätzung sät,
wird Kündigungen ernten.

1.1 Warum Wertschätzung so wichtig ist und wie sie zum Unternehmenserfolg beiträgt

Stellen Sie sich vor, Sie hätten glückliche Mitarbeiter, die jeden Tag gerne zur Arbeit kommen. Alle ziehen gemeinsam an einem Strang und inspirieren und unterstützen sich gegenseitig. Die gute Stimmung springt auf die Kunden über, die den Kontakt mit Ihrem Unternehmen als etwas Besonderes erleben. Bei neuen Herausforderungen sind alle motiviert dabei und finden schnell kreative und innovative Ideen. Fehlzeiten, Ausfälle und Konflikte müssen Sie mit der Lupe suchen. Fluktuation und ungeplante Kündigungen gibt es nicht mehr. Bei gemeinsamen Aktionen finden sich ohne Probleme interessierte Freiwillige. Ist eine Stelle neu zu besetzen, fallen den Mitarbeitern passende Bekannte ein, die sich nach einer Empfehlung gerne bei Ihnen vorstellen, gut zur Stelle und zum Team passen und sich anschließend fast wie von selbst integrieren. Wenn die Mitarbeiter gefragt werden, was ihr Unternehmen so besonders macht, antworten sie mit strahlenden Augen: »Ich fühle mich hier auch als Mensch ernst genommen und von meinem Chef wertgeschätzt!«

Es gibt Unternehmen, in denen genau dies der Fall ist. Leider stellen sie aber noch immer eine Ausnahme dar. Als im Frühjahr 2021 die Welt eine erste Atempause nach dem Corona-Lockdown-Winter nahm, setzte in den USA die größte Kündigungswelle aller Zeiten ein; ein Jahr später fand die Great Resignation den Weg über den Atlantik und erreichte Deutschland. 2022 denkt hierzulande knapp jeder vierte Mitarbeiter darüber nach, sein Unternehmen in den nächsten zwölf Monaten zu verlassen. Beinahe jeder Zweite will sich in den nächsten drei Jahren neu orientieren (vgl. Werner 2022). Doch Kündigungen erfolgen nicht über Nacht. Verschiedene Zeichen weisen schon früh auf sich entwickelnde Schieflagen hin:

- Die Stimmung im Unternehmen oder Team verschlechtert sich von Jahr zu Jahr.
- Fluktuation und Fehlzeiten nehmen zu.
- Es wird immer schwieriger, neue Mitarbeiter zu gewinnen.
- Die Belastung der Mitarbeiter und die Bürokratie wachsen.
- Die Mitarbeiter beteiligen sich weniger an gemeinsamen Aktivitäten.
- Spannungen und Konflikte im Team nehmen zu.
- Die Kundenzufriedenheit sinkt, negatives Feedback und Beschwerden nehmen zu.

Nicht nur beim Arzt ist eine gute Diagnose die halbe Heilung. Die Ursachen für die beschriebenen Symptome sind vielfältig, verdichten sich jedoch häufig auf einen Punkt – und der heißt »Wertschätzung«.

1.1.1 Harte Fakten zur weichen Wertschätzung

Wertschätzung hört sich zunächst nach einem weichen Thema an, das geopfert werden kann, sobald der Wind rauer wird und die harten Zahlen in Gefahr sind. Ironischerweise liegt genau in diesem Fehlschluss die Ursache vieler Fehlschläge, denn:

Mangelnde Wertschätzung ist die Ursache vieler Übel, die Unternehmen aktuell bedrohen und herausfordern, darunter die Verschlechterung des Arbeitsklimas, lange Vakanzzeiten offener Stellen und ungewollte Kündigungen von Seiten der Mitarbeiter.

Auch wenn Wertschätzung kein Allheil- oder Wundermittel ist, wirkt sie jedoch oft wie ein Breitbandantibiotikum, das vielen Symptomen vorbeugt. Gegenseitige Wertschätzung ist ein gemeinsamer Nenner, ein stabiles Fundament, das es braucht, um gemeinsam etwas aufzubauen. Kurz: Wertschätzung ist nicht alles, aber ohne Wertschätzung ist alles nichts.

In unserer komplexen, vielschichtigen Wirtschaftswelt und in Zeiten des Fachkräftemangels und der Great Resignation führt an Wertschätzung kein Weg vorbei, wenn Unternehmen auch zukünftig noch am Markt bestehen möchten.

Hier ein paar harte Daten zur weichen Wertschätzung: Sie ...

... ist für Mitarbeiter das wichtigste Charakteristikum guter Arbeit.
So gaben 74,3 Prozent der Mitarbeiter bei einer Softgarden-Studie (2018) an, dass ihnen bei ihrem neuen Arbeitgeber am wichtigsten sei, wertgeschätzt zu werden und sich willkommen zu fühlen. Das wurde jedoch leider nur in 44,2 Prozent aller Fälle auch nach dem Wechsel so erlebt. Und so geht die Suche weiter und das Personalkarussell dreht sich.

... ist eine zentrale Voraussetzung für Kreativität und Innovation und damit für die Wettbewerbsfähigkeit einer Organisation.
Um große Projekte zu stemmen, braucht es mehr als nur brillante Mitarbeiter. Wie die Aristoteles-Studie von Google (vgl. Rozovsky 2015) zeigt, ist psychologische Sicherheit am Arbeitsplatz der kritische Erfolgsfaktor, damit Spitzenteams entstehen. Psychologische Sicherheit zeichnet sich durch Respekt, Anerkennung und Wertschätzung aus. Ohne Wertschätzung kein Safe Space, ohne Safe Space keine Kreativität und Innovation.

... macht Unternehmen fit für die Zukunft der Arbeit und für New Work.
In der vernetzten Gesellschaft braucht es neue Formen der Zusammenarbeit, um den Anforderungen erfolgreich zu begegnen. Frederic Laloux beschreibt in »Reinventing Organizations« (2015), dass sich evolutionäre Unternehmen durch drei Durchbrüche auszeichnen: Ganzheit, evolutionärer Purpose und Selbstorganisation. Alle drei sind direkt mit Wertschätzung verbunden: Wertschätzung des ganzen Menschen (Ganzheit), Wertschätzung sämtlicher Stakeholder (Purpose) und Wertschätzung der Fachkompetenz sowie Ent-

scheidungsfähigkeit der Mitarbeiter an der Basis (Selbstorganisation). Eine mitarbeiterzentrierte und wertschätzende Firmenkultur legt die Grundlage, um erfolgreich in instabilen und komplexen Umfeldern zu agieren.

... erhöht die Attraktivität als Arbeitgeber, verbessert die Mitarbeiterbindung und senkt die Fluktuation.

Die Erfahrungen vieler Unternehmer zeigen, dass sich die Arbeitgeberattraktivität signifikant verbessert, die Mitarbeiterbindung steigt und die Fluktuation sinkt, wenn sie sich klar zu ihren Mitarbeitern bekennen, ihr Menschenbild und ihr Verständnis von Führung aktualisieren und eine neue Kultur einführen. Die prominentesten Beispiele sind die Bodo Janssens Hotelkette Upstalsboom und der deutsche Drogist dm. Werden die Mitarbeiter dagegen nicht wertgeschätzt, steigen die Kündigungen. Im Fokus steht dabei die Führungskraft. Laut Fredmund Malik, Europas bekanntestem Managementexperten verlassen 80 Prozent der Mitarbeiter ihr Unternehmen aufgrund des Verhältnisses zu ihrem Vorgesetzten.

... reduziert Fehlzeiten und Krankheitstage.

Auch die jährlich durchgeführten Engagement-Untersuchungen des Gallup-Instituts zeigen: Mitarbeiter kommen wegen des Unternehmens, bleiben wegen des Jobs, aber sie gehen wegen des direkten Vorgesetzten. Engagement, Fehlzeiten und Krankheitstage der Mitarbeiter hängen direkt von der Führung ab. Führungskräfte nehmen ihre Fehlzeiten, Krankenquoten und Fluktuationsquoten mit. Wertschätzende Kommunikation ist ein zentraler Aspekt, um den Kontakt zu den Mitarbeitern und die Beziehung zu verbessern.

... verbessert das Miteinander und hält Unternehmen und Teams in Krisenzeiten zusammen.

Eine Robert-Half-Studie zum Thema »Glück bei der Arbeit« (vgl. Half 2016) belegt, dass der Vorgesetzte für die Beziehung und die Stimmung im Team verantwortlich ist. Wertschätzende Führung verbessert das Miteinander und stärkt den Teamgeist, der die Grundlage bildet, damit die Gruppe in schwierigen Zeiten zusammenhält und nicht auseinanderbricht.

... ist die Voraussetzung dafür, dass Vertrauen entsteht.

Ob beruflich oder privat: Über kaum einen Punkt herrscht so große Einigkeit wie darüber, dass Vertrauen die Grundlage bildet für gelingende und nachhaltige Beziehungen. In seinem Bestseller »Das Wunder der Wertschätzung« beschreibt Prof. Dr. Reinhard Haller (2019: 180), dass Wertschätzung die direkte Voraussetzung ist, damit Vertrauen überhaupt erst entstehen kann.

... beugt physischen und psychischen Krankheiten vor.

Ein Defizit an Wertschätzung ist ein Stressor ersten Ranges, der unter anderem zu Ängsten, Frustrationen, Burn-out, Depressionen, aber ebenso zu Rückenschmerzen und erhöhten Entzündungswerten führen kann (vgl. Bartens 2018).

... erhöht die Kundenzufriedenheit, die Umsätze und das Wachstum.

Wertschätzung von Seiten der Führungskräfte wird vom Mitarbeiter zum Kunden weitergetragen und schlägt sich dadurch direkt auf das Betriebsergebnis nieder. Für die Studie von Heidrick and Struggles (2021) wurden weltweit fünfhundert CEOs über die Erfolgstreiber ihrer Unternehmen befragt. Jene, die bewusst die Firmenkultur in den Mittelpunkt stellten, erreichten ein Wachstum, das mit 9,1 Prozent mehr als doppelt so hoch war wie das der übrigen Unternehmen mit nur 4,4 Prozent. Um die erforderliche Kultur zu etablieren, setzten die erfolgreichen Unternehmen bewusst auf Wertschätzung der Mitarbeiter und auf mehr Kontakt auf Augenhöhe durch hierarchieübergreifende Dialoge.

1.1.2 Wertschätzung auf dem Prüfstand

Wenn Wertschätzung solch ein wichtiger Erfolgsfaktor ist, warum wird sie dann nicht viel konsequenter genutzt? Die Antwort ist einfach: Wer nicht weiß, dass er ein Problem hat, denkt auch nicht darüber nach, etwas zu ändern. Eine McKinsey Studie zeigte 2021, dass von den Top 4 Gründen, wegen derer Mitarbeiter schließlich ihr Unternehmen verlassen, die Arbeitgeber nur den viertwichtigsten richtig einschätzen: Mangelnde Work-Life-Balance. In Bezug auf die Top 3 tappten die Unternehmen dagegen völlig im Dunkeln. Diese sind mangelnde Wertschätzung durch die Organisation, mangelnde Wertschätzung durch den direkten Vorgesetzten und ein mangelndes Zugehörigkeitsgefühl. In Bezug auf Wertschätzung und Anerkennung trügt regelmäßig die eigene Überzeugung. Wie eine Studie der Initiative Kraftwerk Anerkennung zeigt, sind 81 Prozent der Führungskräfte der Meinung, sie gäben häufig Anerkennung. Aber die Absicht des Handelns muss nicht mit ihrer Wirkung übereinstimmen. Die vermeintlich gezeigte Anerkennung muss vom Mitarbeiter auch als solche wahrgenommen und empfunden werden, um zu wirken. Das ist jedoch in der Regel nicht der Fall, denn ganze 60 Prozent der Mitarbeiter beurteilten die Wertschätzungsbereitschaft ihrer Vorgesetzten als sehr mäßig.

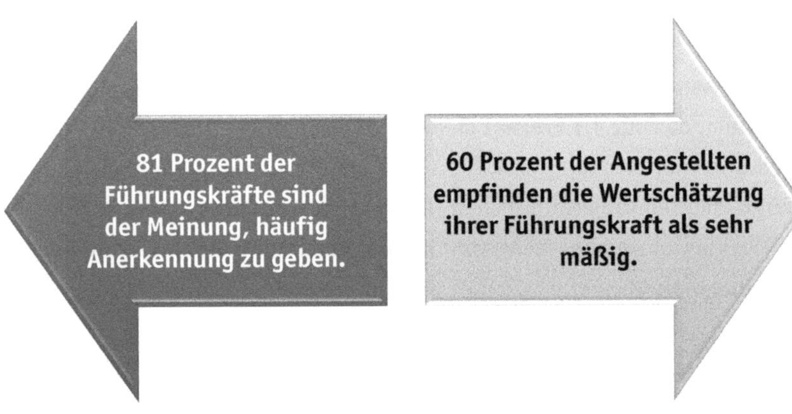

Abbildung 1: Fremdbild und Selbstbild von Anerkennung und Wertschätzung. Eigene Darstellung auf Basis der Studie der Initiative »Kraftwerk Anerkennung«, 2013.

Auch wenn es unangenehm ist, sollten sich Führungskräfte beim Thema Wertschätzung lieber nicht auf ihren ersten Eindruck und ihr Bauchgefühl verlassen. Wie weit Selbst- und Fremdbild auseinanderklaffen können, zeigen anschaulich das Buch »Die stille Revolution« und der gleichnamige Dokumentarfilm, in dem der Unternehmer Bodo Janssen beschreibt, wie ihn als junger Unternehmer die Ergebnisse einer Mitarbeiterumfrage erbarmungslos in die Realität katapultierten, nachdem er zuvor in der Illusion gelebt hatte, »ein guter Chef« zu sein.

Janssen nahm sich die Rückmeldungen seiner Mitarbeiter zu Herzen, arbeitete an sich und schreibt seither mit einem wertschätzenden Führungsstil eine fulminante Erfolgsgeschichte. Dabei gibt er offen zu, dass Wertschätzung und Mitarbeiterorientierung kein sozialromantisches Klimbim sind, sondern knallhartes Businesskalkül, damit die Zahlen stimmen. Trotzdem kommt sie von innen, und so gibt der Erfolg ihm Recht und beweist, dass zufriedene Mitarbeiter und erfolgreiches Wirtschaften miteinander vereinbar sind.

Wer sich die sehenswerte Doku anschaut, erlebt nicht nur Gänsehautmomente und tiefe Berührungen, wenn erkennbar wird, wie sich das ganze Leben der Mitarbeiter durch eine wertschätzende Führung verändert, sondern er sieht auch, dass Janssens Kalkül aufgeht. Die um 80 Prozent gestiegene Mitarbeiterzufriedenheit führte zu einer um 98 Prozent gestiegenen Gästezufriedenheit und einer Verdoppelung des Umsatzes in den folgenden drei Jahren. Gleichzeitig sanken die Fehlzeiten von 8 Prozent auf unter 3 Prozent, während die neue Führungskultur zu einem so starken Imagezuwachs führte, dass die Anzahl der Bewerbungen um 500 Prozent stieg (vgl. Scherer 2016: 242). Fachkräftemangel bei Upstalsboom? Fehlanzeige!

1.1.3 Das Zünglein an der Waage im War for Talents

Wie eine Deloitte-Studie im Herbst 2021 zeigte, stellten nicht Corona und die Folgen des Maßnahmenfeuerwerks der Politik die größte Gefahr für die deutsche Wirtschaft dar, sondern nach wie vor der altbekannte Fachkräftemangel (vgl. Tagesschau 2021). In diesem Zusammenhang ist vielen gar nicht bewusst, dass das Gerangel um gute Mitarbeiter gerade erst richtig losgeht: Die Lücke am Arbeitsmarkt, die 2022 noch bei etwas über zwei Millionen liegt, wird sich bis zum Ende des Jahrzehnts verdreifachen und auf knapp sechs Millionen fehlende Fachkräfte steigen (vgl. Wolf 2020: 37). Dahinter stehen ein demografischer Wandel einerseits und ein struktureller Wandel andererseits. In den letzten fünfundzwanzig Jahren wurden bedeutend weniger Menschen geboren, als in den Generationen davor. Jährlich gehen bis 2030 weitaus mehr ältere Arbeitnehmer in Rente, als junge ins Berufsleben einsteigen. Gleichzeitig verändern sich immer mehr Berufsbilder im Rahmen der digitalen Entwicklung und verlangen nach Spezialisten und Experten. Der Fachkräftemangel wird also durch eine sich öffnende Qualifikationsschere verstärkt. Fähige Mitarbeiter sind gefragter denn je.

Unternehmen brauchen sehr gute Argumente und einen exzellenten Ruf als Arbeitgeber, wenn sie in den kommenden Jahren Mitarbeiter gewinnen wollen.

Und dennoch: Die Beispiele Upstalsboom und dm zeigen, dass es möglich ist und Wertschätzung einer der wichtigsten Schlüssel zum Meistern der Situation ist, wenn sie sogar dazu beiträgt, die Anzahl der Bewerber um 500 Prozent zu steigern.

Die magnetische Kraft der Wertschätzung, die Mitarbeiter anzieht und ans Unternehmen bindet, wird in den nächsten Jahren besonders für den Mittelstand zum kritischen Erfolgsfaktor. Denn beim Kampf um die besten Mitarbeiter graben ihm Start-ups und Großkonzerne gleich von zwei Seiten das Bewerber-Wasser ab. Start-ups punkten mit flachen Hierarchien, vielen Gestaltungsmöglichkeiten und ihrem dynamischen Flair. Großunternehmen profitieren auch bei der Personalgewinnung von der Bekanntheit ihrer Marke.

Wenn Google bis zu sechstausend Bewerbungen auf offene Stellen erhält, bekommt es den Fachkräftemangel nicht wirklich zu spüren. Auch Bosch, Siemens, Mercedes und Co. können bei zu besetzenden Stellen in der Regel aus dem Vollen schöpfen und ihren Bedarf decken. Das tun sie aktuell noch verhältnismäßig moderat. Wenn bei ihnen in den nächsten Jahren aber die letzten Mitarbeiter der starken Babyboomer-Jahrgänge in Rente gehen, werden die großen Player erheblich größere Bewerberzahlen vom knappen Markt abschöpfen. Für kleine und mittlere Betriebe wird es dann noch schwerer.

Eine IAB-Studie (vgl. Bossler et al. 2017) zeigte bereits 2016, dass jedes dritte kleine Unternehmen die Personalsuche erfolglos abbrechen musste, während das nur bei zwei Prozent der mittleren und großen Betriebe der Fall war. Die rote Laterne, die aktuell noch bei den Kleinunternehmen hängt, wird in den kommenden Jahren an jene Unternehmen weitergereicht, die es versäumen, eine mitarbeiterfreundliche Kultur zu entwickeln.

Wenn bei der »Recruiting-Reise nach Jerusalem« Jahr für Jahr weitere Stühle aus dem Spiel genommen werden, steigen die Angebote der Konkurrenz. Je besser diese sind, desto höher muss die Zufriedenheit der Beschäftigten sein, damit es nicht zur großen Abwanderungswelle kommt. Schon vor Corona verdoppelte sich zwischen 2016 und 2019 die Zahl der ungewollten Fluktuationen mit erheblichen Kosten: Jede schlägt mit mindestens 45.000 Euro zu Buche (vgl. Wolf 2020). Hat mal wieder ein Mitarbeiter gekündigt, ist Warten angesagt: Laut IAB verdoppelte sich zwischen 2010 und 2020 die Zeit, die es braucht, um eine neue Stelle zu besetzen von durchschnittlich siebenundfünfzig auf hundertvierundzwanzig Tage. In dieser Zeit werden die verbleibenden Mitarbeiter stärker belastet und das Wachstum gebremst. Auch das kostet:

Rechnet man direkte und indirekte Kosten ein, so lässt sich als Faustregel kalkulieren, dass rund das Dreifache des Gehalts, das man einem Angestellten gerne bezahlen würde, an Kosten entsteht, wenn eine Stelle nicht besetzt werden kann.

Licht am Ende des Fluktuations-Tunnels

So düster die Aussichten zunächst erscheinen, es gibt auch gute Gründe zur Hoffnung. Die Verhaltensökonomik belegt, dass Menschen ein natürliches Bedürfnis nach Sicherheit und Vorhersagbarkeit haben. Daher schrecken Mitarbeiter vor einem Arbeitgeberwechsel zunächst intuitiv zurück. Ein Risiko geht man erst dann ein, wenn der erhoffte Gewinn etwa doppelt so hoch ist wie der mögliche Verlust.

Es wird dem Wettbewerb also nur schwer gelingen, die Mitarbeiter allein über das Gehalt und die Kraft der starken Marke wegzulocken, auch wenn beides wichtige Faktoren bilden. Gehalt stellt einen Hygienefaktor dar, aber es gibt einen Trade-Off: 10 Prozent mehr Vertrauen entwickeln den gleichen Effekt wie 30 Prozent mehr Gehalt (vgl. Haller 2019). Wegen des Geldes allein gehen also nur die wenigsten. Es verhält sich eher so wie in Beziehungen: Solange zu Hause alles in Ordnung ist, haben Nebenbuhler schlechte Chancen. Erst wenn die Beziehung in eine Schieflage gerät und es kriselt, öffnen sich Mann oder Frau für andere Angebote. Eine Boston-Consulting-Studie mit global über 360.000 Teilnehmern belegt, dass die Wertschätzung der eigenen Arbeit und gute Beziehungen zu den Kollegen im Raum Deutschland, Österreich, Schweiz das wichtigste Kriterium für gute Arbeit sind (vgl. Strack 2018). Werden diese Bedürfnisse erfüllt, steigen die Treue und Loyalität der Angestellten und schützen das Unternehmen vor den Abwerbeversuchen der Konkurrenten.

1.2 Ökonomisches versus humanistisches Verständnis von Wertschätzung

Wertschätzung klar zu definieren, fällt zunächst gar nicht so leicht. Die Ursache hierfür liegt darin, dass es sich im Alltag bei Wertschätzung einfach um ein persönliches, subjektives Gefühl handelt, das durch unsere individuelle Geschichte, unsere soziokulturelle Prägung, durch unseren aktuellen Zustand und die Beziehung zum Gegenüber geprägt wird. Mit Wertschätzung ist es ähnlich wie mit Vertrauen: Wir bemerken sie erst, wenn sie fehlt. Wenn sie thematisiert werden muss, ist das Kind bereits in den Brunnen gefallen.

Ein weiteres Kriterium für unsere Beurteilung von Wertschätzung hängt davon ab, in welcher Rolle wir uns befinden: Wenn wir sie erweisen, sind wir weniger sensibel, als wenn wir sie empfangen. Dieser Mechanismus ist bereits in der Bibel beschrieben: Wir sehen den Splitter im Auge unseres Bruders, aber nicht den Balken im eigenen Auge. Trotzdem ist die in Abbildung 1 auf Seite 22 dargestellte Diskrepanz zu groß: Wenn 81 Prozent der Führungskräfte sich als wertschätzend erleben, aber 60 Prozent der Mitarbeiter die Wertschätzung ihrer Führungskraft als überaus mäßig beschreiben, liegt der Verdacht nahe, dass es tieferliegende Ursachen gibt. Und die gibt es tatsächlich.

1.2.1 Wachstum oder Würde

Das Verständnis darüber, was Wertschätzung ist, hat sich im 19. Jahrhundert in zwei unterschiedliche Bedeutungen aufgeteilt, und so existieren heute zwei Arten des Verständnisses von Wertschätzung. Die ursprüngliche Bedeutung kam aus der Ökonomie und bezog sich darauf, den Wert einer Sache zu taxieren, also zu schätzen. Da sie aus der Wirtschaftswelt kam, beziehen sich Unternehmer und Führungskräfte im Berufsleben noch heute intuitiv auf diese Bedeutung, denn sie müssen sich ja ständig fragen, ob sich eine Entscheidung oder Investition trägt oder nicht, ob sie also einen Wert schafft oder nicht.

Ein Mitarbeiter, der wertvoll fürs Unternehmen ist, wird entsprechend höher geschätzt, als einer, der durch mäßige Kompetenz, Engagement und Leistung weniger zum Geschäftserfolg beiträgt oder ihm gar im Weg steht. Was dabei geschätzt wird, ist die Erfüllung einer Rolle: Wenn uns ein Verkäufer gut berät, ein Friseur uns einen ordentlichen Haarschnitt verpasst oder ein Zahnarzt sauber arbeitet, schätzen wir den Wert seiner Leistung beziehungsweise seines Handelns. Daraus wird ersichtlich, dass die Leistung zunächst einmal unabhängig von der Person gewürdigt wird. Stellt eine Firma ein gutes Produkt her, dass unsere Erwartungen erfüllt, kann Markentreue entstehen. In letzter ökonomischer Instanz wird einfach das Verhältnis von Geben und Nehmen geschätzt und als wertvoll empfunden.

Die zweite Bedeutung von Wertschätzung bezieht sich auf ein moralphilosophisches Verständnis, das sich im Zuge des Humanismus aus der ursprünglichen Bedeutung herauslöste. Der Humanismus stellt den Menschen und seine Entwicklung, Gefühle und Erfahrungen in den Mittelpunkt. Wo zuvor Gott Orientierung gab, wurde nun der Mensch selbst zur moralstiftenden Instanz, die entscheidet, was gut oder schlecht für ihn ist. Verhalten, welches anderen Menschen schadet oder dazu führt, dass sie sich schlecht fühlen, wird als unmoralisch angesehen. Nach diesem Verständnis sollte jeder Mensch allein aufgrund der Tatsache, dass er ein Mensch ist, genauso wertgeschätzt werden wie alle anderen. Das Problem bei diesem Verständnis von Wertschätzung ist, dass der Begriff für etwas verwendet wird, für das eigentlich der Begriff »Würde« existiert. Hierdurch wird das Verständnis von Wertschätzung unscharf.

1.2.2 Als Person akzeptiert und für das eigene Verhalten voll verantwortlich

Die beiden Verständnisweisen des Begriffs reiben sich aneinander: Einerseits wird der Begriff bezogen auf das Ge- oder Misslingen des Unternehmenserfolgs, andererseits fordern Menschen bedingungslos Wertschätzung für sich ein, und zwar unabhängig von ihrem Beitrag zum Unternehmenserfolg.

Wie Reinhard K. Sprenger (Sprenger + Sprenger 2021) in einem hörenswerten Podcast erläutert, klagen Mitarbeiter, die Wertschätzung ohne eigene Gegenleistung verlangen, eigentlich Uneinklagbares ein. Wenn letztlich schon die reine Anwesenheitspflicht wertgeschätzt werden soll, dann ist es so, als ob Schüler in der Schule fordern, dass es keine schlechtere Note als eine Vier geben dürfe, da man ja immerhin anwesend war.

Unternehmer und Führungskräfte stehen also vor einem Dilemma: Durch den Druck der Märkte sind sie darauf angewiesen, auf den Wert der Beiträge ihrer Mitarbeiter zu achten. Ist dieser ungenügend und kritisieren sie das, entsteht die Gefahr, dass sich die Mitarbeiter nicht wertgeschätzt fühlen, sich zurückziehen und das Weite suchen. Häufig macht der Ton die Musik: Im richtigen Tonfall kann man fast alles sagen, im falschen so gut wie nichts. Die zugrunde liegende Haltung der Führungskraft gibt nicht nur den Ausschlag darüber, ob der Mitarbeiter die Botschaft annimmt oder nicht, sondern auch darüber, was er dabei empfindet.

Wenn fachliche Versäumnisse persönlich genommen werden, schwindet häufig die nötige Wärme, die es braucht, um die Beziehungsebene stabil zu halten. Die Kunst liegt darin, die Brücke zu schlagen, zwischen der Wertschätzung der Person an und für sich, und dem Wert, den ihr aktuelles Verhalten zum gemeinsamen Erfolg beiträgt. Eine Maxime, die diesen Brückenschlag erfolgreich bewältigt, lautet: »Du bist als Person voll akzeptiert, für dein Verhalten aber auch voll verantwortlich«.

Es kann nicht sein, dass ein Mitarbeiter, der in der Sache kritisiert wird, mangelnde Wertschätzung einklagt. Es kann aber ebenso wenig sein, dass ein Mitarbeiter nur als Produktionsfaktor und nicht als Mensch angesehen wird.

1.2.3 Kündigung und Wertschätzung

Wer ökonomisch argumentiert, muss konsequent bleiben. Das Gesetz von Angebot und Nachfrage gilt auch für den Fachkräftemarkt. Dieser hat sich von einem Angebots- zu einem Nachfragemarkt gedreht; gute Mitarbeiter sind immer schwerer zu bekommen, also steigt ihr Wert. Auch dem muss Rechnung getragen werden.

Auch kann es nicht sein, dass Verträge geschlossen werden, um sie anschließend zu brechen. Der Mitarbeiter hat dem Arbeitgeber auf der ökonomischen Ebene für das bezahlte Gehalt vierzig Stunden seiner wöchentlichen Lebenszeit verkauft, nicht fünfundvierzig, fünfzig oder sechzig Stunden. Wenn Mitarbeiter am Unternehmenswert nicht beteiligt werden, dann begrenzt das ihre Bereitschaft, ihn aktiv zu erhöhen. Unternehmenswachstum durch die Hintertür auf Kosten der privaten Zeit der Mitarbeiter wird verständlicherweise als nicht wertschätzend wahrgenommen und angesichts der Alternativen immer seltener akzeptiert. Bei einer repräsentativen Umfrage der Unternehmensberatung Von Rundstedt (2018) waren nicht kompensierte Überstunden mit 68 Prozent der meist genannte Kündigungsgrund, noch vor Beziehungsproblemen und Leistungsdruck.

Arbeitgeber, die sich auf die ökonomische Bedeutung der Wertschätzung beziehen und die erwiesene Wertschätzung von der Leistung ihrer Mitarbeiter abhängig machen, müssen auch konsequent sein und nicht stillschweigend verlangen, dass über die vertraglichen Vereinbarungen hinaus unentgeltlich mehr geleistet wird; sonst predigen sie Wasser und trinken Wein. Mitarbeiter beschweren sich zu Recht über mangelnde Wertschätzung, wenn sie regelmäßig länger bleiben, dann aber schief angeschaut werden, wenn sie einmal früher gehen oder eine private Verpflichtung über die berufliche stellen. Dass es hierbei zu Wahrnehmungsverzerrungen auf beiden Seiten kommt, liegt in der Natur der Sache. Daher sollten klare Regelungen getroffen und Erwartungen geklärt werden, um Missverständnissen vorzubeugen. (Kapitel 11 vertieft dieses Thema.)

Die Von-Rundstedt-Umfrage zeigt ebenfalls, dass 60 Prozent der Mitarbeiter bei dauerhaftem Stress und Überlastung den Arbeitgeber wechseln. In einer Zeit, in der sich seit 2004 die Arbeitsausfälle aufgrund von Burn-out verzehnfacht haben, haben die Mitarbeiter gelernt, dass sie sich schützen müssen, um nicht auszubrennen. Sie fühlen sich zu Recht nicht wertgeschätzt, wenn sie aufgrund von ineffizienten Prozessen, überbordender Bürokratie, kontrollwütigen Mikromanagern und selbst verschuldetem Mitarbeitermangel dauerhaft überlastet und schließlich verbrannt werden, während das Management an überholten Praktiken, Prozessen und Strukturen festhält.

Führung legitimiert sich originär durch den Schutz, den sie ihrer Gruppe gewährt. Daher ist es nur konsequent, wenn Mitarbeiter sich neu orientieren, wenn die aktuelle Führung ihren grundlegendsten Aufgaben nur mangelhaft nachkommt. Je nachdem, ob sie erwiesen oder entzogen werden, füllen oder leeren Wertschätzung, Vertrauen und Anerkennung die Energiespeicher der Mitarbeiter.

1.2.4 Wertewelten der Arbeit 4.0

Wertschätzung beruht auf Werten. Diese prägen unsere Wahrnehmung, Einstellung und Gefühle und liegen auf einer tieferen Ebene unserem Verhalten zugrunde. In diesem Zusammenhang erlebten Forscher des Nextpractice-Instituts bei der im Jahr 2014 durchgeführten Studie »Next Germany« eine Überraschung: Unsere Gesellschaft, die noch bis 2008 durch eine verbindende Wertebasis zusammengehalten wurde, hatte sich mittlerweile in zwei verschiedene Wertekorridore aufgeteilt. Im Jahr 2014 orientierten sich 44 Prozent der

Befragten an Werten wie persönlicher Autonomie, eigener Zielstrebigkeit und Wettbewerbsfähigkeit, während sich die anderen 56 Prozent an Werten wie einem tragfähigen Wirgefühl, sozialer Achtsamkeit und kooperativem Handeln ausrichteten. Das Kritische daran ist, dass es zwischen den beiden Wertekorridoren nur noch 20 Prozent überschneidende Konstrukte gibt, sodass Diskussionen zwischen den Beteiligten zumeist in unproduktiven Pro- und Contra-Polarisierungen münden.

Nur zwei Jahre später führte das Institut eine weitere Studie für das Bundesministerium für Arbeit und Soziales durch, bei der es die Wertewelten der Arbeit 4.0 erhob. Die Studie belegt, dass sich bereits sieben verschiedene Wertewelten gebildet haben, die das Verhalten und die Einstellung der Mitarbeiter bei der Arbeit prägen (vgl. BMAS 2016). Dabei gibt es eine dominante Gruppe und sechs kleinere, wie die folgende Abbildung zeigt.

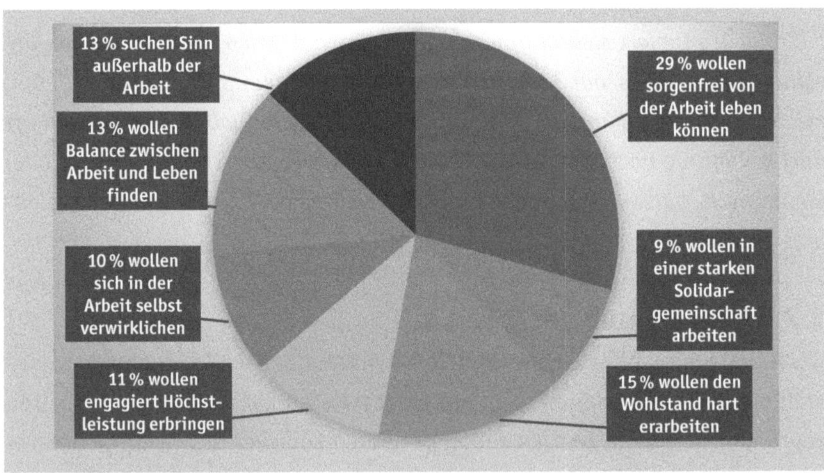

Abbildung 2: Wertewelten Arbeiten 4.0 – eigene Darstellung auf Basis der Studie Wertewelten Arbeit 4.0, 2016

Es liegt auf der Hand, dass eine Führungskraft, die engagiert Höchstleistung erzielen will, mit einem Mitarbeiter, der durch harte Arbeit Wohlstand erlangen will, auf der tieferliegenden Werteebene mehr Berührungspunkte hat, als mit einem Mitarbeiter, dessen Priorität auf der Work-Life-Balance liegt. Entsprechend ist es auch wahrscheinlicher, dass sich der erste Mitarbeiter wertgeschätzt fühlt, während sich der zweite ausgegrenzt fühlt. Heutige Führungskräfte müssen also mehr denn je zum Brückenbauer werden. Die Krux liegt darin, zunächst Klarheit darüber zugewinnen, wem was wichtig ist, um dann in den Dialog zu treten und herauszufinden, welche Potenziale sich daraus ergeben und welche Erwartungen aneinander gestellt werden.

1.3 Micro Habits – die Brücke zu einer wertschätzenden Führungskultur

Was können Sie in Ihrem Unternehmen nun konkret tun, um in Sachen Wertschätzung Ihre Führungskultur weiterzuentwickeln? Zum einen empfiehlt es sich, dass Sie als Unternehmer einmal eine Mitarbeiterumfrage durchführen, um ein »objektives« Bild zu bekommen, wie Ihr Unternehmen aus der Sicht der Mitarbeiter abschneidet und inwieweit sie sich derzeit wertgeschätzt fühlen. Schauen Sie auch einmal auf Bewertungsplattformen wie Kununu und Glassdoor nach, wie Sie dort von Arbeitnehmern bewertet werden. Für Bewerber sind dies die ersten Anlaufstellen, wenn sie sich über einen potenziellen Arbeitgeber informieren wollen. Als (angestellte) Führungskraft können Sie Vertraute im Betrieb, Freunde, Ihren Partner und so weiter um ein offenes und ehrliches Feedback zu Ihrem Umgangston und Sozialverhalten bitten. Durch die vertrauensvolle Beziehung zu Ihrem Gegenüber wird die Rückmeldung, die Sie erhalten, leicht gefärbt sein. Deshalb sollten Sie auch zwischen den Zeilen hören, was man Ihnen mitteilen will. Bestehen Sie auf schonungsloser Offenheit, so kommen meist langsam, aber sicher, die kritischen Punkte ans Licht.

Die besten Erkenntnisse nützen jedoch nichts, wenn wir sie nicht in die Tat umsetzen. Dazu kann man große Führungs- und Umstrukturierungsprogramme aufsetzen – oder man kann einen unkonventionelleren dafür aber einen sehr praktischen, für wirklich jeden anwendbaren, Weg gehen. In diesem Buch werden Ihnen in den nachfolgenden Kapiteln Micro Habits vorgestellt, die Ihnen helfen, eine Brücke zu einer wertschätzenden Führungs- und Unternehmenskultur zu bauen. Micro Habits haben den Vorteil, dass sie ohne großen Aufwand, ohne Veränderungen in der Unternehmensstruktur oder den Abläufen einfach und leicht in den Führungsalltag eingebaut werden können.

Micro Habits sind klitzekleine Schritte der Veränderung in eine förderliche Richtung. Sie helfen uns, neue Gewohnheiten im Umgang mit Mitarbeitern zu etablieren und den »inneren Schweinehund« zu überwinden, der sich sonst stets meldet, wenn ihm Schritte zu groß, zu unübersichtlich oder zu aufwendig sind. Dann verweigert er Veränderungen, auch wenn sie noch so sinnvoll sind.

Selbst wenn Sie von den in den folgenden Kapiteln vorgestellten Micro Habits nur einige und nicht alle im Alltag nutzen, werden Sie bereits von einer positiven Entwicklung in Richtung Wertschätzung und Zunahme der Attraktivität Ihres Unternehmens als Arbeitgeber profitieren. Unterstützt durch etwas guten Willen schlagen die Micro Habits in Ihrem Führungsalltag Wurzeln und werden durch die regelmäßige Durchführung nach und nach zum Standard-Repertoire Ihres Verhaltens. Wer das Thema Micro Habits vertiefen möchte, dem empfehle ich das Bonus-Kapitel im digitalen Wertschätzungspaket zum Buch. Dieses enthält die nötigen Werkzeuge, Hintergründe und Prinzipien, um weitere, eigene Micro Habits zu entwickeln.

1.4 Fazit

Wertschätzung ist nicht das Allheilmittel, aber der kleinste gemeinsame Nenner, wenn es darum geht, die Belegschaft zusammenzuführen, Mitarbeiter ans Unternehmen zu binden und eine attraktive Unternehmenskultur zu entwickeln. Ihre positive Wirkung ist durch Hunderte Studien und Erhebungen belegt. Besonders im deutschsprachigen Raum kommt ihr eine tragende Bedeutung zu, um Talente anzuziehen und zu halten. Wertschätzung führt zu höherer Mitarbeiter- und steigender Kundenzufriedenheit, zu verminderten Fehlzeiten, verringerten Krankenständen, höheren Umsätzen und stärkerem Wachstum.

Zwischen gezeigter und empfundener Wertschätzung klaffen große Lücken. Diese gründen einerseits in verschiedenen Verständnissen der Bedeutung des Begriffs und andererseits in tieferliegenden Ursachen wie der Persönlichkeit, der soziokulturellen Prägung, dem Rollen- beziehungsweise Statusverständnis oder der Wertewelt, in der sich Mitarbeiter und Führung bewegen.

Die Führungskräfte sind die Symptomträger der aktuellen Entwicklung: Jeder Mitarbeiter, der geht, entzieht ihnen ihre Legitimation und erhöht den Druck, denn die Zustände werden immer transparenter. Gebrandmarkte Unternehmen und Führungskräfte finden immer schwieriger neue Mitarbeiter.

Um das Ruder herumzureißen und die Mitarbeiter wieder besser zu erreichen, muss Führung ihr Verständnis von Wertschätzung weiterentwickeln. Genauso wichtig ist es jedoch, Möglichkeiten zu finden, um die Erkenntnisse im Führungsalltag umzusetzen. Hier helfen die in diesem Buch vorgestellten Micro Habits; sie implementieren direkt umsetzbare Verhaltensänderungen erfolgreich in den Alltag und ermöglichen so, eine wertschätzende Führungskultur aufzubauen.

2.

Durch Achtsamkeit Brücken bauen

Wahrzunehmen, ohne zu beurteilen, ist die höchste Form der Intelligenz.

Jiddu Krishnamurti (1895–1986),
indischer Philosoph

2.1 Neues aus der Röhre

Im grauen Berlin des Jahres 2007 beschloss der Hirnforscher John-Dylan Haynes eine Experimentreihe zu verfeinern, die knapp dreißig Jahre zuvor im sonnigen San Francisco der späten Siebzigerjahre ihren Anfang genommen hatte und seither regelmäßig für Gesprächsstoff über den freien Willen des Menschen sorgt. Haynes ersetzte das altbekannte EEG durch einen modernen Kernspintomografen, legte seine Probanden hinein und gab ihnen sowohl in die linke als auch in die rechte Hand einen Drücker.

Die Aufgabe war einfach: Zu einem Zeitpunkt ihrer Wahl sollten die Probanden einen der beiden Knöpfe drücken und sich dabei den Buchstaben merken, den sie in diesem Moment auf dem Bildschirm sahen. Der Gedanke war klar: Wenn es tatsächlich der freie Wille eines Probanden war, mit einer Hand den Drücker zu betätigen, dann durfte das dafür zuständige Areal im Gehirn auch erst aktiv werden, sobald er gleichzeitig den zugehörigen Buchstaben wahrnahm. Das ließ sich anschließend leicht prüfen.

Doch das Gegenteil war der Fall: Die Bilder aus der Röhre zeigten, dass die zugehörigen Bereitschaftspotenziale, die das spätere Handeln ankündigten, bereits sieben Sekunden bevor die Teilnehmer ihre vermeintlich bewusste Entscheidung trafen und sich den aktuell auf dem Bildschirm sichtbaren Buchstaben merkten, entstanden. Und als wären sieben Sekunden in diesem Zusammenhang nicht schon eine Ewigkeit, müssen zu diesen noch drei bis vier Sekunden dazugezählt werden. So lange dauert es nämlich, bis der Kernspintomograf die Bilder der Gehirnaktivitäten bereitstellen kann.

Damit wurden frühere Erkenntnisse, nach denen die Lücke nur eine halbe Sekunde betragen haben soll, nicht nur bestätigt, sondern befeuerten die alte Diskussion aufs Neue. Erneut stand die Frage im Raum: Sind wir wirklich aktive Gestalter unseres Lebens, oder werden wir, vergleichbar einer Marionette, unbewusst gelebt und modeln es uns durch unser Bewusstsein nur so zurecht, dass wir uns einbilden, es selbst und aktiv zu steuern?

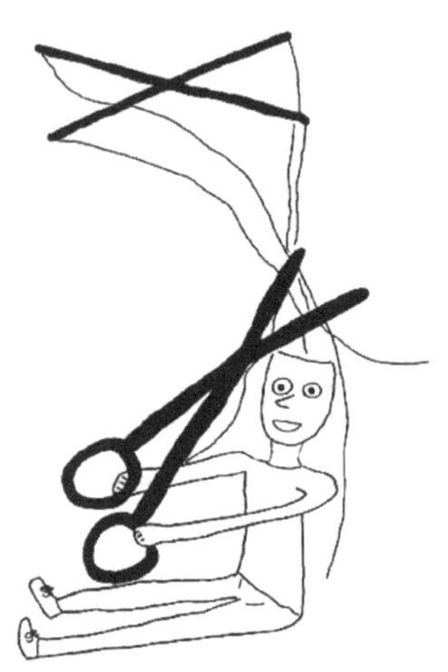

Abbildung 3: Befreiung durch Achtsamkeit, ©Özlem Türk

Glücklicherweise brachte eine Erweiterung des Versuchs zusätzliche Erkenntnisse: Als Haynes und seine Kollegen nämlich auf ihren Bildschirmen erkannten, welche der beiden Hände des Probanden in der Röhre gleich aktiv werden würde, tauchte unmittelbar die Frage auf: »Wenn wir als Versuchsleiter jetzt schon wissen, was gleich passiert, können wir den Probanden dann noch von seiner Handlung abbringen? Oder ist er tatsächlich nicht mehr als ein durch sein Unbewusstes ferngesteuerter Bio-Roboter?« Sie warteten also, bis das Bereitschaftspotenzial anzeigte, dass eine Hand gleich aktiv werden würde, und wiesen dann die Probanden an, mit der anderen Hand zu drücken. Und das klappte! Der freie Wille war damit gerettet. Wir sind also unfrei in unseren Handlungen, aber frei darin, diese zu revidieren. Die Krux dabei: Das können wir erst, wenn wir uns dessen bewusst sind, was gerade passiert.

Eine Variante des Experiments untersuchte daher den Einfluss des Bewusstseins auf die Handlungsfreiheit. Hierzu wurde mit Probanden unterschiedlicher Bewusstseinsgrade gearbeitet, zum Beispiel mit buddhistischen Mönchen. Die Ergebnisse sprechen eine eindeutige Sprache: Wo bei normalen Probanden die Bereitschaftspotenziale lange Zeit aktiv werden, bevor sie ihre vermeintlich bewusste Entscheidung treffen, geschieht dies bei Menschen mit wachsendem Bewusstsein deutlich kürzer vor der Handlung, bei buddhistischen Mönchen sogar unterhalb der Wahrnehmungsgrenze des normalen

Bewusstseins, also quasi zeitgleich. Gleichzeitig sind bei den Mönchen bis zu vierzig Mal so viele Neuronen aktiv wie bei unbewussten Probanden, was dazu führt, dass sie tatsächlich die Freiheit haben, eine eigene, bewusste Entscheidung zu treffen.

Die zentrale Erkenntnis lautet also: Unser Bewusstsein bestimmt den Grad unserer Freiheit. Je bewusster und wacher wird sind, desto leichter können wir in die Lücke zwischen Reiz und Reaktion eintauchen, um unsere unbewusst angestoßene Handlung zu erkennen und zu revidieren. Wenn wir unsere Achtsamkeit trainieren, erhöhen wir unser Bewusstsein für das, was gerade stattfindet. Dadurch erschließen wir uns die Freiheit, so zu kommunizieren und zu handeln, wie wir es tatsächlich gerne wollen.

2.2 Future-Skill Achtsamkeit

Der Begriff Achtsamkeit mag auf den ersten Eindruck nicht sonderlich spektakulär klingen, aber irgendetwas muss dran sein, wenn renommierte Business-Schools und Eliteuniversitäten Meditation und Achtsamkeit mittlerweile in ihre Studiengänge integrieren. Auch beim Dax-Leader SAP standen bereits 2018 Tausende Mitarbeiter auf den Wartelisten für einen zweitägigen Achtsamkeitskurs, der sich zuvor bei sechstausendfünfhundert ihrer Kollegen mit einem Return on Investment (ROI) von 200 Prozent als überaus wirksam erwiesen hatte (vgl. Thomasson 2018).

Der deutsche Softwareriese aus Walldorf hat Achtsamkeit nicht ohne Grund ausprobiert: Studien belegen, dass Achtsamkeitskurse bei den hohen Anforderungen der Geschäftswelt doppelt so gut wirkt wie Medikamente. Bei Themen wie Stressbewältigung, Reduktion von Anspannung, Erhöhung der exekutiven Fähigkeiten und der Kreativität liegt die Effektstärke von Achtsamkeit zwischen 0,45 und 0,7. Zum Vergleich: Während Antidepressiva eine

Effektstärke von 0,3 auf die psychische Befindlichkeit der Patienten aufweisen, liegt die Wirkung von Achtsamkeit in Bezug auf die Erhöhung der Produktivität im Betrieb bei 0,38 (vgl. Härtl-Kasulke 2017 und 2019). Eine Studie der Boston Consulting Group zeigt, das Achtsamkeitstrainings die kollektive Intelligenz der untersuchten Gruppen um 13 Prozent erhöhten, während die Kreativität um 11 Prozent stieg. (vgl. Greiser et al. 2020).

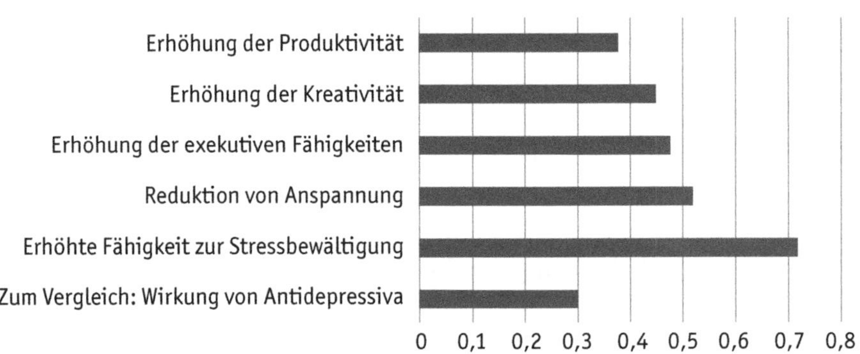

Abbildung 4: Effektstärken von Achtsamkeit. Eigene Darstellung auf der Basis von Daten der Kalapa Academy, 2014

Achtsamkeit schützt uns davor, vom Chaos der zunehmend komplexer werdenden Welt aus dem Gleichgewicht gebracht zu werden. Sie bildet eine Gegenkraft, die uns hilft, friedlich und konzentriert bei uns zu bleiben und uns im Hier und Jetzt zu verankern.

Dass Achtsamkeit mehr ist als nur ein Modebegriff, zeigen auch die Forschungen des Zukunftsinstituts. Es untersucht die Megatrends, also jene Themen und Strömungen, die in den nächsten Jahrzehnten unsere Gesellschaft prägen werden. Die Untersuchungen zeigen, dass Achtsamkeit ein zentrales Bindeglied ist, das drei der zwölf Megatrends, nämlich Gesundheit, Individualisierung und Neo-Ökologie, miteinander verbindet.

Meiner Ansicht nach bedient Achtsamkeit ebenfalls die Megatrends New Work und Wissenskultur, denn sie eröffnet uns den Zugang zu unserem intuitiven Wissen und ermöglicht es dadurch überhaupt erst, den Prozess des Dialogs, also des gemeinsamen Denkens, anzustoßen, der in unserer komplexen und vernetzten Welt ein überlebenswichtiger Faktor ist, um gemeinsam Neues zu erschaffen.

David Bohm (2014) hat unser Verständnis vom Dialog geprägt, wie kein Zweiter. Er bezeichnete die kritische Qualität, durch die Dialoge überhaupt erst entstehen können, als ein »in der Schwebe halten dessen, was im Raum steht«. Damit beschrieb er schon vor über vierzig Jahren genau das, was wir heute unter Achtsamkeit verstehen: nämlich ein nicht wertendes Wahrnehmen dessen, was gerade ist.

Achtsamkeit ist ein Future-Skill, das nicht nur in den verschiedensten Bereichen mehr und mehr an Bedeutung gewinnt, sondern auch als Bindeglied zwischen diesen fungiert. Und genauso, wie Achtsamkeit die verschiedenen Megatrends verbindet, verbindet sie auch die Themen Micro Habits und Wertschätzung, weil sie Beurteilungen vermeidet, uns in Kontakt zu uns selbst bringt und uns ermöglicht, uns genau dann wertschätzender zu verhalten, wenn es darauf ankommt: Im täglichen Kontakt mit Mitarbeitern, Kunden und Kollegen.

2.3 Achtsamkeit als Schlüssel zu mehr Wertschätzung

Wer andere wertschätzen möchte, muss sich zunächst selbst wertschätzen. Und das geht nur, wenn man sich selbst gegenüber aufmerksam ist und seine tiefer liegenden Bedürfnisse wahrnimmt. Wer wie ferngesteuert Zielen hinterherjagt und sich dabei selbst zum Rädchen einer gut geschmierten Maschine macht, vernachlässigt einen zentralen Aspekt seiner Existenz und degradiert sich selbst zum Objekt. Leben findet im Hier und Jetzt statt. Auch wenn Tun wichtig ist, darf es nicht dazu führen, dass das Sein vergessen wird – beide gehören zusammen.

In einer Welt, in der das Tun dominiert, stärkt Achtsamkeit das Sein und hilft, wieder in Balance zu kommen.

Achtsamkeit bringt uns in Kontakt mit unserem Körper und stärkt unsere Fähigkeit, Unsicherheiten und Mehrdeutigkeit auszuhalten. Im Rahmen der Steigerung der exekutiven Fähigkeiten erhöht sie das Gefühl der Selbstwirksamkeit und der Handlungskontrolle und beugt damit Ohnmachtsgefühlen vor. Dieser Aspekt ist für Führungskräfte, die wertschätzender führen wollen, besonders im Umgang mit problematischen Mitarbeitern wichtig, denn die von der Führungskraft empfundene eigene Macht oder Ohnmacht führt in schwierigen Situationen zu unterschiedlichen Kommunikationsstrategien.

Im Falle empfundener Ohnmacht steigt der Stress, und es wird wahrscheinlicher, dass problematisch erscheinenden Mitarbeitern mit Zwang, Bestrafung und Kündigung gedroht wird, was nicht selten zu neuen Komplikationen führt und einen Teufelskreis negativen Verhaltens anstoßen kann. Im Gegensatz dazu pflegen Führungskräfte, die sich trotz widriger Umstände sicher fühlen, einen persönlicheren Umgangston. Das erleichtert es, »schwierige« Mitarbeiter zu überzeugen und für ein geplantes Vorhaben zu gewinnen. Lob

Hast ist der Feind aller menschlichen Beziehungen.

Helen Keller (1880–1968), Schriftstellerin

einerseits, Ermahnungen andererseits setzen den Betreffenden klare Grenzen und stabilisieren damit das Team.

Achtsamkeit spielt in Bezug auf Wertschätzung eine zentrale Rolle: In seinem Bestseller »Das Wunder der Wertschätzung« beschreibt der renommierte Psychiater Reinhard Haller die Elemente, aus denen Wertschätzung besteht, als Modell sieben aufeinander aufbauender Stufen. Wertschätzung steht dabei an drittoberster Stelle; sie setzt voraus, dass Aufmerksamkeit, Achtsamkeit, Respekt und Anerkennung bereits gegeben sind.

Abbildung 5: Die sieben Stufen der Wertschätzung nach Prof. Dr. Reinhard Haller

2.4 Micro Habits der Achtsamkeit

Die Wertschätzungspyramide von Haller zeigt: Wer wertschätzender kommunizieren will, kommt an Achtsamkeit nicht vorbei. Da es sich bei ihr um eine grundlegende Wahrnehmungsgewohnheit eignet, kommt es stärker als bei den anderen Elementen darauf an, sie möglichst oft zu aktivieren. Von daher gilt es, möglichst viele Gelegenheiten zu finden, um für einen Augenblick innezuhalten und sich des Hier und Jetzt gewahr zu werden. Mit den nachfolgend vorgestellten Micro Habits können Sie Ihre Achtsamkeit erhöhen.

2.4.1 Nutzen Sie situative Auslösereize im Alltag

Eine der wirkungsvollsten Möglichkeiten, um uns im Hier und Jetzt zu verankern und unsere Achtsamkeit zu erhöhen, bietet die bewusste Wahrnehmung unserer Atmung.

Micro Habit: Situative Triggerpunkte für mehr Achtsamkeit
Suchen Sie nach häufigen Auslösereizen im Alltag, um Ihr Bewusstsein auf Ihre Atmung zu lenken. Nehmen Sie zum Beispiel jedes Mal, wenn Sie auf Ihre Armbanduhr schauen, einen bewussten, tiefen Atemzug. Schließen Sie kurz die Augen und richten Sie Ihre Aufmerksamkeit nach innen.

Weitere achtsame Momente könnten beispielsweise die folgenden sein:

- Wenn Sie jedes Mal, bevor Sie vor einem Telefonat zum Hörer greifen, kurz innehalten und zweimal tief durchatmen, erhöht das nicht nur Ihre Achtsamkeit, sondern auch die Qualität des folgenden Gesprächs. Wenn Sie dann erneut zweimal tief durchatmen und sich zentrieren, nachdem Sie den Hörer wieder aufgehängt haben, geben Sie dem Gespräch etwas Raum, sich zu setzen, und schaffen einen bewussten Wechsel zur nächsten Tätigkeit.

- Auch der Moment, in dem wir den Schlüssel ins Zündschloss des Autos stecken, bietet sich an, um langsam und bewusst zwei tiefe Atemzüge zu nehmen und auf unsere aktuelle Empfindung zu achten.
- Das Händewaschen ist ein weitestgehend automatisierter Vorgang, bei dem wir unsere Gedanken gerne abschweifen lassen. Von daher ist es ein Leichtes, zukünftig achtsam zu sein, bewusst zu atmen und wahrzunehmen, wie sich Wasser und Seife anfühlen und welche Gefühle oder Empfindungen wir gerade wahrnehmen.
- Nutzen Sie die Zeit, während der Rechner hoch- oder herunterfährt, um Ihre Aufmerksamkeit auf die Atmung und in die verschiedenen Teile Ihres Körpers zu lenken. Nehmen Sie bewusst den Boden unter den Füßen wahr und spüren Sie, wie Ihre Sitzhöcker auf dem Stuhl ruhen.

2.4.2 Akustische Auslösereize

Weitere Reize, die uns täglich begegnen und daran erinnern können, unsere Wahrnehmung auf die Atmung und den gegenwärtigen Augenblick zu lenken, bieten Klänge aus der Umwelt. Je unvorhersehbarer diese auftreten, desto hilfreicher sind sie, um unsere Fähigkeit zu verbessern, aus dem Autopiloten auszusteigen und das Hier und Jetzt bewusst wahrzunehmen.

Micro Habit: Akustische Triggerpunkte für mehr Achtsamkeit

Hilfreiche Trigger sind beispielsweise der Glockenschlag einer Kirche oder das Zwitschern von Vögeln. Hören Sie beim Arbeiten Musik und wird plötzlich Ihr Lieblingslied gespielt, können Sie sich für die drei Minuten, die es läuft, eine kleine Auszeit gönnen, um die Schönheit des Liedes und die angenehmen Gefühle, die es bei Ihnen auslöst, bewusst wahrzunehmen.

Einen weiteren akustischen Trigger bieten Krankenwagen-Sirenen. Wenn ich diese höre, halte ich inne und mache mir kurz bewusst, dass gerade jetzt, während ich einer ganz anderen Tätigkeit nachgehe, das Notfallteam im Krankenwagen sein Bestes gibt, um das Leben eines Mitmenschen zu retten.

Mich rührt das immer, und es macht mich dankbar, dass wir als Menschen in unserer Gesellschaft so aufeinander achten.

2.4.3 Gehmeditation

Eine mobile Möglichkeit, die Achtsamkeit zu erhöhen, bietet die Gehmeditation, die ich von Dr. Claudia Härtl-Kasulke kennenlernen durfte.

Micro Habit: Gehmeditation

Wenden Sie die Gehmeditation auf dem Weg vom Bus oder Zug zum Arbeitsort an. Sollten Sie mit dem Auto kommen, dann parken Sie einfach fünf bis zehn Minuten entfernt, um den Hin- und Rückweg zu nutzen. Um das normale Gehen zur Gehmeditation zu machen, begleiten Sie innerlich Ihre Schritte mit den Worten »ja - ja - danke - danke« - je Schritt ein Wort.

2.4.4 Dankbarkeitstagebuch

Ein Dankbarkeitstagebuch hat verschiedene Vorteile; einer davon besteht darin, dass Sie nach einigen Tagen automatisch im Alltag achtsamer werden und Situationen, für die Sie dankbar sein können, bewusster wahrnehmen.

Micro Habit: Dankbarkeitstagebuch

Führen Sie ein Dankbarkeitstagebuch, in das Sie abends fünf Dinge schreiben, für die Sie am jeweiligen Tag dankbar sind. Wichtig dabei ist, dass Sie sich nicht nur an die Situationen erinnern, für die Sie dankbar sind, sondern sie auch gefühlsmäßig nachempfinden und das Gefühl der Dankbarkeit in sich wachrufen und bewusst wahrnehmen.

Vielleicht zweifelt der ein oder andere Leser, ob sich jeden Tag wirklich fünf Dinge finden lassen, für die man Dankbarkeit empfinden kann. Vertrauen Sie darauf: Wenn man lernt, auch für kleine Dinge dankbar zu sein, dann findet man sie. So kann man beispielsweise beim Anblick eines Bettlers oder Stadtstreichers dankbar dafür sein, selbst ein anderes Leben zu führen. Sogar wenn man vom Regen überrascht wird, kann das ein Grund zur Dankbarkeit darüber sein, sich im intensiven Kontakt mit den Elementen lebendig gefühlt zu haben. Wenn es Ihnen zu aufwendig erscheint, fünf Dinge aufzuschreiben, dann notieren Sie zumindest zwei bis vier Situationen.

Think twice: Welche der vorgestellten Situationen wollen Sie in Zukunft nutzen, um Ihre Achtsamkeit zu trainieren und Dankbarkeit zu empfinden?

1. ....

2. ....

2.4.5 Hirn und Herz in Einklang

Das Heart-Math-Institut in Kalifornien untersucht seit über dreißig Jahren die Intelligenz des Herzens und die Möglichkeiten, mit verschiedenen Methoden die Herzratenvariabilität (HRV) zu beeinflussen. Vereinfacht ausgedrückt, bestimmt die HRV die Kohärenz zwischen den Schwingungen unseres Gehirns und unseres Herzens. Je höher diese Kohärenz ist, desto mehr positive Effekte hat das. Die wissenschaftliche Datenbank Pubmed enthält über achttausend Studien, die die Effekte der HRV in den verschiedensten Bereichen belegen.

Micro Habit: HRV-Training

Mit einem Biofeedbackgerät, das eine direkte Rückmeldung zur aktuellen Kohärenz gibt, lässt sich die Übereinstimmung von Herz und Hirn leicht trainieren und in einen kohärenten Zustand bringen. Eine Trainingsrunde dauert circa fünf bis sechs Minuten und führt dazu, dass die HRV für drei Minuten im kohärenten Bereich liegt, was bis zu sechs Stunden nachwirkt.

Eine größere Kohärenz zwischen Herz und Hirn verbessert die Wahrnehmung und erhöht die Achtsamkeit, sodass ein regelmäßiges Training eine validierte Möglichkeit darstellt mit technischer Unterstützung daran zu arbeiten. Ich habe 2018 begonnen, mit dem emWave 2 zu trainieren und bin sehr zufrieden damit. Seit einigen Jahren gibt es auch die »Inner-Balance-Trainer« App fürs Handy. (www.heartmathdeutschland.de/product/inner-balance-trainer – unter folgendem QR-Code können Sie die App herunterladen).

2.4.6 Meditation und Dankbarkeitsübungen zu Beginn eines Meetings

Achtsamkeit lässt sich nicht nur alleine trainieren, sondern auch im Team, zum Beispiel in Besprechungen und Meetings. Viele Organisationen, denen es mit dem Thema ernst ist, beginnen ihre Meetings mit einer gemeinsamen fünfminütigen Meditation. Wem fünf Minuten zu lange erscheinen, kann auch mit einer Meditation von ein oder zwei Minuten beginnen.

Micro Habit: Glückskekse

Eine weitere Möglichkeit bietet die Übung »Glückskekse«: Die Mitarbeiter werden schon in der Einladung zum Meeting darum gebeten, sich zu überlegen, worüber sich am Tag zuvor gefreut haben. Mit dem Erzählen ihrer kleinen positiven Erlebnisse startet das Meeting unter positivem Vorzeichen und in guter Stimmung.

2.5 Fazit

Achtsamkeit gewinnt in unserer Gesellschaft in immer mehr Bereichen an Bedeutung und ist eine zentrale Kompetenz, um wertschätzend zu kommunizieren und Micro Habits erfolgreich zu integrieren. Achtsamkeit hat vielfältige positive Auswirkungen; sie verankert uns im Hier und Jetzt und ermöglicht uns, das, was gerade stattfindet, einschließlich der eigenen Gefühle, bewusster wahrzunehmen. Um die Achtsamkeit zu erhöhen, bieten sich folgende Micro Habits an:

- Suchen Sie sich Auslösereize, die Ihnen öfter pro Tag begegnen, und halten Sie jeweils für ein bis zwei Atemzüge inne, um bewusst wahrzunehmen, wie Sie sich gerade fühlen und was um Sie herum vorgeht.
- Führen Sie auf dem Weg zur Arbeit, zum Meeting oder in Ihrer Freizeit eine Gehmeditation durch.
- Führen Sie ein Tagebuch, in das Sie abends jene Erlebnisse des Tages eintragen, für die Sie dankbar sind.
- Trainieren Sie, Herz und Hirn in Einklang zu bringen, zum Beispiel mit der App »Inner Balance Trainer«.
- Beginnen Sie Meetings mit einer fünfminütigen gemeinsamen Meditation.
- Bitten Sie die Teilnehmer zu Beginn des Meetings, kurz eine positive Erfahrung des Vortrages zu teilen.

3.

Von empathischer Aufmerksamkeit und gekonntem Zuhören

3.1 Kühe mit Namen geben mehr Milch

2008 starteten fünfhundertsechzehn Milchbauern einen ungewöhnlichen Versuch: Sie gaben einigen ihrer Kühe Namen, um zu untersuchen, ob und wie sich das auf deren Milchproduktion auswirkte. Das Ergebnis sprach eine deutliche Sprache: Die Emmas, Luises und Paulas gaben im Schnitt 258 Liter mehr Milch pro Jahr, als ihre namenlosen Kolleginnen (vgl. Augsburger Allgemeine 2022). Positive Aufmerksamkeit macht Kühe produktiver – und wie unzählige psychologische Untersuchungen belegen, wirkt sie auch bei Menschen.

Menschen als soziale Wesen benötigen das verbale und nonverbale Feedback ihrer Mitmenschen, um sich selbst darin als Mensch zu erleben. Wird ihnen dieses gegeben, blühen sie auf. Wird es ihnen verwehrt, trifft sie das noch stärker als negative Kritik oder abfälliges Verhalten.

Natürlich wird keine Führungskraft ihre Mitarbeiter vorsätzlich schneiden, aber jeder Weg beginnt mit dem ersten Schritt. Auch eine bereits reduzierte oder eingeschränkte Aufmerksamkeit führt – unabhängig von den Gründen, auf denen sie beruht – in die falsche Richtung.

In Betrieben, in denen es an Wertschätzung mangelt, beklagen sich die Mitarbeiter früher oder später über mangelnde Aufmerksamkeit und Beachtung durch die Führungskräfte. Typisch sind Aussagen wie: »Ich fühle mich einfach nicht gesehen« oder »Manchmal habe ich das Gefühl, wir sind dem Chef egal, er beachtet uns einfach nicht wirklich.« Aussagen wie diese kommen nicht von ungefähr, sondern weisen auf unser elementares Bedürfnis nach Aufmerksamkeit und Beachtung hin.

Eine Studie der Boston Consulting Group mit global über 360.000 befragten Teilnehmern belegte im Jahr 2018, dass es im Raum Deutschland, Österreich, Schweiz nichts Wichtigeres für die Mitarbeiter gibt, als Wertschätzung für die eigene Arbeit zu erfahren. Die Wertschätzungspyramide von Reinhard Haller (vgl. Abbildung 5, Seite 46) zeigt, dass für gelebte Wertschätzung nur eine Sache von noch grundlegenderer Bedeutung ist als Achtsamkeit, nämlich Aufmerksamkeit.

Doch es muss sich schon um eine wertschätzende oder zumindest positiv motivierte Aufmerksamkeit handeln. Als Lidl heimlich 2006 Videokameras in den Verkaufs- und Sozialräumen ihrer Filialen installierte, hätten sich die Mitarbeiter fortan eigentlich sicher sein können, dass die Führung sie ständig im Auge hatte – dennoch hagelte es Shitstorms und negative Kritik, als die Aktion herauskam. Denn es war keine aufrichtige, wohlwollende Aufmerksamkeit. Doch diese muss im dichten Führungsalltag erst einmal aufgebracht werden. Allzu oft schieben sich vermeintlich dringendere Themen vor. Das stresst und kostet Energie.

Damit den Mitarbeitern eine erwünschte Aufmerksamkeit entgegengebracht wird, bedarf es einer elementaren Eigenschaft, von der Stephen W. Hawking sogar das Überleben der gesamten Menschheit abhängig machte: Empathie. Tragischerweise wird aber genau diese elementare Eigenschaft durch die Strukturen unserer heutigen Arbeitswelt und durch die Position, die Führungskräfte in diesem Gemengelage einnehmen, bedroht.

3.2 Das Empathie-Dilemma der Führung

Wenn man die grundlegenden Strukturen, denen soziale Gruppen folgen, einmal von der Pike auf studieren möchte, bietet sich ein Besuch im Zoo an. Die Beobachtung einer Gruppe von Schimpansen gewährt einen ungeschminkten Einblick in die sozialen Verhaltensweisen und Gesetze, die auch bei uns unter der glattrasierten oder gepuderten Oberfläche noch immer wirken. Dabei werden zwei Dinge ersichtlich: Erstens gibt es schon bei den Primaten klare

Hierarchien, und zweitens haben Männchen und Weibchen unterschiedliche soziale Strategien, um sich in der Hierarchie zu verorten und zu behaupten.

Während Weibchen sozialer und kooperativer agieren, hat die Position an der Spitze für Männchen eine wesentlich höhere Bedeutung. Das hat einen einfachen Grund: Die Anzahl der Nachkommen ist evolutionsbiologisch gesehen das größte Erfolgsmerkmal. Wer oben steht, hat die besten Chancen, seine Gene weiterzugeben. Doch an der Spitze ist es wie beim Highlander: Es kann nur einen geben. Und das ist nicht immer der stärkste Rüpel, im Gegenteil. Wenn die Kraft eines Einzelnen nicht reicht, kann diese Position auch durch Allianzen erobert werden. Ein Königsmacher unterstützt einen Emporkömmling, und gemeinsam sichern sie sich die beiden Plätze an der Sonne, während sich der eigentliche »Prachtalpha« mit der Bronzemedaille begnügen muss. Bei den Kämpfen um die Macht ist Empathie fehl am Platz; von daher fällt es auch heute noch Männern leichter, Empathie in konfliktären Situationen auszuschalten. Dafür kann es passieren, dass man vergisst, sie wieder einzuschalten. An dieser Stelle trennt sich bei Führungskräften die Spreu vom Weizen. Zwar zeigen Untersuchungen mit Primaten, dass mit steigendem Rang in der Hierarchie die Empathie zunächst abnimmt. Die Gründe hierfür liegen auf der Hand: Je höher man sich in der Rangordnung befindet, desto weniger Gefahr droht von anderen Gruppenmitgliedern. Je weiter unten man in der Hierarchie dagegen ist, desto mehr Konkurrenten um die Weibchen und den Aufstieg in der Gruppe gibt es. Und nicht nur das: Da Spannungen in Hierarchien sich entlang der Hackordnung nach unten entladen, fungieren die untersten Ränge als Blitzableiter. Wer dort nicht aufpasst, bekommt schnell eine Abreibung, wenn in den oberen Rängen »dicke Luft« ist. Von daher müssen die unteren Ränge stets den Rest der Horde im Auge behalten, um auszuloten, wie es gerade um deren Stimmung bestellt ist. All diese Notwendigkeiten fördern das empathische Verständnis.

Die Empathie nimmt also immer weiter ab, je höher ein Männchen in der Hierarchie aufsteigt, bis es schließlich ganz oben ist. Doch dann gelten plötzlich andere Gesetze: Denn der Alpha hat die Verantwortung für die ganze Gruppe und damit die Aufgabe, ihre Sicherheit zu gewähren, Konflikte zu klären und die Schwächsten zu schützen. Neben dem Schutz der Gruppe sind Empathie-Bekundungen wie das Spenden von Trost und eine faire Konfliktlösung seine Hauptaufgaben. Das, was Führungskräfte nach oben bringt, ist also nicht das, was sie oben hält! Gerade für die oberste Führung ist Empathie das zentrale Erfolgskriterium.

Unser tierisches Erbe führt in der heutigen Geschäftswelt zu einem prekären Dilemma. Während im Zoo ein Wassergraben um den dortigen Affenberg die Gruppe zusammenhält, werden unzufriedenen Mitarbeitern, die ihren Arbeitgeber verlassen wollen, vom Wettbewerb breite Brücken für einen Wechsel gebaut. Doch damit nicht genug: Die Mitarbeiter sind vernetzt, sodass eine vergraulte Fachkraft im Schnitt acht weitere dazu bringt, das Unternehmen zukünftig zu meiden. Arbeitgeberbewertungsportale legen unattraktive Arbeitsbedingungen offen und erhöhen zusätzlich die Reichweite unzufriedener Mitarbeiter.

Unternehmen, in denen empathiefrei agierende Führungskräfte die Mitarbeiter vertreiben, ernten negative Bewertungen auf Arbeitgeberportalen und werden zukünftig immer größere Probleme haben, ihre Abgänge zu kompensieren.

Führungskräfte stehen also vor der delikaten Herausforderung, die goldene Mitte zwischen Macht und Empathie finden zu müssen. Doch davon sollten sie sich nicht stressen lassen, denn steigender Stress reduziert ebenfalls die Empathie. Werfen wir lieber einen Blick darauf, was getan werden kann, um die Empathie zu erhöhen und damit die Voraussetzung für eine höhere Aufmerksamkeit zu schaffen.

3.3 Micro Habits zur Förderung der Empathie

Die Empathie erhöhen: geht das denn so einfach? Ja. Es ist zwar kein Selbstläufer, aber es geht. Dabei unterstützt uns ein Phänomen, dass der Neurophysiologe Giacomo Rizzolatti in den 1990er-Jahren entdeckt hat.

3.3.1 Spiegelneurone – wenn wir uns im anderen wiedererkennen

Für die Psychologie ist die Bedeutung der Entdeckung der Spiegelneurone vergleichbar mit der Entdeckung der DNA für die Biologie. Im Kern steht die Erkenntnis, dass wir uns auf neuronaler Ebene auf das Empfinden unserer Mitmenschen einschwingen. Wenn ich beobachte, wie ein Bekannter herzhaft in eine Wurst beißt, feuern auch in meinem Gehirn die »Wurst-Neuronen«. Da das nicht nur bei der Wurst, sondern auch bei Freude und anderen Emotionen funktioniert, beschreiben Neurowissenschaftler Spiegelneurone als das neurobiologische Korrelat der Empathie.

Was bei Wurst, Apfel und Schokolade mühelos gelingt, wird bei komplexen Tätigkeiten und differenzierten Gefühlen schwieriger. Wenn ein Klaviervirtuose in die Tasten greift, werden Areale im Gehirn aktiviert, die die meisten anderen Menschen noch nie benutzt haben. Von daher kann hier auch keine intuitive Spiegelung erfolgen. Daraus folgt eine wichtige Regel: Was wir nicht kennen, können wir auf neuronaler Ebene nicht oder nur sehr begrenzt spiegeln und auch nicht wirklich verstehen beziehungsweise empathisch begreifen.

Eine Führungskraft, die sich regelmäßig für Überstunden und gegen den Abend mit der Familie entscheidet, weil ihr die Ergebnisse und der Erfolg ihrer Abteilung wichtiger sind, wird es schwer haben, wirklich nachzuvollziehen, dass ein Mitarbeiter immer pünktlich Feierabend macht, um mit seiner Familie zu Abend zu essen.

Den Leuten ist es egal, wie viel Sie wissen, solange sie wissen, dass sie Ihnen nicht egal sind.

*Carlo Ancelotti (*1959), ehemaliger italienischer Fußballspieler und erfolgreicher Trainer*

Unsere Erfahrungswelt begrenzt unsere Empathie, von daher verfügen ältere Mitarbeiter und Führungskräfte oftmals über ein höheres Einfühlungsvermögen als jüngere. Sie haben einfach schon mehr erlebt.

Mütter, die mit ihren Kindern durch deren emotionale Wechselbäder gegangen sind, haben dabei ihr Emotionsspektrum erweitert und verfeinert und können ihre Kollegen und Mitarbeiter auf einer tieferen Ebene spiegeln und verstehen. Das sollte alle anderen aber nicht entmutigen, denn die Funktionsweise der Spiegelneurone ermöglicht es, die eigene Empathie auch auf anderen Wegen zu erhöhen.

3.3.2 Spieglein, Spieglein im Büro

Da unsere Mimik mit unseren emotionalen Zentren verbunden ist, führt ein mimischer Ausdruck, den wir äußerlich einnehmen, dazu, dass wir auch innerlich ein entsprechendes Gefühl empfinden. Wer also die Mimik seiner Mitmenschen spiegelt, während diese eine bestimmte Emotion haben, kann seine Empathie dadurch schulen. Natürlich sollte das nicht in wildem Nachgeäffe ausarten. Wer jedoch zum Pokerface neigt, sollte sich etwas öffnen und sich erlauben, den jeweiligen Gesichtsausdruck seiner Gesprächspartner subtil nachzuahmen.

Da sich neben der Mimik auch unsere Körpersprache auf unsere Stimmung auswirkt, können Haltung, Gestik und Bewegungen ebenfalls gespiegelt werden. Zahlreiche psychologische Studien belegen, dass der Gespiegelte sich dadurch auf einer tieferen Ebene verstanden fühlt und Sympathie entwickelt. Wichtig ist die innere Einstellung.

Micro Habit: Empathisches Spiegeln
Spiegeln Sie Ihre Mitmenschen nicht, um sie zu manipulieren, sondern um sich besser in sie hineinzuversetzen. Damit kein falscher Eindruck entsteht, gehen Sie diskret und subtil vor. So bietet es sich beispielsweise an, erst mit einer Verzögerung von circa vier Sekunden zu reagieren.

Wenn Sie genau beobachten, werden Sie feststellen, dass Sie und Ihr Gegenüber sogar automatisch und unbewusst dieselbe Körperhaltung, Gestik oder Mimik einzunehmen beginnen, sobald sich eine emotionale Übereinstimmung zwischen Ihnen entwickelt hat. Solange diese noch nicht da ist, können Sie durch Anpassung Ihrer eigenen Mimik, Gestik oder Körperhaltung ein wenig nachhelfen. Wichtig ist, es dabei nicht zu übertreiben, sondern das Spiegeln lediglich als kleinen Anstupser anzusehen, um sich aufeinander einzuschwingen.

Eine weitere subtile Möglichkeit besteht darin, den grundlegenden Rhythmus des anderen zu spiegeln. Wenn sich dieser beispielsweise mit der rechten Hand über das Kinn streicht und danach die Hände wieder ineinanderlegt, kann man selbst kurz danach zum Wasser greifen, einen Schluck trinken und das Glas wieder zurückstellen. Wer darauf achtet, wie sich die Schultern heben und senken und der Stoff des Hemdes oder der Bluse glättet und zusammenzieht, kann daran den Atemrhythmus eines Gesprächspartners erkennen, um sich auf dieser sehr elementaren Ebene auf ihn einzuschwingen.

3.3.3 Verbales Spiegeln

Eine weitere Art des Spiegelns ergibt sich aus den verschiedenen Sinneskanälen, mit denen wir unsere Umwelt wahrnehmen. Dabei haben wir individuell unterschiedliche Präferenzen. Während die Mehrheit visuelle Reize bevorzugt, mag eine weitere Gruppe akustische Signale lieber; andere bevorzugen haptische, olfaktorische oder gustatorische Reize. Das bedeutet aber nicht, dass wir auf einen der Kanäle festgenagelt sind, denn je nach Situation und aktueller Verfassung wählen wir intuitiv jenen Kanal, der gerade am besten passt. Von daher rate ich davon ab, Mitarbeiter nach dem Motto »da kommt der Augen-Müller« auf einzelne Kanäle zu reduzieren. Was sich aber anbietet, ist, den Kanal zu spiegeln, den der Gesprächspartner gerade verwendet.

Micro Habit: Verbales Spiegeln
Kommt Ihr Gesprächspartner beispielsweise ins Büro und fragt, wie es in Bezug auf ein Projekt gerade aussieht, können Sie antworten: »Schauen wir mal, wollen wir zusammen einen Blick darauf werfen?« Lautet die Ansprache dagegen, dass man mal nachfragen wollte, wie es um das Projekt steht, bietet sich eine Antwort an wie: »Rundum gut, wollen wir uns kurz zusammensetzen und die wichtigsten Punkte miteinander durchgehen?«

Die gleichen Körperhaltungen, Atemrhythmen, Sprachkanäle und Gesichtsausdrücke wie unser Gegenüber einzunehmen, führt dazu, dass wir uns auf neuronaler Ebene in andere hineinversetzen und uns dadurch mit ihnen identifizieren. Dieser Effekt verweist auf weitere Möglichkeiten, um die Empathie zu erhöhen.

Think twice: Welche der vorgestellten Möglichkeiten des Spiegelns wollen Sie in Zukunft einsetzen?

1. ____________________

2. ____________________

3.3.4 Auf der Suche nach Gemeinsamkeiten

Während Stress und Konkurrenz die Bildung von Empathie verhindern, können wir sie durch Identifikation erhöhen. Ein genauso einfacher, wie effektiver Weg besteht darin, nach Gemeinsamkeiten zu suchen.

Micro Habit: Finden Sie Gemeinsamkeiten
Führen Sie als direkter Vorgesetzter regelmäßig informelle Einzelgespräche mit Ihren Mitarbeitern, in denen Sie sie besser kennenlernen und darauf achten, wo es Gemeinsamkeiten gibt. Das Gespräch sollte unabhängig vom üblichen Personalgespräch geführt werden.

Es bietet sich an, dies bei einem gemeinsamen Spaziergang im Grünen oder in einer anderen entspannten Atmosphäre durchzuführen. Auch der Aufenthalt in der Natur erhöht unsere Empathie und beim gemeinsamen Gehen schwingt man sich automatisch auf den anderen ein und findet so besser zueinander.

Micro Habit: Kaffee beim Chef
Abgesehen von beruflichen Gesprächen sollte man auch einmal über andere Themen sprechen, um Gemeinsamkeiten herzustellen. Mitglieder des oberen Managements können zum »Kaffee beim Chef« einladen. Suchen Sie auch hier nach gemeinsamen Themen. Wahlweise können in einem Monat Mitarbeiter eingeladen werden, die gerne kochen, während im Monat darauf die Wanderfreunde, Musikliebhaber oder Sprachenlerner kommen. Eine Themenliste kann in einer Gruppenveranstaltung rasch gemeinsam erstellt werden.

Micro Habit: Kaffee-Roulette
In Unternehmen, in denen nicht alle Mitarbeiter täglichen Kontakt miteinander haben, erhöht das Kaffee-Roulette den Kontakt und den Austausch zwischen den Kollegen. Dabei werden an einem Tag pro Woche die Mitarbeiter für eine gemeinsame Kaffeepause einander zugelost. Fünfzehn Minuten der Arbeitszeit werden dabei vom Unternehmen übernommen, den Kaffee spendiert der Chef.

So lernen sie nach und nach alle Kollegen kennen und stärken die persönlichen Verbindungen.

Um den Einstieg ins Gespräch zu erleichtern, programmierte ein Mitarbeiter in einem Beratungsprojekt einmal eine Excel-Tabelle, auf die im Intranet alle Kollegen zugreifen konnten. Bei dieser konnte man sich per Zufallsgenerator einen Kollegen zuweisen und drei Fragen erstellen lassen, die halfen, das Eis zu brechen. Fragen können beispielsweise sein:

- Von allen Menschen der Welt: Mit wem würdest du gerne einmal zu Abend essen?
- Wenn du morgen mit einer besonderen Fähigkeit aufwachen würdest, welche würdest du dir aussuchen?
- Wärst du gern berühmt? Wenn ja, wofür und wie wärst du dann wohl?
- Stell dir vor, du wirst neunzig Jahre alt. Wenn du dir aussuchen könntest, ob du entweder den Geist oder den Körper eines (oder einer) Dreißigjährigen für die letzten sechzig Jahre behalten könntest ... was wäre deine Entscheidung?
- Was wolltest du schon immer gerne machen, das du noch nie getan hast?

3.3.5 Raus an die frische Luft!

Internet- und Technikfreunde, die empathischer werden wollen, müssen an dieser Stelle stark sein, denn leider belegt die Forschung, dass die intensive Nutzung von technischen Geräten die Empathie vermindert (vgl. Uhls et al. 2014) und übermäßiger Medienkonsum sogar zu einem Schrumpfen der empathischen Bereiche im Gehirn führt. Das ist nur logisch, denn unser Gehirn passt sich einfach unseren Gewohnheiten an. Wenn wir unsere Zeit lieber am Bildschirm verbringen, dürfen wir uns nicht wundern, wenn jene Strukturen im Gehirn, die uns dabei unterstützen, mit anderen Menschen in eine tiefere Beziehung zu treten, nach und nach abgebaut werden.

Micro Habit: Technik-Diät in der Natur

Studien belegen, dass der Aufenthalt in der Natur neben mehreren positiven gesundheitlichen Effekten auch unsere Empathie-Fähigkeit erhöht. Suchen Sie daher die Nähe zur Natur und gönnen Sie sich öfters bei einem Spaziergang im Park oder Wald eine Auszeit von technischen Geräten wie Smartphones, PCs, Tablets, Laptops und so weiter.

3.3.6 Führen Sie »silberne« Mitarbeitergespräche

Neben dem Aufenthalt in der Natur hilft es, andere Kommunikationsprioritäten zu setzen und bewusst die Nähe und den persönlichen Kontakt zu den Mitarbeitern zu suchen.

Micro Habit: Silberne Mitarbeitergespräche

Legen Sie morgens fünf Silbermünzen oder Murmeln in eine Ihrer Hosentaschen. Jedes Mal, wenn Sie mit einem Mitarbeiter einen empathischen Kontakt hatten, stecken Sie eine der Münzen oder Murmeln in die andere Hosentasche. Vor dem Feierabend sollten alle Münzen oder Murmeln die Tasche gewechselt haben.

Das Gewicht und Klingen der Münzen oder das Klackern der Murmeln erinnern Sie im Laufe des Tages immer wieder daran, den Kontakt zu den Mitarbeitern zu suchen. Machen Sie zum Beispiel morgens einen Gang durch die Abteilung oder den Betrieb, bevor Sie den Rechner hochfahren. Frühaufsteher, die schon frühmorgens ihre Mails erledigen, bevor die Kollegen da sind, können sich einen Alarm setzen und dann die Arbeit unterbrechen, um die persönlichen Kontakte zu den Mitarbeitern zu pflegen. Jedes Medium hat seine Vor- und Nachteile und prägt durch seine Eigenschaften den Charakter der Kommunikation. Es soll Firmen geben, in denen selbst mit Kollegen im Nachbarzimmer nur noch per E-Mail statt persönlich kommuniziert wird. Bevor Sie eine E-Mail beantworten, prüfen Sie darum, gerade bei kritischen Inhalten, ob sich das Thema nicht persönlich effektiver besprechen lässt als schriftlich.

3.4 Von ungeteilter Aufmerksamkeit, sinnvollen Skills und hilfreichen Tools

Nachdem mit der Stärkung der Empathie Grundlagen geschaffen worden sind, können wir im nächsten Schritt beginnen, unsere Mitmenschen mit ungeteilter Aufmerksamkeit mehr wertzuschätzen. Dass das oft nicht gelingt, liegt an Stress und Zeitmangel. Schon 2011 beschrieb Martin Wehrle, wie Führungskräfte in der Beratung unisono darüber klagten, dass sie durch die vielen Ablenkungen nicht mehr zu ihrer eigentlichen Arbeit kämen. Zehn Jahre später halten immer mehr Menschen bereits das Bewältigen der auf sie einströmenden Mail- und Messageflut für ihre eigentliche Arbeit.

Durch die Digitalisierung wurden in den letzten Jahrzehnten mehr und mehr Assistenten- und Sekretär-Stellen gestrichen. Ein paar E-Mails wird eine Führungskraft ja wohl noch schnell selbst schreiben können! Das ist einerseits richtig, aber wenn die Schreibarbeit so viel Zeit beansprucht, dass die Führungskraft nicht mehr zu ihrer eigentlichen Tätigkeit kommt, sollte man sich daran erinnern, dass eine Führungskraft ihre Mitarbeiter führen soll – und nicht nur den Schriftverkehr! Das Problem benennt Wehrle prägnant: Nur weil die Sekretariate aufgelöst wurden, sind die Sekretariatsaufgaben damit ja nicht verschwunden – in unserer heutigen verdichteten Arbeitswelt schon gar nicht. Viele Führungskräfte sind also überlastet, weil sie plötzlich zwei Stellen ausfüllen sollen: die der empathischen Führungskraft und die der Sekretärin.

3.4.1 Frau Müller, bitte (nicht mehr) zum Diktat!

Als einmalige Maßnahme mit Langzeitwirkung kann es sich also lohnen, einen Sekretär oder Assistenten zu engagieren, die Ihnen als Führungskraft zuarbeitet, ordentlich die Daten aufbereitet und sie organisiert. Das muss nicht in Vollzeit sein und auch nicht für jede. Bei Führungskräften des unteren Managements könnte auch ein fachlich fitter Kollege aus der Basis als

Stellvertreter benannt und von 50 Prozent seiner regulären Tätigkeit freigestellt werden. Alternativ könnten eine oder zwei Sekretäre für mehrere Führungskräfte die Schreib- und Organisationsaufgaben übernehmen.

Kommt das nicht infrage, sollten Sie als Führungskraft zumindest versuchen, Ihre Sekretärinnen-Skills auf ein konkurrenzfähiges Niveau zu bringen, beispielsweise durch die Belegung eines Kurses in Tastschreiben (mit zehn Fingern) und eines MS-Office-Kurses. Wer sich mit der Zwei-Finger-Suchmethode durch die Mails kämpft, verschwendet wertvolle Zeit; zudem empfiehlt es sich, die effizienten Hilfen von Outlook, Word & Co. zu kennen und zu nutzen. Ein Kurs kostet zwar erst einmal Zeit, diese ist jedoch gut investiert. Alternativ kann man sich in kurzen, knackigen Youtube-Tutorials zeitsparende Methoden zum effizienten Umgang mit verschiedenen Softwareprogrammen ansehen.

Verschiedene Tools im Web können Sprache sofort sowie erstaunlich schnell und gut in schriftliche Texte umwandeln, zum Beispiel Speechnotes, ein Online-Diktier-Tool mit exzellenter Spracherkennungsfunktion (https://speechnotes.co/de). Noch während Sie sprechen, macht das Tool aus Ihrer Rede einen Text. Daneben erfüllt es auch die umgekehrte Funktion, Text in Sprache zu verwandeln, sodass Sie sich einen Text beliebiger Länge maschinell vorlesen lassen können, zum Beispiel während einer Autofahrt.

Weitere Tools, wie zum Beispiel Happyscribe, sind in der Lage, längere Audio-Dateien beziehungsweise -aufzeichnungen von einer bis mehreren Stunden vollautomatisiert in schriftliche Texte zu verwandeln (Hinweise unter: https://geekflare.com/de/best-transcription-software) – empfehlenswert zum Beispiel, wenn man Protokolle oder Mitschnitte von längeren Sitzungen schriftlich anfertigen (lassen) muss. Softwareprogramme wie diese übernehmen teilweise kostenlos, teilweise für ein geringes monatliches Abo Sekretärinnen-Funktionen.

Think twice: Schauen Sie sich einmal im Web um, welche Tools Ihnen die tägliche, lästige und zeitraubende Routinearbeit abnehmen oder erleichtern können! Es gibt inzwischen viel mehr Tools, die »vollautomatisch« ganz verschiedene Funktionen übernehmen, als man es sich vorstellt. Testen Sie einige Tools und halten Sie fest, welche Sie in Zukunft nutzen werden und wofür:

1. __________

2. __________

3.4.2 Aus den Augen, aus dem Sinn

Wenn Sie effektiver arbeiten möchten, sollten Sie Ihr Smartphone während der Arbeit nicht nur außer Reich-, sondern auch außer Sichtweite bringen, und zwar möglichst immer für mehrere Stunden am Stück. Aus den Augen, aus dem Sinn – die Forschungsergebnisse sind hier eindeutig. Sogar ausgeschaltete Smartphones, die sich in unserem Sichtfeld befinden, beeinträchtigen unsere Konzentrationsfähigkeit und Kreativität, aber auch die Tiefe des zwischenmenschlichen Kontaktes, die wir während dieser Zeit pflegen.

Wissenschaftler erklären sich das unter anderem durch den sogenannten Priming-Effekt. Dieser bewirkt, dass spezifische Gegenstände und Reize spezifische Synapsen im Gehirn »vorglühen« lassen und so dazu führen, dass bestimmte Gedanken, Gefühle und Wahrnehmungen leichter entstehen als andere. So beeinflussen sie, ohne dass es uns bewusst wird, unser Denken, Fühlen und unsere Entscheidungen.

Wenn wir über ein Thema sinnieren, suggeriert ein anwesendes Smartphone uns unterschwellig, dass wir schnell und problemlos weitere scheinbar wichtige Informationen aus dem Internet oder den Kontakten abrufen können. Das reicht schon, damit wir Aufgaben oberflächlicher behandeln. Ähnlich verhält es sich, wenn sich während eines vertraulichen Gesprächs ein ausgeschaltetes Handy in unserem Sichtfeld befindet. Für unser Unterbewusstsein wird unser Gesprächspartner dadurch mit den Hunderten potenziellen Kontakten unseres Adressbuches und Social-Media-Accounts in Konkurrenz gesetzt, sodass wir uns nicht so tief auf ihn einlassen.

Micro Habit: Verbannen Sie Ihr Handy aus dem Sichtfeld
Eine förderliche Angewohnheit, um sich besser zu konzentrieren und Mitarbeitern mehr Aufmerksamkeit zu widmen, besteht darin, zu Beginn einer Tätigkeit oder eines Gesprächs das Handy in den Flugmodus zu schalten und in die Tasche zu legen. Das hilft nicht nur, sich zu konzentrieren und intensivere Gespräche zu führen, sondern erhält auch die Intelligenz.

Wie der britische Psychologe Glenn Wilson zeigte, senken technische Ablenkungen unseren IQ um bis zu 10 Punkte – es kann also durchaus helfen, sich nicht undifferenziert der Technik auszusetzen. Unsere Welt funktionierte schließlich auch schon ganz gut, bevor es Computer und Smartphones gab.

3.4.3 Impuls an die Basis

Unsere Aufmerksamkeit lässt sich mit einem Muskel vergleichen. Um sie zu entwickeln, ist regelmäßiges Training wesentlich effektiver, als einmalige Hau-Ruck-Aktionen.

Micro Habit: Der Impuls an die Basis
Eine weitere sinnvolle Gewohnheit für Führungskräfte auf Executive-Level bietet der »Impuls an die Basis«. Dieser besteht darin, jeden Tag einen Mitarbeiter der operativen Ebene mit Handschlag und Namensnennung zu begrüßen, ihm eine öffnende Frage zu stellen und dann für fünf Minuten wirklich zuzuhören. Dabei sollte die innere Haltung eines Lernenden und nicht die eines neunmalklugen Wissenden eingenommen werden.

Das Fachwissen und -gebiet des Mitarbeiters sollte respektiert und seine Aussage positiv verstärkt werden. Falls es passt und nötig ist, können kurze Hinweise gegeben werden, die dem Mitarbeiter helfen, seinen Bezugsrahmen zu erweitern. Im Kern geht es aber darum, zu verstehen, was getan werden kann, um den Mitarbeiter so zu unterstützen, dass dieser seine Arbeit bestmöglich erfüllen kann. Das führt zur letzten Qualität, die wirkliche Aufmerksamkeit auszeichnet: aufmerksames Zuhören.

3.5 Hör. Mir. Zu!

Der Weg zur aufmerksamen Kommunikation wird von einem Fluss gekreuzt. Wenn dieser das Gespräch erfasst und es mit sich reißt, droht es, in seinen Fluten verloren zu gehen, bis irgendwann seine Reste an den Ufern flussabwärts wieder an Land gespült werden. Wie alle Flüsse entspringt auch dieser einer Quelle und beginnt als kleiner Bach, der mit einem kleinen Hüpfer leicht überwunden werden kann. Später entwickelt er sich nach und nach zum breiten Strom, bei dem es eine große Brücke braucht, um ihn zu überqueren.

Falls Sie sich gerade fragen, worum es sich bei diesem Fluss handelt: Es geht um den Redefluss. Er wird durch die Worte gespeist, die wir ins Gespräch einfließen lassen, und so liegt es an uns, wo wir auf ihn treffen. Weiter oben, wo es noch ein Einfaches ist, den Gesprächspartner zu erreichen, oder weiter unten, wo es weitaus schwieriger ist, eine Brücke zum Gegenüber auf der anderen Seite zu schlagen. So oder so, überqueren müssen wir ihn. Glücklicherweise gibt es eine wirksame Methode, um uns flussaufwärts zu bewegen oder ihn trockenzulegen: Schweigen und Zuhören. Und das ist auch gar nicht so schlimm, denn unsere Worte tragen ohnehin nur zu einem Bruchteil dazu bei, wie wir zueinanderstehen.

Weisheit ist die Belohnung dafür, dass Sie ein Leben lang zugehört haben, obwohl Sie doch viel lieber geredet hätten.

Doug Larson (1926–2017), Zeitungskolumnist

3.5.1 Der Versuchung des Redens widerstehen

Menschen sind emotionale Wesen: Der eine vergisst Worte schneller, der andere langsamer, aber schließlich bleiben von all den Worten, die wir miteinander wechseln, nur die allerwenigsten im Gedächtnis haften. Was dagegen bleibt, ist das Gefühl, dass ein Gespräch und ein Gesprächspartner bei uns hinterlassen. Wo im Verkauf gilt, dass der Köder dem Fisch schmecken muss, gilt im Rahmen wertschätzender Kommunikation, dass unser Miteinander dem anderen schmecken muss. Natürlich sind die Geschmäcker verschieden, aber eine Sache ist glücklicherweise recht konstant: unsere Reaktion auf den Neurotransmitter Dopamin.

Der Hirnwissenschaftler Manfred Spitzer benennt Dopamin ganz nüchtern als »Hirnkoks«. Dopamin wirkt nicht nur wie eine Droge, es macht auch ebenso süchtig und motiviert uns, Verhalten, das früher einmal zu seiner Ausschüttung geführt hat, zu wiederholen. Seine Rolle ist aus einem einfachen Grund auch für gelingende Gespräche von zentraler Bedeutung: Es wird ausgeschüttet, wenn wir selbst reden. Das erklärt zweierlei: warum wir Gespräche als umso gelungener empfinden, je mehr wir uns selbst mitteilen konnten, und warum Menschen sich regelrecht in einen Rausch reden können: Während sie erzählen und erzählen, flutet sich ihr Gehirn mit immer mehr Dopamin und verführt sie dadurch, weiter und weiter zu reden. Der oben beschriebene Redefluss ist auf neuronaler Ebene also ein Dopaminfluss! Daraus ergeben sich zwei Konsequenzen:

1. Auch unser Gesprächspartner wird das Gespräch als umso besser empfinden, je mehr er aus freien Stücken selbst erzählen konnte.
2. Wir müssen der Verlockung widerstehen, uns beim Reden selbst unter Drogen zu setzen beziehungsweise uns vom berauschenden Effekt der Vielrednerei mitreißen zu lassen.

Für viele Führungskräfte droht an dieser Stelle eine besondere Gefahr. Denn beim Mitarbeiter setzt es zunächst ebenfalls Dopamin frei, wenn die Führungskraft ihm etwas erzählt, anvertraut, inspiriert oder ihn motiviert. Psychologisch gesehen, ist der Vorgesetzte einer jener Mitmenschen, die eine besondere Bedeutung im Leben des Mitarbeiters einnehmen. Von daher haben Mitarbeiter zunächst ein hohes Interesse daran, zu erfahren, was ihrem Vorgesetzten wichtig ist und ihn interessiert.

Das merkt dieser und es motiviert ihn, mehr zu erzählen. So nähert sich der Chef unbemerkt immer mehr der Marke an, ab dem sein Dopaminpegel eine kritische Schwelle erreicht und ihn mitzureißen beginnt. Ab diesem Zeitpunkt fühlt sich zwar die Führungskraft richtig wohl, nicht jedoch jener Mitarbeiter, der gerade vom Redefluss seiner Führungskraft erfasst und davongespült wird.

Micro Habit: Das Gespräch als gemeinsamen Tanz und nicht als Einbahnstraße sehen
Achten Sie darauf, dass Ihre Empathie als Vorgesetzter im Hochgefühl des eigenen Redeschwalls nicht auf der Strecke bleibt. Nehmen Sie sich selbst an die Kandare, damit dies nicht geschieht.

3.5.2 Der Blick auf die Schuhspitze

Bis zu einem gewissen Punkt ist alles wunderbar, aber die Dosis macht das Gift, und irgendwann beginnt das Gespräch zu kippen. Führungskräfte, die einen Hang zum Vielreden haben, sollten den Punkt erkennen, an dem sich die Situation dreht. Achten Sie dabei auf subtile nonverbale Signale, die Ihnen Ihre Mitarbeiter senden, und beherzigen Sie diese. In Kapitel 8 wird dieses Thema vertieft, ein Signal bietet sich jedoch an dieser Stelle bereits an, und zwar die Ausrichtung der Fußspitzen.

Micro Habit: Die Fußspitzen im Blick

Fußspitzen richten sich normalerweise während eines angenehmen Gesprächs auf den Gesprächspartner. Sobald wir jedoch genug haben, macht eine der beiden Fußspitzen einen kleinen Ruck und wendet sich in Richtung Tür oder in größeren Räumen in eine Richtung, die vom Gesprächspartner weg weist. Spätestens wenn Sie dieses Signal im Gespräch wahrnehmen, sollten Sie sich bewusst zurücknehmen und Ihren Redeanteil begrenzen oder anbieten, das Gespräch langsam zu beenden.

3.5.3 Das Zuhör-Barometer in der Kantine

Da man nicht gleichzeitig essen und reden soll, dafür haben unsere Mütter in der Regel ganz gut gesorgt, dass wir das auch nicht tun. Wir haben also eine stabile Gewohnheit, die in einer spezifischen Situation verhindert, dass wir zu viel reden. Von daher können Vielredner das Zuhören üben, wenn sie mit ihren Mitarbeitern gemeinsam zu Mittag essen. Das Schöne ist, dass die Teller gleichzeitig als Gradmesser für die Redeanteile dienen.

Micro Habit: Behalten Sie bei Tisch die Teller im Blick

Achten Sie beim Essen von Zeit zu Zeit auf die Teller: Wenn der eigene noch voll ist, während der Gesprächspartner schon zur Hälfte zu Ende gegessen hat, sollte man sich bewusst zurücknehmen. Die adäquate Reaktion liegt natürlich nicht darin, schneller zu essen oder mit vollem Mund weiterzuerzählen.

3.5.4 Randnotizen

Eine genauso einfache wie wirkungsvolle Möglichkeit, um unseren Gesprächspartnern richtig zuzuhören, ist es, Gedanken und Ideen, die sich während des Zuhörens ergeben, kurz mit einem oder zwei Stichworten am Rand unseres Notizblocks zu notieren. Dadurch wird der Kopf wieder frei fürs Zuhören, während gleichzeitig durch die Aktivität des Schreibens der eigene Drang zu reden zurückgeht. Da der Gedanke anderweitig Ausdruck findet und gesichert ist, besteht keine Notwendigkeit mehr, bei nächster Gelegenheit direkt das Wort zu ergreifen.

Micro Habit: Randnotizen
Nehmen Sie eine Kladde oder einen Notizblock und einen Stift mit ins Gespräch. Ziehen Sie zu Beginn am Seitenrand einen Strich nach unten und reservieren Sie damit Raum für mögliche Notizen während des Gesprächs.

3.5.5 Mit offenem Herzen zuhören

Dem Gesprächspartner mit einem offenen Herzen zuzuhören, klingt für den einen oder anderen möglicherweise zunächst nach gefühlsduseligem Gequatsche oder idealisierten Kindergeschichten im Sinne vom kleinen Prinzen »Man sieht nur mit dem Herzen gut«. Was soll das in der harten Geschäftswelt bringen, in der es um einen klaren Kopf geht und darum, sich gegen die Konkurrenz durchzusetzen? Abgesehen davon, dass die Forscher vom Heart-Math-Institut (2016) während ihrer dreißigjährigen Arbeit nachgewiesen haben, dass wir auch im Herzen neuronale Zellen haben, die eine Herzintelligenz belegen, bin ich dem Konzept bei zwei Kapazitäten begegnet, die zeigen, dass es sich auch im Business lohnt, das Herz beim Zuhören für sein Gegenüber zu öffnen.

Zunächst empfiehlt der britische Körpersprache- und Sales-Experte Mark Bowden (vgl. 2013: 71), dem Kunden mit einem offenen Herzen zu begegnen, weil dieser es unbewusst spürt, sodass sich wesentlich kooperativere und erfolgreiche Gespräche ergeben. Bowden ist eine Koryphäe im Bereich Kommunikation und coacht Klienten bis zu G7-Staatsoberhäuptern. Seinen Ted-Talk kann ich jedem, der sich für das Thema Körpersprache interessiert, wärmstens empfehlen.

Neben Bowdens Empfehlung für den Verkauf beschreibt auch Gerry Spence (1996), dass sein Erfolgsgeheimnis darin liege, sowohl seinen Klienten als auch bei Gericht mit offenem Herzen zuzuhören. Spence ist ein amerikanischer Anwalt, der in seiner gesamten Karriere nicht einen einzigen Fall verloren haben soll; das nährt die Hoffnung, dass an seinen Methoden etwas dran ist. Er beschreibt, dass sich aus dem Zuhören mit offenem Herzen eine höhere Präsenz und eine aufrichtigere Einstellung ergeben, die es sowohl bei der Wahl der Klienten als auch vor Gericht erleichtern, eine verbindlichere Atmosphäre zu schaffen und erfolgreichere Prozesse zu führen. Die Empfehlung lautet also:

Micro Habit: Herzliches Zuhören

Öffnen Sie Ihr Herz und steigen Sie ins nächste Gespräch mit einer Frage ein wie: »Was brauchen Sie von mir, damit Sie einen noch besseren Job machen können?«

In der Praxis habe ich erlebt, dass der eine oder andere Probleme hat, sein Herz zu spüren, oder es bewusst zu öffnen. Auch hier passt sich unser Gehirn unseren Gewohnheiten an. Wenn man sich jahrelang auf andere Bereiche konzentriert hat, dann sind die nötigen Strukturen zu Beginn noch sehr schwach ausgeprägt, sodass es zunächst schwerfällt, direkt etwas zu spüren. Aber Übung macht bekanntlich den Meister.

Eine bessere Verbindung zum eigenen Herzen lässt sich beispielsweise in der Meditation herstellen. Es bedarf ein wenig Übung, gelingt aber nach einiger Zeit, wenn man die Augen schließt und sich zunächst auf die Region oberhalb der Nasenwurzel konzentriert. Wenn man etwas zur Ruhe kommt, taucht an dieser Stelle ein weißer Punkt auf, den man nun langsam zum Herzen wandern lassen kann, um schließlich dort zu verharren. Nachdem dies einige Male erfolgt ist, kann man mit dem Bewusstsein auch direkt ins Herz springen und es öffnen und weiten. Um sich leichter in das Herz hineinzufühlen, können Sie unterstützend eine Hand aufs Herz legen. Da wir für unsere Hände ein besseres Gefühl haben, fällt es nun leichter, sich auf die Region zu besinnen.

Neben der Meditation helfen auch die bereits im dritten Kapitel beschriebenen HRV-Trainings mit dem emWave 2 Biofeedback-Gerät, um ein Gefühl des offenen Herzens zu kultivieren. Was es noch braucht, ist ein Platzhalter, der uns zu gegebener Zeit daran erinnert, es auch zu tun.

Micro Habit: Friendly Reminder für mehr Herzlichkeit
Finden Sie passende Platzhalter, die Sie daran erinnern, Ihr Herz zu öffnen: Stellen Sie beispielsweise eine Rose in einer Blumenvase auf den Tisch, an dem Sie das Gespräch führen wollen. Fällt der Blick während des Gesprächs auf die Rose, atmen Sie bewusst ins Herz und öffnen es. Andere Platzhalter, die man überallhin mitnehmen kann, sind zum Beispiel ein kleiner herzförmiger Handschmeichler oder ein kleiner Rosenquarz.

3.6 Fazit

Ihre Mitarbeiter stehen im Mittelpunkt Ihrer Führungsaufgabe und es ist eines ihrer tiefsten Bedürfnisse, von ihrem Vorgesetzten beachtet und wahrgenommen zu werden. Auch wenn sie die Worte vergessen, die an sie gerichtet wurden, so vergessen sie doch niemals das Gefühl, das Sie bei ihnen ausgelöst haben. Daher sollte es vor allem darum gehen, die Beziehung und das Miteinander zwischen Führungskraft und Mitarbeitern zu pflegen. Empathie und Aufmerksamkeit sind zwei notwendige Voraussetzungen, um wertschätzender zu kommunizieren.

- Empathie geht oft mit steigender Macht und Position in der Hierarchie verloren. Wirken Sie dem entgegen, indem Sie subtil Ihr Gegenüber in Mimik, Gestik und Körperhaltung spiegeln (nachahmen), um sich aufeinander einzuschwingen.
- Lernen Sie in informellen, kurzen Einzelgesprächen Ihre Mitarbeiter besser kennen und achten Sie darauf, welche Gemeinsamkeiten es zwischen Ihnen gibt.
- Suchen Sie bewusst täglich die Nähe zu Ihren Mitarbeitern, und erinnern Sie sich zum Beispiel mit Silbermünzen oder Murmeln in der Hosentasche daran, täglich fünf solcher Kontakte herzustellen.
- Legen Sie bewusst Technikpausen ohne PC, Tablet, Smartphone und so weiter ein, und gehen Sie in die Natur. Sie wirkt von sich aus empathiefördernd.
- Lassen Sie lästige und zeitraubende Routinearbeiten wie Diktieren und Schreiben von nützlichen Webtools erledigen. So gewinnen Sie Zeit, die Sie für die zwischenmenschlichen Kontaktpflege einsetzen können.
- Üben Sie sich im Zuhören statt im Reden. Achten Sie darauf, sich im Kontakt zu Mitarbeitern nicht in einen »Rederausch« zu begeben, indem der Mitarbeiter nur noch zum stillen Zuhören verdammt ist. Begrenzen Sie Ihre Redezeit, wenn Ihr Gesprächspartner zum Beispiel mit der Abkehr der Fußspitzen unbewusst signalisiert, dass er nicht mehr länger bleiben möchte.
- Fragen Sie Ihre Mitarbeiter aktiv, was diese von Ihnen brauchen, um ihre Arbeit gut machen zu können, anstatt nur Forderungen zu stellen oder Aufgaben zu vergeben.
- Erinnern Sie sich mithilfe von Platzhaltern (Rose auf dem Tisch oder Rosenquarz in der Tasche) daran, in Gesprächen immer wieder bewusst Ihr Herz zu öffnen.

4.
Selbsterfüllende Prophezeiungen für den Erfolg statt dagegen arbeiten lassen

Mitarbeiter arbeiten gerade so viel, dass sie nicht entlassen werden, und Unternehmen bezahlen gerade so viel, dass die Mitarbeiter nicht kündigen.

Managerweisheit

4.1 Die innere Einstellung zu den Mitarbeitern

Jede Führungskraft kann die innere Haltung und die Einstellung, die sie gegenüber ihren Mitarbeitern einnimmt, positiv oder negativ beeinflussen. Hunderte Studien, die seit über sechzig Jahren durchgeführt werden, belegen die Macht der eigenen Haltung auf andere und zeigen, dass wir im Alltag zu Recht von selbsterfüllenden Prophezeiungen sprechen.

Der Klassiker unter den Untersuchungen zur selbsterfüllenden Prophezeiung bildet das Rosenthal-Experiment. Bei diesem wurden zu Schuljahresbeginn eine Gruppe von Lehrern zusammengerufen, um sie auf eine besondere Aufgabe vorzubereiten. Zunächst erklärten die durchführenden Psychologen um Robert Rosenthal den Lehrern, dass sie die Gruppe der besten 10 Prozent der Lehrer dieser Schule bildeten. Um zu untersuchen, was passiert, wenn die besten Lehrer die besten Schüler unterrichten, hatte man ebenfalls die besten 10 Prozent der Schüler herausgesucht. Am Ende des Schuljahres übertrafen die Ergebnisse alle Erwartungen. Die Elite Klasse war die beste im ganzen Bezirk, die IQ-Tests der Schüler stiegen in Einzelfällen um bis zu zwanzig IQ-Punkte. Die Lehrer waren voll des Lobes: So gelehrige Schüler hatten sie noch nie erlebt, es war traumhaft gewesen, mit diesen zu arbeiten. Schade war allein, dass es nicht immer so sein konnte! Die Krux an der Sache: es handelte sich um eine Doppelblind-Studie, bei der sowohl die Lehrerschaft als auch die Schüler frei ausgelost worden waren. Die tatsächlich erreichten Ergebnisse beruhten also einzig und allein auf der inneren Haltung der Lehrer gegenüber ihren Schülern. Wir kennen das Ganze auch aus der Sicht des Schülers: Vielleicht erinnern Sie sich noch selbst daran, wie Sie bei Lehrern, mit denen Sie nicht klarkamen, stets schlecht abschnitten und wie Sie nach einem Lehrerwechsel plötzlich aufblühten und sich Ihre Leistungen fast schlagartig verbesserten.

Führungskräfte, die ihren Mitarbeitern viel zutrauen, werden genauso bestätigt wie solche, die ihnen wenig oder gar nichts zutrauen; es ist lediglich eine Frage der Perspektive beziehungsweise der inneren Einstellung, die eine Führungskraft gegenüber ihrem Team hat. Eine 2009 durchgeführte Metastudie der Forscher Avolio et al. mit über zweihundert Teilstudien belegt, dass ein positives Menschenbild der Führungskraft die stärkste Führungstechnik überhaupt ist. Fatalerweise hat jedoch nach den Erhebungen von Olaf Burow lediglich ein Drittel aller Führungskräfte in Deutschland ein positives Bild ihrer Mitarbeiter. Die restlichen zwei Drittel sollten mit etwas gutem Willen ihr Mitarbeiterbild nochmal überdenken. Wie der Rosenthal-Effekt zeigt, haben davon alle etwas.

4.1.1 Führen Sie noch mit Möhre oder vertrauen Sie schon?

Douglas McGregor, einer der Urväter der Managementlehre, fand vor über sechzig Jahren heraus, dass es zwei grundlegende Menschenbilder gibt, die er als »Theorie X« und »Y« bezeichnete. Der Theorie-Y-Typus arbeitet gerne und übernimmt Verantwortung, ist offen, um kreativ Neues zu entdecken oder zu entwickeln, und braucht dabei nicht angeleitet zu werden. Beim Theorie-X-Menschentyp ist es anders: Er lehnt Verantwortung ab, braucht die sprichwörtliche Möhre vor der Nase als Anreiz, ist nicht kreativ und drückt sich vor der Arbeit, sobald man ihn aus den Augen lässt. McGregors Untersuchungen sind bis heute relevant im Management. Wer als Führungskraft verschiedene Mitarbeiter vor Augen hat, wird sie leicht dem einen oder anderen Typus zuordnen können. So weit, so gut. Das Problem dabei: McGregors Forschung belegte anschließend, dass der Theorie-X-Menschentypus in der Realität überhaupt nicht existiert! Vom Grundnaturell her sind alle Menschen Theorie-Y-Typen, entwickeln aber im Unternehmen X-Verhaltensweisen, wenn sie schlecht geführt werden. Auch hier führt also das Menschenbild des Vorgesetzten zu einer sich selbst erfüllenden Prophezeiung.

Denken Führungskräfte schlecht über Mitarbeiter, halten sie sie für inkompetent, schwach und unmotiviert, so wird sich dies in der Realität bestätigen. Denken sie hingegen gut über die Mitarbeiter, so wird sich auch dies bestätigen.

Daher sollte es Führungskräften bewusst sein, dass Wertschätzung mehr als nur eine Phrase ist, die man nach einem Workshop an die Wand hängt. Wertschätzung ist auch mehr als eine Technik oder eine Methode, die sich hier und da mal anwenden lässt. Sie ist auch mehr als eine Philosophie, über deren positive Wirkung und vermeintliche Gefahren sich auf intellektueller Ebene diskutieren lässt. Wertschätzung ist eine grundlegende Haltung gegenüber anderen Menschen, ganz gleich auf welcher Hierarchiestufe sie stehen.

4.1.2 Embodiment der Wertschätzung

Wenn Sie als Führungskraft neue Micro Habits einführen und Ihr Verhalten nachhaltig verändern wollen, sollten Sie begleitend Ihre eigene Haltung, Ihre Glaubenssätze und Ihr Menschenbild reflektieren und bereit sein, diese zu verändern. Das ist gar nicht so schwer und schafft Synergieeffekte. Bereits am Wort »Haltung« erkennt man, dass es sowohl eine innere, mentale als auch eine äußere, körperliche Haltung beschreibt. Wie zahllose Studien der nonverbalen Kommunikation belegen, wirkt sich unsere innere Haltung auf unsere äußere aus, aber ebenso beeinflusst die äußere Haltung die innere Einstellung.

Aus diesen Zusammenhängen hat Maja Storch von der ETH Zürich ihren brillanten Embodiment-Ansatz entwickelt, der es ermöglicht, Haltungsziele zu entwickeln und zu verfolgen. Ein Vorteil von Haltungszielen liegt darin, dass sie uns im Gegensatz zu den klassischen SMART-Zielen intrinsisch motivieren und von daher aus einer tieferen Ebene heraus Verhaltensänderungen anstoßen. Lassen Sie sich das bitte auf der Zunge zergehen: Sie brauchen keine langen Psychotests, keine täglich rezitierten Affirmationen, keine Erfolgsgeschichten von idealisierten Vorbildern, keine schlauen Appelle und Predigten über Fakten, die Sie ohnehin schon kennen – Embodiments ermöglichen Ihnen tatsächlich, über die Körperarbeit die eigene Haltung und Einstellung zu ändern.

Micro Habit: Embodiment der Wertschätzung

Um eine wertschätzende innere Haltung zu entwickeln, sollten Sie ein Embodiment - also eine Verkörperung der gewünschten Haltung - entwickeln und regelmäßig einnehmen. Da diese Haltung etwas sehr Persönliches ist, das sich individuell stimmig anfühlen muss, kann hier leider keine Vorgabe gemacht werden. Am besten legen Sie das Buch für einige Minuten aus der Hand und versuchen einfach, eine Körperhaltung einzunehmen, die Sie als wertschätzend empfinden. Nutzen Sie dabei den ganzen Körper und achten Sie neben der allgemeinen Haltung auch auf die Ausrichtung der Arme, des Kopfes und der Hände.

Wer sich damit allein schwertut, für den kann es hilfreich sein, die gewünschte wertschätzende Körperhaltung zusammen mit einer Vertrauensperson zu entwickeln. Alternativ kann sie auch in einer kleinen Gruppe erarbeitet werden. Durch den Austausch mit einem oder mehreren Sparringspartnern fällt es leichter, zu reflektieren und es gelingt besser, den Charakter des Begriffs zu erfassen, um eine eigene Körperhaltung zu entwickeln, die dem persönlichen Verständnis dessen entspricht, was man unter dem Begriff wertschätzende Führung versteht.

Wenn Sie eine passende Haltung gefunden haben, sollten Sie diese für circa zwei Minuten einnehmen, dabei in sich hineinspüren und schließlich das entstehende Gefühl mit einem individuellen Begriff benennen. Dadurch fällt es Ihnen später leichter, die Haltung erneut einzunehmen. Haben Sie Ihr Embodiment gefunden, sollten Sie anschließend täglich einen Termin setzen oder eine Situation bestimmen, zu der Sie es für ein bis zwei Minuten einnehmen. Damit das auf andere nicht befremdlich wirkt und man sich auch emotional auf die Haltung einlassen kann, bietet es sich an, sie einzunehmen, wenn man ungestört ist. Wird das Embodiment regelmäßig angewandt, verstärkt es nach und nach jene neuronalen Korrelate, die es dann in anderen Zusammenhängen erleichtern, sich intuitiv wertschätzender zu verhalten.

4.1.3 Affirmationen und subliminale Botschaften nutzen

Wir neigen dazu, dem, was wir täglich von uns geben, einen gewissen Glauben zu schenken. Wer regelmäßig Affirmationen, also selbstbejahende Sätze, die wir uns immer wieder aufsagen, ausspricht, kann damit seine Haltung und Einstellung in die gewünschte Richtung beeinflussen. Es ist mehrfach wissenschaftlich nachgewiesen, dass positive Affirmationen unsere Seele beflügeln können. Solche Affirmationen eignen sich hervorragend als Micro Habit, denn sie sind in zwei Minuten durchgeführt, idealerweise morgens im Bad oder im Auto auf dem Weg zur Arbeit, wenn Sie an einer roten Ampel warten müssen. Sie können sich eigene Affirmationen zum Thema Wertschätzung formulieren und sollten dabei lediglich auf die »Drei-P-Regel« achten, also dass Affirmationen persönlich (In der Ich-Form), im Präsens und positiv formuliert werden. Als Einstieg habe ich Ihnen folgende Affirmationen formuliert, die aus den einzelnen Kapiteln dieses Buches abgeleitet sind.

Micro Habit: Wertschätzende Affirmationen

1. *Ich bin achtsam mit mir selbst und mit meinen Mitarbeitern.*
2. *Ich schätze die Dinge und bin dankbar.*
3. *Ich achte meine Mitarbeiter und höre ihnen gerne zu.*
4. *Ich erwarte nur das Beste von meinen Mitarbeitern und traue ihnen Großes zu!*
5. *Ich behandle meine Mitarbeiter so, wie ich selbst auch behandelt werden möchte.*
6. *Ich begegne ihnen auf Augenhöhe und behandle sie wie erwachsene Menschen!*
7. *Ich halte sie für ihre Handlungen verantwortlich, respektiere sie aber voll als Mensch.*

8. *Ich respektiere den persönlichen Bereich meiner Mitarbeiter auf jeder Ebene.*
9. *Ich beachte die körpersprachlichen Signale meiner Mitarbeiter und beherzige diese.*
10. *Ich achte auf die individuellen Stärken meiner Mitarbeiter und ermögliche ihnen, diese ins Unternehmen einzubringen.*
11. *Ich schaffe einen sicheren Rahmen, in dem sich meine Mitarbeiter entfalten können.*
12. *Ich führe meine Mitarbeiter zusammen und achte auf ein gutes Miteinander.*
13. *Ich stelle den Sinn, dem unser Unternehmen folgt, in den Fokus und schaffe Raum, damit sich dieser entfalten kann.*
14. *Ich spreche Unstimmigkeiten und Spannungen direkt bei denen an, die es betrifft.*
15. *Ich teile mein Wissen, mache mich auch einmal verletzlich und lasse Dinge los.*
16. *Ich bin mir meiner Vorbild-Funktion bewusst, bin verlässlich und stehe zu meinem Wort.*
17. *Ich schaffe Klarheit und formuliere meine Erwartungen explizit und deutlich.*
18. *Ich weiß, dass das Ganze mehr ist als die Summe seiner Teile und unterstütze die Entwicklung eines Teamgeists und einer starken Gemeinschaft.*

Die negative Einstellung vieler Rentner zum Thema Alter führt regelmäßig zu negativen selbsterfüllenden Prophezeiungen wie Unfällen oder schnellem Verlust der Vitalität oder Gesundheit. Um zu untersuchen, ob diese Einstellung beeinflusst werden kann, wurden in einer spannenden Studie den Pensionären über mehrere Wochen hinweg subliminale Botschaften eingeblendet, während diese ihre PCs benutzten. Der Effekt überraschte sogar die Forscher, denn er beeinflusste nicht nur die Haltung der Pensionäre, sondern steigerte auch ihre physische Fitness (Levy et al. 2014). Der Einsatz subliminaler Botschaften, also solcher, die unterhalb der Wahrnehmungsgrenze gesendet werden, ist in der Werbung verboten. Aus gutem Grund: Wer von uns hat schon Lust, sich gegen seinen Willen von irgendwelchen Werbeparolen manipulieren zu lassen? Aber wie sähe es mit förderlichen Botschaften aus, die uns dabei helfen, eine Haltung zu entwickeln, die wir ohnehin anstreben?

Wer die Wirkung von subliminalen Messages einmal ausprobieren möchte, kann sich beispielsweise die App »Subliminal flash« (https://subliminal-flash.en.softonic.com) auf dem PC installieren und während der Arbeit unterhalb der Wahrnehmungsschwelle Botschaften anzeigen lassen. Das Gute daran: Sie müssen nicht wie bei irgendwelchen Angeboten von unseriösen Audiokassetten hoffen, ein gutes Produkt zu erwischen, sondern können die Botschaften selbst einspeichern. Auch die Frequenz und Dauer der Einblendung können Sie bestimmen. Als Botschaften eignen sich positive Adjektive, die mit Wertschätzung verbunden sind, oder alternativ zum Beispiel die oben aufgeführten Affirmationen, allerdings mit einer kleinen Änderung: Während Sie die Affirmationen selbst aussprechen und diese von daher in der Ich-Form formuliert wurden, sind Sie bei subliminalen Botschaften, die Sie sich einblenden lassen, der Empfänger. Daher müssen diese in der Du-Form formuliert werden, damit Sie sich angesprochen fühlen und die Nachrichten Ihr Selbstkonzept erreichen. Auch sollten sie in der Muttersprache formuliert werden, da diese in anderen Regionen unseres Gehirns verarbeitet wird als später gelernte Fremdsprachen. Die vorgegebenen Beispielsätze in der App würde ich nicht empfehlen, sondern mir die fünf Minuten Zeit nehmen, um eigene Affirmationen einzuspeichern, zum Beispiel: »Du behandelst deine Mitarbeiter auf Augenhöhe!« Achten Sie beim Formulieren und Ausprobieren der App auf Ihre Befindlichkeit und beenden Sie das Programm, falls Sie Unwohlsein entwickeln. Im Digitalpaket zum Buch finden Sie die achtzehn vorigen Affirmationen zu passenden subliminalen Botschaften umformuliert. So können Sie diese innerhalb von drei Minuten per Copy and Paste direkt in die App einfügen.

Micro Habit: Subliminale Botschaften

Verwenden Sie subliminale Botschaften, um eine wertschätzende Haltung gegenüber Ihren Mitarbeitern aufzubauen und zu etablieren.

4.1.4 Austausch mit wertschätzenden Peers

Es ist hilfreich, sich mit anderen Menschen zu umgeben und auszutauschen, die die gleichen Werte und Ziele haben wie wir. Der Erfolg von Gruppen wie den Weight Watchers oder den Anonymen Alkoholikern beruht zum Großteil darauf, dass sich die Teilnehmer mit Gleichgesinnten treffen und gegenseitig bestärken. Treffen Sie sich also regelmäßig mit anderen Führungskräften, die ebenfalls wertschätzender führen wollen, und tauschen Sie sich über Ihre Erfahrungen und Schwierigkeiten aus. Falls es Ihnen im direkten Umfeld an passenden Kontakten mangelt, habe ich bei Xing eine Gruppe (https://www.xing.com/communities/groups/wertschaetzende-fuehrung-74e1-1152556/posts) gegründet, in der Sie sich mit Gleichgesinnten vernetzen und virtuelle Meetings zum Austausch vereinbaren können.

4.2 Überzeugungen und Glaubenssätze ändern

Eine weitere Möglichkeit, das eigene Menschenbild zu ändern, liegt in der Überprüfung unserer Glaubenssätze und Überzeugungen. Unsere Überzeugungen beeinflussen die Filter unserer Wahrnehmung, sodass wir jene Inhalte stärker bemerken, die zu unseren Überzeugungen passen. So sehen wir das, was wir erwarten, und werden täglich darin bestätigt und in unserer Haltung bestärkt. Irgendwann passen sich die Mitarbeiter dann der Haltung ihres Vorgesetzten an, und diese erleben jenes Verhalten, dass sie ohnehin schon erwartet hatte. Natürlich muss man an dieser Stelle relativieren: Es gibt unterschiedliche Mitarbeiter und jeder Einzelne ist das Produkt seiner eigenen Geschichte, die ebenfalls die Erfahrungen seiner Vorfahren beinhaltet. Führungskräfte übernehmen also mitunter das Ergebnis einer jahrzehntelangen Prägung.

Es ist nur menschlich, dass eine Führungskraft nicht gegenüber allen Mitarbeitern die gleiche Einstellung hat; dem einen traut man einfach mehr zu als dem anderen. Genau an dieser Stelle werden jedoch selbsterfüllende Prophezeiungen angestoßen. Um unsere Überzeugungen zu ändern, müssen wir also selbst aktiv werden. Zunächst braucht es die Bereitschaft, in Betracht zu ziehen, dass sie falsch sein könnten. Das lässt sich am ehesten erreichen, wenn wir Beweise erhalten, die diesen Überzeugungen widersprechen. Bevor wir auf Beweissuche gehen, empfiehlt es sich jedoch, den Mitarbeitern gegenüber klar zu kommunizieren, welche Erwartungen an sie gestellt werden. Dazu mehr in Kapitel 11. Herrscht diesbezüglich Transparenz und Einigkeit, fällt es leichter, positive Abweichungen zu erkennen. Ist das erfolgt, können Sie gemeinsam das Leistungstagebuch einführen.

4.2.1 Mitarbeiter ein Leistungstagebuch führen lassen

Die Aufmerksamkeit der Führungskraft ist begrenzt und verteilt sich auf viele Mitarbeiter. Da passiert es schnell, dass die gute Leistung eines Mitarbeiters im dichten Führungsalltag übersehen wird. Das können Sie dem Mitarbeiter gegenüber im persönlichen Gespräch durchaus offen zugeben. Bitten Sie ihn dann darum, ein eigenes Leistungstagebuch zu führen.

Micro Habit: Das Mitarbeiterleistungstagebuch

Für das Tagebuch reicht eine Word-Datei, in die der Mitarbeiter besondere Leistungen einträgt, die über die kommunizierten und vereinbarten Erwartungen hinausgehen. Sendet er Ihnen diese Datei vor dem nächsten Mittagessen oder dem Personalgespräch zu, haben Sie die erforderlichen Beweise schwarz auf weiß und können mit einer anderen Überzeugung ins gemeinsame Gespräch gehen.

4.2.2 Als Führungskraft ein Wertschätzungstagebuch einrichten

Einige der im Leistungstagebuch aufgeführten übertroffenen Erwartungen haben Sie als Führungskraft normalerweise ebenfalls wahrgenommen und idealerweise direkt mit einem kurzen positiven Feedback bestätigt. Dennoch ist die Erinnerung flüchtig, und so empfiehlt es sich, auch als Führungskraft ein Wertschätzungstagebuch zu führen, in dem Sie gute Leistungen Ihrer Mitarbeiter mit einer kurzen Notiz vermerken.

Hierfür bietet sich eine einfache PowerPoint-Datei an. Jeder Mitarbeiter bekommt eine eigene Folie, auf der sein Bild, sein Name und seine Attribute wie Stärken, Wertewelt und so weiter eingefügt werden. Unterhalb jeder Folie lässt sich ein Feld öffnen, in das die Führungskraft, mit Datum versehen, eine kurze Notiz einfügen kann, wenn sie etwas Positives bemerkt hat. Neue Einträge kommen im Notizfeld ganz nach oben. Führungskräfte des mittleren oder oberen Managements können in ihrer Datei für unterschiedliche Abteilungen jeweils einen eigenen Abschnitt einrichten und so stets die Übersicht behalten. Wichtig: Die erstellte PowerPoint-Datei dient nicht dem Präsentieren, sondern als MRS – als Mitarbeiter-Relationship-System, das es ermöglicht, alle relevanten Inhalte an einem Ort übersichtlich festzuhalten. Kapitel 9 stellt eine Gestaltungsmöglichkeit für die Mitarbeiterfolien vor und im digitalen Zusatzpaket ist eine Masterfolie hinterlegt, mit der Sie direkt loslegen können.

Setzen Sie täglich einen Alarm oder eine Erinnerung, um den Arbeitstag Revue passieren zu lassen und zu reflektieren, was Ihnen Positives bei welchem Mitarbeiter aufgefallen ist. PowerPoint hat seit einiger Zeit eine Diktierfunktion integriert, sodass sich kurze Notizen zeitsparend aufsprechen lassen. Alternativ können Sie auf dem Smartphone eine Diktierfunktion mit Transkript nutzen, um sich direkt nach dem beobachteten Ereignis eine Notiz aufsprechen, die dann am Ende des Tages in die PowerPoint-Datei übertragen wird.

Micro Habit: Nutzen Sie ein persönliches Mitarbeiter-Relationship-System

Führen Sie ein Wertschätzungstagebuch über Ihre Mitarbeiter und sorgen Sie dafür, dass positive Leistungen Ihres Teams offen zur Sprache kommen. Auf diese Weise legen Sie den Fokus stark auf Wertschätzung und etablieren eine positive innere Haltung.

4.2.3 Gute-Laune-Booster

Wertschätzung beinhaltet auch, eine wohlwollende Einstellung gegenüber anderen einzunehmen. Bei einer Untersuchung mit Ärzten fand man heraus, dass die Qualität ihrer Diagnosen umso besser war, je besser sie gelaunt waren. Dafür musste nicht einmal tief in die Trickkiste gegriffen werden, denn bereits das Schenken eines kleinen Bonbons bewirkte signifikante Verbesserungen in der Qualität der Diagnosen. Da die Ärzte das Bonbon nicht konsumierten, kann auch nicht der darin enthaltene Zucker die Leistungssteigerung und Verbesserung der Stimmung bewirkt haben. Es war tatsächlich die Freude über das unerwartete Geschenk.

Die Aufgaben von Ärzten und Führungskräften sind zu einem gewissen Grad vergleichbar, denn auch in der Führung müssen Verhaltensfragmente wahrgenommen und so miteinander in Bezug gesetzt werden, dass beurteilt werden kann, wie sich der Beitrag auf ein größeres System und das Gesamtergebnis auswirkt, welche Potenziale sie beinhalten und welche künftigen Herausforderungen sich mit ihnen bewältigen lassen.

Micro Habit: Nutzen Sie einen Gute-Laune-Booster

Nehmen Sie eine innere Haltung ein, die Ihre Laune hebt. Da unsere mimische Muskulatur direkt mit unseren emotionalen Zentren verbunden ist, reicht es schon, einen Stift zwischen die Zähne zu klemmen, sodass sich ein Lächeln bildet. Nach ein bis zwei Minuten steigt die Laune. Stattdessen können Sie auch einfach so zwei Minuten lang intensiv lächeln. Anschließend richtet sich die Wahrnehmung automatisch auf positivere Inhalte. Eine andere Möglichkeit be-

steht darin, dass Sie sich auf dem Weg zur Arbeit statt negativer Radionachrichten Gute-Laune-Musik oder einen Sketch Ihres Lieblings-Comedians anhören.

4.2.4 Wenn es schief läuft, frag nicht »Warum?«, sondern »Wozu?«

Bei der Reflexion der Mitarbeiterbeobachtungen werden auch negative Inhalte auftauchen. Dabei entsteht prompt die Gefahr, dass alte Vorurteile reaktiviert und unbeliebte Mitarbeiter tiefer in die negative Schublade gesteckt werden. Hat ein Mitarbeiter mal wieder einen Bock geschossen, fragt sich die konsternierte Führungskraft gerne, woran das lag und warum er sich nur so verhalten hat. Bereits die Art, wie die Frage gestellt wird, beeinflusst die Antwort, denn sie lenkt die Aufmerksamkeit in eine spezifische Richtung.

Micro Habit: Fragen Sie nach dem Wozu statt nach dem Warum

Während die Frage nach dem Warum schnell zu stereotypen Antworten und vermeintlich makelbehafteten Eigenschaften des Mitarbeiters führt, lenkt die Frage nach dem Wozu die Aufmerksamkeit auf seine Intention – und diese ist normalerweise positiv. Wenn Sie nach dem Wozu eines negativen Verhaltens fragen, gewinnen Sie Verständnis für den Fauxpas. Gegebenenfalls kann der Mitarbeiter sogar anschließend im Rahmen einer positiven Fehlerkultur dabei unterstützt werden, seine positive Absicht auf eine Art und Weise zu verwirklichen, durch die der Betrieb bereichert wird.

4.2.5 Advocatus Diaboli

Wird gemeinsam mit einem Führungskollegen über einen schwierigen Mitarbeiter gesprochen, kann es schnell geschehen, dass man sich einig ist, dass das Verhalten des Mitarbeiters nicht nachvollziehbar ist. Dadurch verfestigt sich jedoch eine negative Haltung und der Kontakt wird beim nächsten Mal erschwert.

Micro Habit: Konsultieren Sie den Advocatus Diaboli

Um einseitigen Perspektiven und Schuldzuweisungen vorzubeugen, können Sie einen Kollegen bitten, bewusst die Rolle des Advocatus Diaboli einzunehmen. In dieser vertritt er ernsthaft die möglichen Beweggründe des Mitarbeiters und ergreift für diesen Partei. Auf diese Weise fällt es leichter, zu reflektieren, welche Beweggründe noch hinter seinem Verhalten stecken können. Auf dieser Basis fällt es leichter, die eigene Haltung zu überdenken.

4.2.6 Friday Wins

Neben den täglichen Notizen lässt sich mit Friday Wins ein positiver Wochenabschluss finden, sodass sich die Eindrücke über das Wochenende setzen können. Das funktioniert folgendermaßen:

Micro Habit: Friday Wins

Führen Sie am Freitag mit Ihrem Team ein kurzes Stand-up-Meeting durch, in dem jeder, der möchte, über besondere Erlebnisse, gute Ergebnisse, neue Erkenntnisse, Kooperationen und Einsichten oder erfolgreich abgeschlossene Projekte berichtet, die er seit dem letzten Meeting erlebt hat.

Die Länge des Meetings liegt je nach Teamgröße und Häufigkeit der Durchführung (wöchentlich, vierzehntägig oder monatlich) bei circa fünfzehn bis fünfundvierzig Minuten. Wenn das Meeting im Stehen durchgeführt wird, steigt die Dynamik, und es wird verhindert, dass langatmige Einzelpräsentationen zu viel Raum einnehmen. Es sollte darauf geachtet werden, dass Inhalte geteilt werden, auf die die Mitarbeiter stolz sind, über die sie sich gefreut haben und die sie motivieren, dass dabei aber die Grenzen der Selbstbeweihräucherung nicht überschritten werden. Ebenso sollten Rechtfertigungen vermieden werden. Die Friday Wins eignen sich hervorragend, um der Führung einen Impuls zu geben und die Meinung über einen Mitarbeiter am Wochenende zu überdenken.

4.2.7 Die Wertschätzungsdusche

Während mit dem Leistungstagebuch und bei den Friday Wins die Mitarbeiter die Führungskraft auf eigene positive Aspekte hinweisen, aktiviert die Wertschätzungsdusche die Perspektive und das Wissen der Gruppe.

Micro Habit: Wertschätzungsdusche

Für die Wertschätzungsdusche wird ein Mitarbeiter nach vorne oder in die Mitte der Runde seiner Kollegen gebeten, während diese ihm sagen, was sie an ihm wertschätzen, mögen oder gar bewundern.

Wichtig: die Wertschätzungsdusche sollte nicht institutionalisiert werden. Ein Bekannter erzählte mir von einer engagierten Führungskraft, die bei jedem Meeting einen anderen Mitarbeiter in die Mitte bestellte und die Kollegen verpflichtete, etwas Positives zu sagen. Schnell entstand die Angst, der nächste zu sein, und teilweise fühlte es sich einfach nicht authentisch an, einem Kollegen, mit dem es gerade Spannungen gab, nun Honig ums Maul schmieren zu müssen.

Sehr positive Erfahrungen habe ich jedoch gemacht, wenn die Wertschätzungsdusche als Einmalaktion, dafür für alle Mitarbeiter, zu Beginn eines Seminars oder Meetings angewandt wurde. Der wertzuschätzende Mitarbeiter stand dabei vor der Gruppe, und wem etwas Positives einfiel, teilte dies mit. Der Vorteil für die Führungskraft liegt im Perspektivenwechsel; sie erfährt von den Kollegen, was diesen Positives aufgefallen ist, und erhält dadurch die Möglichkeit, den eigenen Wahrnehmungs- und Bezugsrahmen zu erweitern. Ganz abgesehen davon, hebt dies die Stimmung im gesamten Team an, weil der Fokus auf Positives verstärkt wird.

Think twice: Welche der vorgestellten Micro Habits zur positiven Veränderung der Glaubenssätze und Überzeugungen wollen Sie in Zukunft einsetzen?

1. ______________________________

2. ______________________________

4.3 Fazit

Es gibt keinen stärkeren Faktor und keinen längeren Hebel für den Erfolg einer Führungskraft als ihr eigenes Menschenbild und ihre Haltung gegenüber ihrem Team und den einzelnen Mitarbeitern. Die Forschung belegt: Letztlich erhält jede Führungskraft die Mitarbeiter, die ihrer inneren Einstellung entsprechen. Als Führungskraft entscheiden Sie, wem Sie Verantwortung übertragen und Vertrauen schenken, wen Sie beim Aufstieg und bei spannenden Projekten berücksichtigen oder ausschließen. Die Mitarbeiter passen ihr Verhalten unbewusst immer den Erwartungen ihres Vorgesetzten an.

- Entwickeln Sie eine Körperhaltung, die für Sie Wertschätzung ausdrückt, und nehmen Sie sie täglich einige Minuten lang bewusst ein, um sie zu festigen. Nach und nach überträgt sich die äußere Haltung der Wertschätzung auch auf die innere Einstellung.
- Nutzen Sie die Kraft positiver Affirmationen und sprechen Sie diese regelmäßig laut aus.
- Eine technische Unterstützung, um an der eigenen Haltung zu arbeiten bietet die App »Subliminal Flash« an, mit der Sie zuvor eingespeicherte Botschaften unterhalb der Wahrnehmungsgrenze am Bildschirm einblenden können.

- Initiieren Sie eine Gruppe mit anderen Führungskräften, die ebenfalls wertschätzender führen möchten und tauschen Sie sich regelmäßig aus. Sie profitieren dabei von deren Erfahrungen und stärken sich gegenseitig in Ihrer Entwicklung.
- Kommunizieren Sie Ihre Erwartungen an Ihre Mitarbeiter transparent und klar. Damit haben die Mitarbeiter die beste Chance, Ihre Erwartungen auch erfüllen zu können.
- Lassen Sie die Mitarbeiter in einem Leistungstagebuch schriftlich festhalten, was sie überdurchschnittlich gut gemeistert haben.
- Notieren Sie selbst in einem Wertschätzungstagebuch, was jeder Ihrer Mitarbeiter aus Ihrer Sicht besonders gut gemacht hat. Machen Sie dies zum Gegenstand in Personalgesprächen und in informellen Gesprächen.
- Wenn Mitarbeiter Ihre Erwartungen nicht erfüllt haben, fragen Sie nach dem Wozu anstatt nach dem Warum.
- Beenden Sie die Woche positiv mit einem kurzen Meeting am Freitag, in dem jeder Mitarbeiter über seine Erfolge, Erkenntnisse und Durchbrüche in der letzten Woche berichtet.
- Führen Sie gelegentlich Wertschätzungsduschen durch: Einem Mitarbeiter, der im Mittelpunkt steht, sagen die Kollegen, was sie an ihm wertschätzen oder mögen.

5.

Führe andere so, wie du selbst geführt werden möchtest

Rache ist Blutwurst.

Volksmund

5.1 Fairness im Hirnscanner

Wie reagieren wir auf einer tieferen Ebene auf Ungerechtigkeit? Forscher gingen dieser Frage in einer Variante des Ultimatum-Spiels, einem klassischen Versuch der Sozialpsychologie, auf den Grund. Hierzu erhielten verschiedene Mitspieler Punkte vom Spielleiter, die sie entweder behalten oder an die anderen Mitspieler weitergeben konnten. Der Clou dabei: Punkte, die weitergegeben wurden, vervierfachte der Spielleiter und wandelte sie am Ende in Geld um. Die Sache hatte jedoch einen Haken: Niemand wusste, wann das Spiel zu Ende war. Das Dilemma der Teilnehmer bestand also darin, dass sie sich einerseits altruistisch verhalten sollten, damit möglichst viele gesammelte Punkte weitergegeben wurden und mit dem Bonus des Spielleiters der Gruppe zugute kamen. Andererseits bestand jedoch die Gefahr, am Ende mit leeren Händen dazustehen, wenn man freimütig alles weggegeben hatte und das Spiel unerwartet beendet wurde.

Um die Reaktionen der Zuschauer auf unfaires Verhalten zu untersuchen, schleusten die Versuchsleiter heimlich Schauspieler in die Gruppe ein. Diese spielten unfair, indem sie die erhaltenen Punkte ganz für sich behielten oder deutlich geringere Beträge abgaben, als man normalerweise für angemessen hielte. Nachdem sich einige auf diese Weise schamlos bereichert hatten, folgte der zweite Teil des Experiments. Beliebige Spieler wurden durch Elektrostöße bestraft, während am Hirnscanner beobachtet wurde, welche Areale in den Gehirnen der Zuschauer auf die Bestrafung reagierten.

Das Ergebnis war in zweierlei Hinsicht verblüffend: Einerseits reagierten die Zuschauer auf neuronaler Ebene unterschiedlich auf die Bestrafung von fairen und unfairen Spielern. Wurde ein fairer Spieler bestraft, aktivierte dies in den Hirnen aller Zuschauer das Schmerzareal. Sie identifizierten sich also mit den zu Unrecht bestraften Probanden und entwickelten Mitgefühl.

Doch das war zu erwarten gewesen. Als die unfairen Spieler bestraft wurden, erlebten die Forscher eine wirkliche Überraschung, denn die Reaktion der männlichen Zuschauer unterschied sich erheblich von jener der weiblichen Zuschauer: Während bei den Frauen nämlich weiterhin – wenn auch weniger stark – das Schmerzzentrum aktiviert wurde, geschah dies bei den Männern nicht. Stattdessen wurde ihr Belohnungszentrum aktiv. Mit anderen Worten: Sie hatten nicht nur kein Mitleid mit den unfairen Spielern, sondern empfanden regelrecht Schadenfreude über die ausgleichende Gerechtigkeit, nach der jeder erntet, was er sät.

5.2 Wertschätze in der Zeit, dann hast du Loyalität in der Not

Übertragen wir die Beobachtungen auf den Führungsalltag, so bedeutet das: Ein Team solidarisiert sich mit einer fairen, fürsorglichen und wertschätzenden Führungskraft und steht in schwierigen Zeiten gemeinsam hinter ihr. Wurde zuvor eine gute Beziehung aufgebaut, steigt die Identifikation: Not und Stress des Vorgesetzten werden auf neurobiologischer Ebene gespiegelt, also tatsächlich selbst empfunden. Das bildet die Grundlage für zusätzliches Engagement und die Suche nach Lösungen. Führungskräfte, die sich dagegen zuvor unfair verhielten, sollten in kritischen Zeiten eher nicht auf die Solidarität ihrer männlichen Kollegen hoffen. Spätestens an dieser Stelle wird klar, wie wichtig – unabhängig vom Fachkräftemarkt und der demografischen Entwicklung – die Haltung, Kommunikation und das Verhalten der Führungskraft sind, um gute Mitarbeiter langfristig zu binden und den Zusammenhalt zu sichern.

Wichtig an den beschriebenen Reaktionen ist nicht nur, dass bei mangelnder Fairness Schadenfreude entsteht, sondern dass durch unsoziales Verhalten die Identifikation mit der unfairen Person verloren geht. Führung ist also stets mit einer gewissen Unsicherheit verbunden, denn die Gruppe entzieht der Führung die Legitimation, wenn diese zu dominant wird oder ihre Privilegien missbraucht.

Die Sozialpsychologie beschreibt dies als sogenannte Nivellierungsmechanismen. Der Anthropologe Christopher Boehm untersuchte, wie sich diese Mechanismen bei Naturvölkern auswirken. Er beschreibt, dass Anführer, die andere unterdrücken, sich selbst zu sehr emporheben und ihre Privilegien missbrauchen, schnell den Respekt und die Unterstützung der Gemeinschaft verlieren. Wenn die üblichen Sanktionen wie lästern, lächerlich machen oder ächten nicht halfen, damit die Anführer ihr Verhalten änderten, reichten die Maßnahmen bis zur Hinrichtung.

Führen wir uns vor Augen, dass der typische Angestellte mehrere Stunden pro Woche über seinen Chef lästert, Menschen bei unfairem Verhalten mit Schadenfreude reagieren und die Fluktuationsquoten seit Jahren steigen, so sehen wir, dass viele der Sanktionen der Naturvölker bereits ihren Weg in die zivilisierte Arbeitswelt gefunden haben.

Die steigenden Fluktuationszahlen zeigen außerdem, dass sich das Empfinden darüber, welches Verhalten der Führung angemessen ist und welches nicht, in den letzten Jahren offensichtlich verändert hat. Was man früher noch durchgehen ließ, wird angesichts der veränderten Machtverhältnisse am knappen Fachkräftemarkt heute von immer mehr Mitarbeitern nicht mehr akzeptiert.

Eine Führung, deren Wert von der Gruppe auch weiterhin geschätzt werden soll, muss also näher an die Mitarbeiter herankommen. Nicht umsonst unbossen immer mehr Firmen und bauen Hierarchien ab, zum Beispiel Novartis in Basel oder ING-DiBa in Frankfurt. Im Hinblick auf Gleichheit und Augenhöhe treffen wir auf Schulz von Thuns Definition für Wertschätzung. Er beruft sich auf Immanuel Kant und beschreibt Kommunikation dann als wertschätzend, wenn sie umkehrbar ist. Eine wertschätzende Haltung hat demnach, wer bereit ist, sich von anderen so behandeln zu lassen, wie er diese selbst behandelt. Ein Chef, der einen Witz auf Kosten eines Mitarbeiters macht, aber genauso darüber lachen kann, wenn ihm einer der Mitarbeiter einen einschenkt, wird als wertschätzend wahrgenommen. Auch hier prägt also die tieferliegende Einstellung der Führungskraft das Miteinander und die Beziehung zu den Mitarbeitern.

5.3 Augenhöhe statt Ohrfeige

Aus der beschriebenen Haltung lässt sich als neue, von der Wissenschaft validierte Verhaltensempfehlung, etwas ableiten, das bereits seit über zweitausend Jahren im Buch der Bücher steht: Was du nicht willst, dass man dir tu, das füg auch keinem anderen zu!

Think Twice: Fragen Sie sich als Führungskraft, wie Sie möchten, dass man in verschiedenen Situationen mit Ihnen selbst umgeht. Gehen Sie auch genauso mit Ihren Mitmenschen um? Was wollen und können Sie in Zukunft ändern?

1. ____________________

2. ____________________

5.3.1 Ich bin okay, du bist okay

So gut wie jeder von uns trägt kleinere oder größere Unsicherheiten in sich, die ihn in verschiedenen Situationen hemmen und einschränken. Oft wollen Menschen in kritischen Situationen nur die Bestätigung, dass sie genauso okay sind wie der andere auch, um ihre Sicherheit zurückzugewinnen. Eine konsequente Haltung der umkehrbaren Kommunikation führt zum vielgeforderten Kontakt auf Augenhöhe und lässt sich mit dem Vokabular der Transaktionsanalyse in eine kurze Formel gießen: Ich bin okay, du bist okay.

Micro Habit: Ich bin okay, du bist okay

Um sich stets daran zu erinnern, dass auch Ihr Gegenüber so in Ordnung ist, wie er ist (selbst wenn er oder sie Fehler hat), können Sie zum Beispiel ein Post-it mit zwei nebeneinander gezeichneten Smileys verwenden. Kleben Sie dieses an den Rand des Monitors, auf die Rückseite der Bürotür, oder auf die Innenseite einer aufklappbaren Handy- oder Tablett-Tasche. Immer wenn Ihr Blick darauf fällt, erinnert es Sie daran, dass auch Ihr Gesprächspartner eine Bestätigung braucht.

5.3.2 Wertschätzende Weihnachtsgrüße

Was wünschen wir uns, wenn es uns mal wirklich schlecht geht oder uns eine Krankheit erwischt? Sicherlich keinen Druck und Vorwürfe, sondern Fürsorge und Mitgefühl! Ob bei Kunden oder Mitarbeitern, dm-Gründer Götz Werner legte stets Wert darauf, statt unnützen Drucks einen anziehenden Sog zu entwickeln. »Die Sache mit dem Druck ist ein Irrtum, den der Teufel erfand!«, meinte er.

Unternehmenskulturen des Misstrauens und Argwohns bauen häufig Druck auf. Sie unterstellen abwesenden Mitarbeitern, die Kollegen hängen zu lassen und lieber krank zu feiern, als gesund zu schuften. Gerade bei den zunehmenden psychischen Erkrankungen mangelt es noch viel zu häufig am Verständnis; im schlimmsten Fall werden die Betroffenen ausgegrenzt und stigmatisiert, oder es wird ihnen unterstellt, sich einfach nicht genügend zusammenzureißen. Mitunter werden bereits junge Frauen mit Kinderwunsch mit Blick auf den entstehenden Arbeitsausfall schräg angesehen, während man gleichzeitig übersieht, dass die prekäre Situation am Fachkräftemarkt genau durch eine solch ablehnende Haltung gegenüber Kindern mitbegründet ist.

Aber es geht auch anders: Eine überaus wertschätzende und herzerwärmende Aktion erlebte ich bei einer Teamleiterin der Agentur für Arbeit: Sie initiierte mit einigen Kollegen privat eine Aktion zum Backen von Weihnachtsplätzchen. Anschließend wurden einer schon länger erkrankten Kollegin und einer weiteren, die sich im Mutterschutz befand, ein süßer Weihnachtsgruß und die besten Genesungswünsche geschickt. Die Fürsorge und der Rückhalt durch das Team unterstützen die Genesung und bauen einen Sog und Vorfreude auf, um schnell wieder zu den herzlichen Kollegen zurückzukehren – ohne schlechtes Gewissen oder die Angst, verurteilt zu werden oder sich für die Abwesenheit rechtfertigen zu müssen.

5.3.3 »Ab heute gerne per Du!«

Kaum ist der Schwangerschaftstest positiv, geht die Namenssuche los. Wer einmal frisch gebackene Mütter dabei beobachtet, wie sie ihren Nachwuchs hegen, wird erleben, wie sie ihr Baby immer wieder stupsen, anstrahlen und ganz verzückt beim Namen nennen. Dabei sprechen sie ihr Baby mit liebevoller Stimme mit seinem Vornamen an, während sie bis über beide Ohren lächeln – meistens jedenfalls.

Durch die frühe Erfahrung, dass wir unseren Vornamen als Babys in einer wunderbaren Atmosphäre von unserer wichtigsten Bezugsperson hörten, ist der eigene Vorname auf neuronaler Ebene tief und positiv verknüpft. Daher ist es überaus wirksam und distanzreduzierend, dem Mitarbeiter das Du anzubieten. In Zeiten, in denen schwedische Möbelhäuser das von vornherein tun und auch bei Starbucks als Erstes der Vorname des Kunden erhoben wird, entfernen sich Führungskräfte, die ihre Mitarbeiter weiterhin konsequent siezen, immer mehr vom vorherrschenden Zeitgeist.

Natürlich ist es auch möglich, sich siezend produktiv und konstruktiv zusammenzuarbeiten, aber auf der persönlichen Ebene kommt man leichter auf Augenhöhe, wenn man sich gegenseitig gestattet, sich so anzusprechen, wie Gott einen schuf und die Eltern benannten. Sei es als Teamleiter oder als Geschäftsführer: Wer mit einzelnen Mitarbeitern schon beim Du ist, sich beim Rest dagegen das Sie vorbehält, riskiert, dass sich im eigenen Verantwortungsbereich eine Zweiklassengesellschaft mit überflüssigem Spaltungspotenzial bildet. Für Vorstände und Geschäftsführer stellt das Duzangebot eine wirksame Einmalaktion dar, die den Abstand reduziert, die Mannschaft zusammenführt und die Kultur prägt.

Micro Habit: Ab heute gerne per Du

Führen Sie nach Rücksprache in Ihrem Team allgemein für alle das Du ein. Wenn der Wechsel vom Sie zum Du noch als zu abrupt empfunden wird, können Sie zunächst als Übergangsvariante die Anrede mit dem Vornamen bei gleichzeitigem Siezen wählen.

5.3.4 Der Tag an der Basis

Im Interview berichtete mir ein Unternehmer, der in zweiter Generation ein Einzelhandelsunternehmen mit über tausend Mitarbeitern führte, wie sein Vater einst das Unternehmen gründete und aufbaute. Den eigenen hohen Ansprüchen verpflichtet, ging es damals zwar auch hier und da mal ruppiger zur Sache. Dennoch gelang es stets, den Kontakt zu den Mitarbeitern an der Basis zu halten, sodass sich diese auch dann wertgeschätzt fühlten, wenn einmal Kritik geäußert wurde oder eine Banane durch die Obstabteilung flog. Rückwirkend betrachtet, lag ein Erfolgsgeheimnis darin, dass der Unternehmer regelmäßig in der Fläche aushalf und selbst mitarbeitete, wenn Not am Mann war. Das machte ihn glaubwürdig in seinen Erwartungen, bodenständig und stellte ihn auf Augenhöhe mit den Mitarbeitern. Gemeinsame Arbeit verbindet eben.

Micro Habit: Der Tag an der Basis

Ein Tag pro Monat an der Basis stellt ein probates Mittel für Führungskräfte und Unternehmer dar, um den Kontakt mit Mitarbeitern, Kunden, Lieferanten und anderen Stakeholdern zu halten und die Auswirkungen der eigenen Entscheidungen zu erleben.

Je nach Unternehmensgröße können auch die Abteilungen oder Standorte gewechselt werden, sodass sich nicht nur der Kontakt zu den Mitarbeitern verbessert, sondern auch die Perspektive der Belegschaft zurückgewonnen wird.

Führungskräfte, die gerade die Stirn runzeln und sich fragen, wo sie bitte einen Tag pro Monat hernehmen sollen, um an der Basis mitzuarbeiten, könnten sich von Michel Aballea von Decathlon inspirieren lassen. Der CEO des größten Sportartikelhändlers der Welt schafft diesen Tag an der Basis auch – aber nicht nur einmal pro Monat, sondern jede Woche! Wer regelmäßig selbst erlebt, was für einen Job die Kollegen täglich zu verrichten haben, wertschätzt deren Leistung auf einer ganz neuen Ebene. Gleichzeitig macht die Arbeit im operativen Bereich vielen Führungskräften Spaß, vor allem, wenn sie nicht dauerhaft ausgeübt werden muss. Dieser Spaß und die daraus resultierende Motivation ist spürbar und spornt wiederum die Mitarbeiter an.

5.4 Mitarbeiter und Führungskräfte auf dem Prüfstand

Was erwarten Sie, wenn Sie sich irgendwo bewerben oder eine für Sie wichtige Nachricht an jemanden gesandt haben? Dass Sie schnell eine kurze Antwort bekommen – oder dass Sie erst einmal einen Monat lang gar nichts hören?

5.4.1 Wertschätzender Umgang mit Bewerbern

In Zeiten enger Fachkräftemärkte sollte Wertschätzung schon beginnen, bevor die Mitarbeiter im Unternehmen starten. Ich erinnere mich an ein Gespräch, dass ich im Rahmen einer Stellenbesetzung mit dem Geschäftsführer eines mittelständischen Unternehmens führte. Wir hatten einige Kandidaten zur Bewerbung aufgefordert, und nun fragte ich einige Wochen später nach, wie die Stellenbesetzung vorangekommen sei. Es hätten sich schon ein paar Bewerber gemeldet, antwortete der Unternehmer, aber er sei noch nicht dazu gekommen, deren Unterlagen zu sichten. Der Ball lag also bei ihm.

Als wir uns das nächste Mal hörten, hatte er die Unterlagen zwar gesichtet, beschwerte sich aber, dass gerade die drei besten Bewerber, die er zum Gespräch einladen wollte, nicht auf seine Kontaktaufnahme reagiert hätten! Wie viele andere Arbeitgeber auch, erlebte er das sogenannte Ghosting-Phänomen: Die Bewerber sind plötzlich wie von Geisterhand verschwunden. Das ist auch nicht verwunderlich. Nach über vier Wochen hatten die Bewerber im engen Markt von anderen Arbeitgebern längst verbindliche Angebote bekommen und ihre Wahl getroffen. Der frühe Recruiting-Vogel fängt also den Bewerber. Wer nicht antwortet zur rechten Zeit, muss heutzutage einstellen, wer übrig bleibt.

Eine Unternehmerin, die selbst auch nicht gerne lange auf Antworten wartete, beschloss, auch ihre Bewerber wertschätzender zu behandeln. Statt wie üblich wochenlang Bewerbungen zu sammeln, verschickte sie innerhalb von maximal vierundzwanzig Stunden eine kurze persönliche Antwort per Mail – zur Not mit dem Verweis, dass sie die Unterlagen erst zwei bis drei Tage später sichten könnte. Die Wirkung dieser einfachen wertschätzenden Art war beeindruckend: Im engen Fachkräftemarkt der Hotellerie verbesserte die Mail der Geschäftsführerin den ersten Eindruck, den die Bewerber vom Unternehmen gewannen, erheblich. Die Wertschätzung sprach sich herum und führte dazu, dass nach und nach immer mehr Bewerbungen von guten Fachkräften eingingen.

Micro Habit: Wertschätzendes Mail-Verhalten
Lassen Sie Bewerber (und andere Kommunikationspartner) bei wichtigen Angelegenheiten nicht am ausgestreckten Arm verhungern, sondern geben Sie zeitnah nach Erhalt einer Mail oder eines Briefes eine Rückmeldung. Nennen Sie einen verbindlichen Termin, bis wann der andere eine Antwort erhält.

5.4.2 Passt der neue Kollege, die neue Kollegin ins Team?

Die meisten Berufstätigen verbringen mehr Zeit mit ihren Kollegen als mit ihrem Lebenspartner oder ihren Freunden. Umso ärgerlicher, wenn einem dabei irgendwelche Kotzbrocken vor die Nase gesetzt werden. Würden wir uns nicht gerne selbst aussuchen oder zumindest ein Mitspracherecht haben, mit wem wir bei der Arbeit unsere Zeit verbringen? Was liegt also näher, als den Mitarbeitern genau dies bei der Einstellung neuer Kollegen zu gewähren oder ihnen zumindest ein Veto-Recht einzuräumen?

Das wird vielerorts schon praktiziert. Mitarbeiter werden bei der Zusammenstellung der Stellenanforderungen miteinbezogen oder drehen Videos, in denen zwischen den Zeilen auch die Kultur und das Miteinander vermittelt werden. Während der Personalauswahl werden die Mitarbeiter freigestellt, um an den Bewerbungsgesprächen teilzunehmen. Das hat nicht nur den Vorteil, dass sie sich wertgeschätzt und in ihrer Meinung ernst genommen fühlen, sondern sie reflektieren auch die Erwartungen an die eigene Position differenzierter, wenn sie darüber entscheiden, ob ein neuer Bewerber diese erfüllt oder nicht. Zuweilen wird dem Team auch ein Veto-Recht vor der Einstellung gewährt.

Die Vorteile liegen auf der Hand: Die Mitarbeiter fühlen sich wertgeschätzt und die erfolgreichen Bewerber fühlen sich von Anfang an willkommener, wenn sie wissen, dass das ganze Team ihrer Einstellung zugestimmt hat. Das beugt auch später übler Nachrede oder Mobbing gegen die Neuen vor. Die Einarbeitung gelingt besser und keiner der Mitarbeiter kann sich später über die neuen Kollegen beschweren. Dazu kommt ein weiterer Effekt, der sich positiv auswirkt: Wir schätzen die Mitgliedschaft in einer Gruppe umso höher, je schwieriger es ist, hineinzukommen. Kandidaten, die einmal die höheren Hürden genommen haben, denken seltener daran, das Unternehmen wieder zu verlassen.

Think twice: Wo sehen Sie derzeit noch Defizite in der Kommunikation mit Bewerbern und Mitarbeitern? Welche kleinen regelmäßigen Schritte im Alltag können Sie unternehmen, um diese abzubauen?

1. ______________________________

2. ______________________________

5.4.3 Passt die Führungskraft noch zum Team?

Solange die Mitarbeiter nicht beeinflussen können, wer sie führt, muss die Führungskraft sie auch nicht so ernst nehmen. Mit dem Blick auf höhere Ziele leiten karriereorientierte Manager ihre Aufmerksamkeit und Energie häufig nach oben in der Hierarchie, um sich bei der Vergabe der nächsthöheren Position ins rechte Licht zu setzen. Einen Schritt weiter gehen Unternehmen, bei denen die Mitarbeiter nicht nur bei der Einstellung neuer Kollegen mitentscheiden dürfen, sondern auch entscheiden, ob ihre Führungskraft auf ihrer

Position bleiben darf oder nicht. Das klingt zunächst ungewöhnlich, wird aber beispielsweise beim Software-Unternehmen Haufe-Umantis schon seit 2013 praktiziert: Jedes Jahr stimmen die Mitarbeiter über die mehr als zwanzig Managementpositionen, CEO inklusive, in einer anonymen Wahl ab (vgl. https://augenhoehe-film.de/mediathek-einzelmodule).

Das ist auch eine Form von gelebter Fehlerkultur und darf nicht mit der alten Ego-Status-Macht-Brille gesehen werden. So erntete eine Führungskraft, die ihrer Position einfach nicht gewachsen war und freiwillig zurücktrat, Standing Ovations für ihre Entscheidung. Wie viel mehr Schaden verursachen dagegen mitunter überforderte Führungskräfte, die sich jahrelang an ihre Position klammern? Vera F. Birkenbihl beschrieb zu ihrer Zeit, dass Führungskräfte bis zu neunzig Prozent ihrer Zeit und Energie in den eigenen Machterhalt stecken, je höher sie aufsteigen. Wenn man sich also vor Augen führt, dass gerade jene Mitarbeiter, die die höchsten Gehälter beziehen, den Großteil ihrer Energie in eigennützige oder selbstsüchtige Motive und damit nicht in das Unternehmen investieren, wird ersichtlich, was für eine Verschwendung hier betrieben wird. Organisationen, die diese beseitigen oder zumindest reduzieren, gewinnen einen erheblichen Vorteil gegenüber jenen, die weiterhin darunter leiden.

5.5 Transparenz schaffen

Wissen ist Macht. In viel zu vielen Unternehmen wird Herrschaftswissen noch als Macht- und Statusinstrument genutzt und für politische Zwecke missbraucht, um die eigene Agenda – statt derjenigen des Teams oder des Unternehmens – voranzutreiben. Wenn wir jedoch einen Blick darauf werfen, woraus eine Organisation ihre Daseinsberechtigung bezieht, dann daraus, dass eine Person allein die anfallende Arbeit einfach nicht erledigen kann. Wer große Visionen, Missionen und Ziele erreichen will, braucht

Unterstützung. Kooperation ist also die wahre Ursache, warum Unternehmen überhaupt erst gegründet werden. Alles, was diese Kooperation stört – wie interne Auseinandersetzungen, politische Agenden, geheime Absprachen und Ränkespiele im Verborgenen – schafft Spaltung und lenkt Aufmerksamkeit und Energie vom gemeinsamen Ziel ab.

5.5.1 Informationsflüsse klarer gestalten

So sehr Wissen Macht ist, so sehr wächst es auch, wenn man es teilt. Je weiter der Empfänger dabei von der Quelle entfernt ist, desto verzerrter erreicht ihn die Botschaft. Jeder kennt den Stille-Post-Effekt. Diesem Kerngedanken folgend, führte Ray Dalio bei seiner 1975 gegründeten Firma Bridgewater Associates das Prinzip der (beinahe) bedingungslosen Transparenz ein. Mit Ausnahme von hochvertraulichen Gesprächen, die gesundheitliche und andere datenschutzrechtlich relevante Themen betreffen, werden seither Informationen innerhalb der Organisation barrierefrei geteilt. Führungskräfte-Meetings werden zum Beispiel aufgezeichnet und ins Intranet gestellt.

Sicherlich schafft das Verletzlichkeit und stellt gerade in der Finanzbranche, in der die richtigen Informationen bares Geld wert sind, ein Risiko dar. Dalio gibt auch zu, dass es schon vorgekommen ist, dass Mitarbeiter Interna nach außen getragen und damit dem Unternehmen geschadet haben. Aber es schafft andererseits Vertrauen, Verbundenheit, Augenhöhe und Geschwindigkeit: Bridgewater wuchs in fünfundvierzig Jahren aus einem einzelnen Büro zum größten Hedgefonds der Welt und verwaltet heute ein Fondsvermögen von über 150 Milliarden Dollar. Dalio hat von daher wohl nicht alles falsch gemacht; die Prinzipien, denen er dabei folgte, sind sowohl spannend zu lesen als auch inspirierend (vgl. Dalio 2019). Transparenz gehört klar dazu. Und sie ist vor allem dann wertschätzend, wenn sie beiden Seiten gewährt wird!

Think twice: Welche Maßnahmen können Sie in Ihrem Verantwortungsbereich ergreifen, um Informationsflüsse transparenter zu gestalten und Mitarbeiter dadurch zu verantwortlichen Beteiligten, statt zu passiven Betroffenen zu machen?

1. ______________________________

2. ______________________________

5.5.2 Das Gesetz der zwei Füße

Eine ehemalige Führungskraft des oberen Managements hatte die Angewohnheit, Meetings einfach zu verlassen, wenn sie Lust dazu hatte. In der Regel sah man sie dann rauchend auf der Terrasse stehen oder nonchalant mit einem Kollegen parlieren, bevor sie irgendwann wieder zurückkam, wenn sie den Eindruck hatte, dass es jetzt wieder spannend werden könnte. Von den Mitarbeitern hätte sich das niemand getraut – aber viele hätten es sich gewünscht. Wer hat noch nie endlose Sitzungen oder Meetings erlebt, bei denen man sich auf der Suche nach effizienteren Wegen im Kreis drehte und sich nichts sehnlicher wünschte, als einfach wieder an seinen Arbeitsplatz zurückzukehren, um sich dem überquellenden Workload zu widmen?

Ricardo Semler leistet mit seiner Firma Semco in Brasilien seit über dreißig Jahren Pionierarbeit im Bereich der Mitarbeiterführung. Es gibt wohl kaum eine Regel, die er mit seinen Tausenden von Mitarbeitern nicht infrage gestellt und, falls möglich und zielführend, gestrichen hat. Das Privileg, das sich die genannte Führungskraft herausnahm, hat bei Semco jeder. Das Gesetz der zwei Füße ermöglicht Mitarbeitern, ein Meeting zu verlassen, wenn sie der Meinung sind, dass sie ihre Zeit und Energie gerade irgendwo anders sinnvoller einsetzen könnten. Wird das Meeting verlassen, reicht danach oft die kurze Frage an einen Kollegen, ob etwas Wichtiges verpasst wurde, um zu erkennen, ob die Entscheidung richtig oder falsch war.

Think twice: Überprüfen Sie Ihre Meeting-Regeln. Welche können Sie gefahrlos über Bord werfen? Welche Mitarbeiter für eine Sitzung unentbehrlich sind und welche nicht, lässt sich bereits bei der Einladung entscheiden. Wie kann die Weitergabe der Informationen an diejenigen organisiert werden, die nicht teilgenommen oder das Meeting frühzeitig verlassen haben?

1.

2.

5.6 Fazit

Wer in guten Zeiten mit Fairness und Wertschätzung aufs Beziehungskonto eingezahlt hat, profitiert davon, wenn sich der Wind einmal dreht. Einzahlen kann man in fast allen Situationen:

- Behandeln Sie andere so, wie Sie selbst behandelt werden wollen. Lassen Sie zum Beispiel auch Kritik an Ihrer Person zu, wenn Sie andere kritisieren.
- Erinnern Sie sich regelmäßig daran, dass Ihr Gegenüber genauso okay ist wie Sie selbst.
- Üben Sie keinen Druck auf Mitarbeiter aus, die zum Beispiel aufgrund von Krankheit fehlen.
- Führen Sie das Du in Ihrem Team ein.
- Arbeiten Sie auch als Chef oder Chefin regelmäßig an der Basis mit, um die Auswirkungen Ihrer Entscheidungen selbst zu erleben und eine Nähe zu Ihren Mitarbeitern herzustellen.
- Räumen Sie Mitarbeitern und Ihrem Team ein Mitsprache- oder Veto-Recht bei der Einstellung neuer Kollegen oder Kolleginnen ein.

- Schaffen Sie transparente Informationsstrukturen und -flüsse, anstatt Wissen als Herrschaftswissen und Machtinstrument der Führungsriege zu behandeln.
- Werfen Sie überflüssige Meeting-Regeln über Bord.

6.
Abschied vom Kindergarten

Verantwortung heißt nicht, das zu tun, was man uns sagt, das wäre Gehorsam. Verantwortung heißt, das zu tun, was richtig ist.

*Simon Sinek (*1973), Autor*

6.1 Lass doch mal den Papa ran!

Auch wenn es schon einige Jahre her ist, dass wir uns für Christoph Maria Herbst in seiner Rolle als Führungskraft Stromberg im gleichnamigen Film amüsieren und zugleich fremdschämen konnten, seine Grundhaltung ist vielerorts nach wie vor präsent: Lass doch mal den Papa ran! Sein Menschenbild ist eindeutig: Wenn es mal wieder wirklich kracht, braucht es einfach den Papa-Chef, den Patriarchen, der für die lieben kleinen Mitarbeiter-Kinder die Kastanien aus dem Feuer holt. Wir hätten Stromberg nicht als so witzig empfunden, wenn er nicht die veralteten, vielfach aber immer noch vorherrschenden Zustände in Unternehmen überspitzt dargestellt und uns damit ein Ventil gegeben hätte, um über deren Absurdität und Dreistigkeit einmal herzhaft zu lachen.

Als ob sie eine Figur bei »Stromberg« wäre, erzählte mir eine frisch gebackene Nachwuchs-Führungskraft über ihre Erfahrungen in ihrer neuen Rolle. Die selbstbewusste junge Teamleiterin hatte ein ganz neues Bild über ihre ehemaligen Kollegen gewonnen: »Teilweise fühle ich mich wie im Kindergarten. Ernsthaft: wegen jeder Kleinigkeit kommen die plötzlich zu mir. Christian, das kann es doch nicht sein!« Das Gleiche erlebe ich bei Gesprächen mit oberen Führungskräften in der Beratung: »Herr Bernhardt, die Mitarbeiter können doch nicht wirklich verlangen, dass wir uns um jedes Detail kümmern – das sind doch erwachsene Leute!«

Dem einen oder anderen Leser mag das bekannt vorkommen: Mitarbeiter, die außerhalb des Betriebs Häuser bauen, Autos kaufen, Versicherungen abschließen, Familien gründen, Urlaube buchen, Kinder großziehen und andere wichtige Lebensentscheidungen treffen, scheinen ihre Selbstständigkeit an die Garderobe zu hängen, sobald sie den Betrieb betreten. Von daher scheint klar, wo das Problem liegt. Ja, es scheint klar, aber andererseits höre ich von Führungskräften auch Aussagen wie:

- »Die Basisdemokratie muss ja irgendwo auch ihre Grenzen haben.«
- »Wo kämen wir denn da hin, wenn das jeder selbst entscheiden würde?«
- »Setzen sie mich aber auf jeden Fall einfach immer CC.«
- »Nein, das können die Mitarbeiter wirklich nicht entscheiden!«

Während also auf der einen Seite bemängelt wird, dass Mitarbeiter nicht eigenverantwortlich und proaktiv arbeiten, wird auf der anderen Seite von ihnen verlangt, sich selbst die kleinsten Entscheidungen und jeden noch so banalen Schritt absegnen zu lassen. Irgendwie ist es paradox: Unternehmer und Führungskräfte behandeln Mitarbeiter wie kleine Kinder und beschweren sich anschließend, dass es zugeht wie im Kindergarten. Ja, was soll denn auch sonst passieren?

Während auf der Sachebene in Unternehmen von Mitarbeitern »Verantwortung« verlangt wird, wird sie ihnen auf der Beziehungsebene oftmals vorenthalten.

Es sind mitunter seltsame Zustände: Jede Firma, jeder Unternehmer und jede Führungskraft weiß, wie wichtig gute Mitarbeiter sind, und will nur die besten haben. Sind sie dann da, behandelt man sie wie kleine Kinder und wundert sich anschließend über deren Unselbstständigkeit.

Der Unternehmer Ricardo Semler, den Sie bereits beim »Gesetz der zwei Füße« im letzten Kapitel kennengelernt haben, ging in Bezug auf die Haltung gegenüber den Mitarbeitern konsequent einen anderen Weg als den üblichen. In seiner über fünftausend Mitarbeiter starken Firma Semco, die schon in den 1980er-Jahren durch ihre radikale Demokratisierung bekannt wurde, herrscht die Regel: Behandle deine Mitarbeiter wie erwachsene Leute, dann verhalten sie sich auch so!

Die Ergebnisse sprechen für sich: Nachdem Semler die Leitung von Semco übernommen und die neue Führungsphilosophie eingeführt hatte, stieg der Umsatz in den nächsten zwanzig Jahren von 4 Millionen auf 212 Millionen US-Dollar und erreichte damit eine jährliche Steigerung von 21 Prozent. Die Fluktuationsquote liegt bei unter einem Prozent. Semco war jahrelang bei Umfragen unter Hochschulabsolventen der beliebteste Arbeitgeber Brasiliens. Es muss also mehr dran sein am Konzept, Mitarbeiter wie Erwachsene zu behandeln, als man auf den ersten Blick ahnt.

Semco hat im ganzen Stadtgebiet von Sao Paolo vierzehn verschiedene Niederlassungen eingerichtet, damit die Mitarbeiter nicht jeden Tag durch die ganze Stadt fahren müssen, um in einer mächtigen Zentrale zu arbeiten. Schon in den 1990er-Jahren bat Semler seine Mitarbeiter, einfach dort zu arbeiten, wo es für sie täglich am besten passt. Das wurde nicht nachgeprüft – man kann ja wohl von erwachsenen Leuten erwarten, dass sie so etwas ehrlich selbst entscheiden, oder?

Unternehmen, die es zum Credo machen, ihre Mitarbeiter wie Erwachsene zu behandeln und ihre Eigenverantwortung stärken, sind überdurchschnittlich erfolgreich.

6.2 Kommunikationsmuster mithilfe der Transaktionsanalyse erkennen

Die Transaktionsanalyse (TA) von Eric Berne ist ein bewährtes Modell, dass die Eltern-Kind-Problematik in der Kommunikation aufgreift. Die TA stammt ursprünglich aus der Psychotherapie und unterscheidet drei grundlegende Ich-Zustände mit drei Ableitungen, aus denen heraus wir mit anderen kommunizieren. Diese sind:

1. Eltern-Ich: kritisches und helfendes Eltern-Ich
2. Erwachsenen-Ich
3. Kind-Ich: spontanes, trotziges und angepasstes Kind-Ich

Während das kritische Eltern-Ich dirigiert, kritisiert, befiehlt und bevormundet, begegnet uns das helfende Eltern-Ich unterstützend, nährend und fürsorglich. Das Erwachsenen-Ich hat nur einen Zustand: Dieser ist reif, selbstbewusst, rational und abwägend. Das Kind-Ich unterteilt sich in das spontane, das trotzige und das angepasste Kind. Während das spontane Kind unbefangen und natürlich an die Dinge herangeht, ohne dabei ängstlich auf Konsequenzen zu achten, will sich das trotzige Kind nicht einordnen, sondern rebelliert und widersetzt sich den Forderungen der Eltern.

Das angepasste Kind dagegen ist gehorsam und folgsam und verzichtet zugunsten der Liebe seiner Eltern darauf, das zu leben, was ihm selbst auf seiner tieferen Ebene wichtig ist. Im Bemühen, die Akzeptanz und Liebe der Eltern zu erhalten, werden die eigenen Bedürfnisse übergangen. Es tut, was es tun soll, und folgt. Gerade beim Wort »Folgen« sollten alle Glocken klingeln, denn es weist auf die Voraussetzung hin, von der die Existenz von Führung abhängt: Führung entsteht nur dann, wenn tatsächlich jemand folgt. Wenn sich ihr niemand anschließt, wandelt die vermeintliche Führungskraft allein durch die Welt.

Da wir in unserer Kindheit ein Verhalten, das dem »Folgen« als Reaktion auf Kommunikation mit den kritischen Eltern-Ichs kennengelernt haben, verbinden wir als Erwachsene auf einer tieferen Ebene unsere Vorstellung von Führen meist mit dem Eltern-Ich. Doch es geht im beruflichen Kontext von Erwachsenen nicht darum, den Papa machen zu lassen – es geht nicht um Erziehung, sondern um Be-ziehung!

Prof. Dr. Christian-Rainer Weisbach (2008) beschreibt Kommunikation erst dann als wertschätzend, wenn sie zwischen zwei Erwachsenen-Ichs stattfindet. Zwei Punkte sind dabei wichtig: Erstens wollen wir es im Betrieb mit Menschen zu tun haben und nicht nur mit Robotern, die mechanisch eine Stelle oder Rolle ausüben. Daher wünschen Menschen eine Kommunikation auf Augenhöhe: Erwachsenen-Ich zu Erwachsenen-Ich. Aber das bedeutet nicht, dass Wertschätzung nur so erreicht werden kann. Wir sind Menschen und als solche wechseln wir intuitiv zwischen den verschiedenen Ich-Zuständen hin und her. Die Mischung macht's also. Die Forderung nach mehr Wertschätzung darf also nicht dazu führen, dass dogmatisch und ausschließlich im Erwachsenen-Ich miteinander kommuniziert wird. Es ist normal, dass wir auch als Erwachsene alle sechs Ich-Zustände, die Berne in der TA beschreibt, nutzen. Wenn es mal lustig zugeht und alle gut miteinander können, sollten wir uns keine Gedanken darüber machen, aus welchen Ich-Zuständen heraus wir gerade miteinander kommunizieren. Legen Sie in zwanglosen Situationen nicht plötzlich einen sachlichen, »erwachsenen« Anstrich über das Miteinander.

Kritsch, und das ist der zweite Punkt, wird das Verhalten erst in Situationen, in denen es im kommunikativen Gebälk knarrt. Hier besteht für Führende die Gefahr, intuitiv in destruktive oder kritische Ich-Zustände zu verfallen und Mitarbeiter über ein schlechtes Gewissen, Schuldzuweisungen oder Maßregelungen emotional gefügig machen zu wollen, damit sie sich verhalten, wie gewünscht. Um dem vorzubeugen, sollte die eigene Kommunikation achtsam wahrgenommen werden und bewusst ins Erwachsenen-Ich geführt werden, um dem Mitarbeiter auf Augenhöhe zu begegnen. Werfen wir einen Blick darauf, welche Konstellationen förderlich und welche hinderlich für wertschätzende Führung sind.

6.2.1 Produktive und unproduktive Ich-Zustände

Die sechs verschiedenen Ich-Zustände können entweder einen produktiven oder einen unproduktiven Einfluss auf ein Gespräch haben. Während das helfende Eltern-Ich, das Erwachsenen-Ich und das spontane Kind-Ich sich produktiv auswirken, wirken sich das kritische Eltern-Ich, das angepasste Kind-Ich und das trotzige Kind-Ich unproduktiv aus.

Produktive Ich-Zustände	**Unproduktive Ich-Zustände**
Helfendes Eltern-Ich	Kritisches Eltern-Ich
Erwachsenen-Ich	Trotziges Kind-Ich
Spontanes Kind-Ich	Angepasstes Kind-Ich

Abbildung 6: Produktive und unproduktive Ich-Zustände der Transaktionsanalyse

Wichtig in Bezug auf die Ich-Zustände ist: Auch als Erwachsene kommunizieren wir weiterhin aus allen Zuständen heraus. So kann beispielsweise eine Blödelei zwischen zwei Kollegen im spontanen Kind-Ich-Zustand stattfinden oder die Bitte um Hilfe eines Kollegen aus dem spontanen Kind-Ich an sein helfendes Eltern-Ich gerichtet werden.

Führungskräfte, die überwiegend aus dem kritischen Eltern-Ich heraus kommunizieren, erwarten vom Mitarbeiter, dass er als angepasstes Kind-Ich folgt und brav das tut, was er soll. Doch das funktioniert auf Dauer nicht. Selbst wenn ein Mitarbeiter mitspielt, entsteht nach und nach ein Abhängigkeitsverhältnis, in dem der Kontakt auf Augenhöhe verloren geht. Wer seine Mitarbeiter aus dem Eltern-Ich herausführt, darf sich nicht wundern, wenn diese sich zu angepassten Ja-Sagern oder trotzigen Querulanten entwickeln.

6.2.2 Achtsam erkennen, wenn ein Kind erwachsen ist

Wenn Führungskräfte einen erwachsenen Mitarbeiter aus dem kritischen Eltern-Ich heraus ansprechen, droht eine besondere Gefahr: Wenn der Mitarbeiter diese Ansprache ablehnt und stattdessen eine Ansprache aus dem Erwachsenen-Ich einfordert, ergibt sich eine kritische Situation, die die ganze Achtsamkeit der Führungskraft erfordert, um die Kommunikation in konstruktiven Bahnen zu halten. Diese Stelle im Gespräch ist deshalb kritisch, da von der Führungskraft bereits der Kommunikationskanal zwischen Eltern- und Kind-Ich geöffnet wurde. Von daher passiert es nur zu leicht, dass sie die Forderung des Mitarbeiters (nach einer Kommunikation im Erwachsenen-Ich) als Antwort aus dem trotzigen Kind-Ich fehlinterpretiert und daraufhin die Kommunikation aus dem kritischen Eltern-Ich verstärkt, um die eingeschlagene Strategie durchzusetzen. Spielt der Mitarbeiter dann vordergründig mit, sammelt er eine psychologische Rabattmarke, die er später an anderer Stelle einlösen wird. Spielt er nicht mit, eskaliert die Situation und die Beziehung wird beschädigt.

6.2.3 Lassen Sie sich keine Affen aufladen!

Ein weiterer Stolperstein droht, wenn ein Mitarbeiter aus dem angepassten Kind-Ich heraus kommuniziert und bei der Führungskraft das helfende Eltern-Ich anspricht. Wird darauf wie gewünscht reagiert, entsteht ein Abhängigkeitsverhältnis. Und auch das helfende Eltern-Ich hat einen Partner, und so steigt mit der Ansprache aus dem Kind-Ich die Wahrscheinlichkeit, dass die Führungskraft aus dem kritischen Eltern-Ich heraus antwortet und hieraus Spannungen entstehen.

Führungskräfte können intervenieren, wenn sie achtsam und bewusst wahrnehmen, ob von Seiten des Mitarbeiters die Kommunikation aus dem Kind-Ich angestoßen wird. Ist das der Fall, muss sie zunächst dem verlockenden Papa-Angebot des Mitarbeiters widerstehen. Denn das Nachgeben auf solche Verlockungen ist eine der Ursachen für die Überlastung vieler Führungskräfte. Wenn die (nur scheinbar) hilflosen Mitarbeiter-Kinder im Laufe des Tages nach und nach ihre Probleme bei der Führungskraft abladen, darf sie schließlich bis spät in den Abend Überstunden für Tätigkeiten schieben, die sie den lieben Kleinen großzügig abgenommen hat, während diese sich schon im Feierabend sonnen!

J. R. Edlund beschreibt diese Probleme, Entscheidungen und Aufgaben als »Monkeys«, als »Affen«, die sich Führungskräfte jedes Mal von ihren Mitarbeitern auf die Schulter setzen lassen. Er empfiehlt eine Erinnerungsstütze in Form eines kleinen Affen, der in Sichtweite im Büro platziert wird, um zu verhindern, dass die Mitarbeiter einfach ihre Affen bei der Führungskraft abladen.

Micro Habit: Wertschätzende Ich-Zustände pflegen

Achten Sie darauf, welches Transaktions- beziehungsweise Kommunikationsmuster im Gespräch jeweils angestoßen wird. Lehnen Sie die Papa-Rolle ab und heben Sie den Mitarbeiter auf die Erwachsenen-Ebene, um das Problem bei ihm zu belassen. Unterstützen Sie den Mitarbeiter durch geeignete Fragen dabei, eigenständige Lösungen zu entwickeln, zum Beispiel:

- *»Welche Lösungen sehen Sie? ... Und welche noch?«*
- *»Was passiert, wenn ...?«*
- *»Inwieweit stimmt diese Aussage ...?«*
- *»Ich halte Ihren Vorschlag in zwei Punkten für wenig geeignet: Zum einen haben wir nur eine Woche Zeit, zum anderen fehlen uns dafür im Moment die technischen Voraussetzungen.«*
- *»Was könnte der Grund für ... sein?«*

Wer einmal in der Praxis die »TA-Brille« aufgesetzt und erlebt hat, wie schnell in einem kurzen Gespräch die Rollen wechseln, eröffnet sich in Verbindung mit Achtsamkeit die Möglichkeit, in kritischen Situationen innerlich einen Schritt zurückzutreten und zu verstehen, was eigentlich gerade geschieht.

Ich erinnere mich an ein Gesprächstraining, in dem die Teilnehmer aus dem Lachen nicht mehr herauskamen, nachdem wir das Video einer Gesprächssimulation immer dann angehalten hatten, als wieder aus dem kritischen oder aus dem helfenden Eltern-Ich kommuniziert wurde. Ein langjähriger Mitarbeiter war begeistert und sagte, er habe das Modell zwar schon gekannt, aber erst durch diese Echtzeitanalyse verstanden, wie schnell wir zwischen den Ich-Zuständen wechseln und wie sich das direkt in der Praxis auf den Gesprächspartner auswirkt. Es geschieht in kritischen Situationen schnell, dass einer der Gesprächspartner früher oder später in einen der destruktiven Ich-Zustände wechselt und dadurch Öl ins Feuer einer ohnehin schon angespannten Situation gießt.

Micro Habit: Reflexion am Rande

Eine gute Vorbereitung ist die halbe Miete für gelingende Gespräche und wertschätzende Kommunikation. Reflektieren Sie, in welchen Situationen Sie dazu neigen, ins kritische oder helfende Eltern-Ich zu rutschen, beispielsweise bei Kritik-Gesprächen oder in Meetings, wenn es darum geht, eine Entscheidung zu treffen. Eine kleine Notiz mit zwei Spalten, eine für die Führungskraft und eine für den Gesprächspartner reicht aus. Tragen Sie die Anfangsbuchstaben EL, ER und KI am Rand des eigenen Schreibblocks ein, um ab und zu mit einem Blick zielsicher zu erkennen, aus welchem Ich-Zustand heraus gerade miteinander kommuniziert wird.

Führung		***Mitarbeiter***
EL	-	*EL*
ER	-	*ER*
KI	-	*KI*

6.2.4 Sensibilisieren Sie sich für die unterschiedlichen Facetten Ihrer Mitarbeiter

In der Kommunikation gilt, wie auf dem Tanzparkett, dass immer zwei zum Tango gehören. Mit unterschiedlichen Mitarbeitern ergeben sich verschiedene typische Transaktionen. Um unbewusste Störungen auf dieser Ebene vorzubeugen, sollte man sich die kritischen Konstellationen bewusst machen. Reflektieren Sie, bei welchen Mitarbeitern Sie regelmäßig in eines der Eltern-Ichs verfallen und wie die Mitarbeiter darauf reagieren. Halten Sie das auf der Mitarbeiterfolie im MRS fest, um sich daran zu erinnern. Im nächsten Schritt sollten für konkrete Situationen kommunikative Alternativen vorbereitet werden, die den Mitarbeiter klar aus dem Erwachsenen-Ich heraus ansprechen. Wichtig ist, diesen Rahmen zu halten, falls von seiner Seite Ausweichmanöver auftauchen.

Zur Orientierung für eine wertschätzende Kommunikation aus dem Erwachsenen-Ich passt der folgende Appell, den Reinhard K. Sprenger in seinem Podcast zur Wertschätzung als Erwartungshaltung eines reifen Mitarbeiters prägnant formuliert: »Sie müssen mich nicht mit Samthandschuhen anfassen. Ich weiß, dass ich nicht immer allen Ansprüchen gerecht werde, gar nicht gerecht werden kann. Wenn ich etwas falsch gemacht habe, müssen Sie mich damit konfrontieren, klar und deutlich! Seien Sie dabei höflich, respektieren Sie mich in meiner Menschlichkeit, seien Sie anständig, das reicht zwischen zwei Erwachsenen völlig aus.«

6.3 Micro Habits, die aus dem Kindergarten hinausführen

Einige der im fünften Kapitel beschriebenen Micro Habits unterstützen bereits den reifen Umgang miteinander, beispielsweise die wertschätzende Führungskräfteauswahl, das Schaffen von Transparenz und das Gesetz der zwei Füße. Die in diesem Kapitel beschriebenen Micro Habits zur Gesprächsvorbereitung lenken vor dem Gespräch die Aufmerksamkeit auf die eigene Einstellung zum Mitarbeiter und ihren Einfluss auf die Gesprächsführung. Die Micro Habits zum Monkey-Management und die TA-Erinnerung im Meeting erleichtern es, im Gespräch selbst die kommunikativen Ziele im Auge zu behalten. Eine besondere Form von Micro Habits stellt unsere Wortwahl dar. So manches gut gemeinte Wort führt in der Wirkung dann doch dazu, dass man sich im Kindergarten wiederfindet. Der Chef ist oben, der Mitarbeiter unten und die Wertschätzung geht verloren. Unsere Wortwahl prägt unsere Einstellung, Wahrnehmung und die Art, wie wir über die Dinge denken. Werfen wir einen Blick auf ein Beispiel, das das verdeutlicht.

6.3.1 Warum-Fragen ersetzen

Im Coaching und Training sind Warum-Fragen hervorragende Möglichkeiten, um einer Sache auf den Grund zu gehen, insbesondere wenn sie wiederholt gestellt werden. Im Alltag der Kommunikation im Geschäftsleben haben Warum-Fragen jedoch eine Kehrseite, denn sie entwickeln direkt einen Rechtfertigungsdruck und errichten ein Status-Gefälle, durch das der Kontakt auf Augenhöhe verloren geht. Aus der hierarchisch überlegenen Position heraus gefragt, impliziert das unspezifische Warum eine Schuldzuweisung, die die Kommunikation rasch in Strombergs Abteilung zurückführt. In der Kommunikation zwischen Führungskraft und Mitarbeiter wird die Distanz erhöht statt reduziert und defensives Verhalten angestoßen.

Micro Habit: Warum-Fragen ersetzen

Für eine Kommunikation auf Augenhöhe ist es zielführender, nach der Absicht und den Hintergründen zu fragen, als mit einer Warum-Frage Druck aufzubauen. Statt unspezifisch zu fragen »Warum hast du ... gemacht?«, bieten sich konkretere Varianten an, wie:

- *»Was war das Ziel deiner Handlung?«*

- *»Was hast du erreichen wollen/angestrebt?«*
- *»Wozu hast du die Änderung vorgenommen?«*
- *»Was war deine Absicht, als du ... gemacht hast?«*
- *»Wie ging es dir dabei?«*
- *»Wie hast du die Situation erlebt?«*

6.3.2 Den Bock des Monats prämieren

Wo gehobelt wird, da fallen Späne. Es gibt keinen Fortschritt ohne Fehler, und die erfolgreichsten Unternehmen sind die, die die meisten Fehler gemacht und daraus gelernt haben. Manche haben sogar aus ihren Fehlern neue Produkte erschaffen. Um das zu schaffen, braucht es einen offenen Umgang mit Fehlern und die Verpflichtung, sie nicht für machtpolitische Zwecke zu missbrauchen, sonst zieht sich der Gesprächspartner zurück. Kommunikation aus dem Eltern-Ich heraus führt rasch zu einer Rechtfertigungskultur, passiven Absicherungsstrategien und den damit verbundenen sogenannten defensiven Entscheidungen. Etwas schärfer, dafür bildhaft formuliert, werden diese auch als Cover-my-ass-Verhalten bezeichnet.

Man macht sich häufig nicht klar, welche weitreichenden Folgen permanente Absicherungsstrategien von Mitarbeitern (und Führungskräften) im Unternehmen haben. Anstatt dass im Sinne der Sache und der Organisation entschieden wird, geht es vor allem darum, sich selbst, sein Tun und seine Entscheidungen unangreifbar zu machen. Das führt nicht nur dazu, dass die Verantwortung abgewälzt wird und andere für zuständig erklärt werden, sondern auch dazu, dass viele überflüssige E-Mails und Dokumentationen die Bürokratie unnötig aufblähen und Zeit fressen. Proaktives Handeln schläft immer mehr ein, und ein Silo-Denken greift um sich. Schließlich geht der Blick für das große Ganze verloren, während der Einzelne glaubt, auf der vermeintlich sicheren Seite zu sein.

Wird im Betrieb jedoch offen mit Fehlern umgegangen, hat das Vorteile: Erstens wird verhindert, dass sie anderen auch passieren. Zweitens – und das ist noch viel wichtiger – bleibt ein offenes und kreatives Lernklima erhalten.

Seit einigen Jahren gibt es sogenannte Fuck-Up-Nights, in denen sich zumeist Unternehmer gegenseitig von ihren Misserfolgen berichten. Das schafft einen gemeinsamen Erfahrungsraum und führt die Gruppe zusammen. Um eine offenere Fehlerkultur einzuführen, werden Versäumnisse gesammelt und präsentiert, um anschließend den Bock des Monats offen zu küren. Am Ende des Jahres kann aus den Monatsböcken der Bock des Jahres gewählt werden. Wenn dieser mit einer Kiste Bockbier prämiert wird, kann der Preis anschließend gleich mit den Kollegen geteilt werden.

Think twice: Was können Sie in Ihrem Unternehmen oder Verantwortungsbereich tun, um einen lockereren Umgang mit Fehlern zuzulassen und das Lernklima zu verbessern? Welche kleinen Rituale, auch humorvoller Art, könnten Sie veranstalten?

1.

2.

6.3.3 Mehr Clown im Alltag

Ein Psychiater empfängt einen neuen Patienten. Dieser ist hochgradig depressiv und klagt verzweifelt über sein Leid. Er berichtet von Hoffnungslosigkeit, Trauer, Glaubensverlust über den Sinn des Lebens, Selbstmordgedanken, schlaflosen Nächten, Tränenausbrüchen und einfach nur von reiner Verzweiflung. Der Arzt zieht sämtliche Register, um den Patienten aufzuheitern. Doch es bringt nichts.

Nachdem er alles versucht hat, kommt ihm plötzlich der rettende Gedanke: »Hören Sie, vielleicht gibt es etwas, das Ihnen doch noch helfen kann! Gerade ist ein Zirkus in der Stadt. Am Sonntagabend war ich mit meiner Tochter dort und habe mir das Programm angeschaut. Und wissen Sie was? Die haben einen Clown, der ist einfach unglaublich. So etwas Witziges habe ich selten erlebt! Wir haben Tränen gelacht. Gehen Sie doch einmal dorthin und schauen Sie ihn sich an, der wird sicherlich auch Sie etwas aufmuntern!« Darauf antwortet der Patient weinend: »Ich bin dieser Clown.«

Der Clown ist die tragische Figur des Scheiterns. Egal, was er versucht, es geht schief, und am Ende wird gelacht, und zwar über ihn. Obwohl er im Mittelpunkt steht, ist er der Außenseiter, der nur durch erneute Tritte ins Fettnäpfchen, Schusseleien und Misserfolge die Aufmerksamkeit der Gruppe halten kann. Eigentlich lieben ihn alle, aber wer von uns möchte mit ihm tauschen? In der modernen Leistungsgesellschaft sind Misserfolge, Rückschläge und Scheitern verpönt, sie passen nicht zu den zielstrebigen Erfolgstypen der Hochglanzmagazine, taugen nicht als Rollenvorbilder.

Doch das ist nur eine Seite der Medaille, denn der Clown gewinnt durch seine Freude am Scheitern auch die Freiheit, einfach das zu tun, wonach ihm gerade ist. Durch die ständige Wiederholung seiner Fehler gewinnt er schließlich die nötige Einsicht, wie es besser geht, auch wenn dort schon der nächste Fettnapf lauert. Hört sich das nicht ein wenig nach lebenslangem Lernen an? Der Clown steht auf, rutscht auf einer öligen Fläche aus und fällt hin – das Publikum lacht. Er steht wieder auf, rutscht wieder aus, fällt wieder hin – erneutes Gelächter. Und dann von vorn. Wieder und wieder. Irgendwann erkennt er das Muster, das ihn gefangen hält, macht nach dem Aufstehen einen Schritt in die andere Richtung – und läuft gegen einen Pfosten. Wieder fällt er hin und hat das Gelächter auf seiner Seite.

Was auf den ersten Blick so banal und kindisch wirkt, hält uns einen Spiegel vor, in dem sich aber nur die wenigsten wieder erkennen. Hier zeigen sich die Brillanz und das Potenzial des Clowns. Aus einer übergeordneten Perspektive betrachtet, bewegen wir uns nämlich nicht anders durch die Wirtschaftswelt als der Clown durch die Manege. Die Zeiten, in denen Erfolg geplant werden konnte, sind vorbei. Was früher einmal funktionierte, klappt heute nicht mehr. Also versuchen wir etwas, scheitern, ändern eine Kleinigkeit und beginnen von vorn. Agile Methoden wie Scrum und Co. zeichnen sich durch ihre kurzen, iterativen Prozesse aus. Etwas wird probiert, behalten oder verworfen und weiterentwickelt. Scheitern gehört einfach dazu. Es ist mitunter paradox: Jeder will das nächste »große Ding« erfinden, sucht Wege für den disruptiven Durchbruch in seiner Branche, aber keiner ist bereit loszulassen, damit der Musterwechsel, der zum Game-Changer wird, gelingen kann. Dick Fosbury tat es mit seinem berühmten Fosbury-Flop: Er sprang als Erster rückwärts über eine Hochsprunghürde, wurde Olympiasieger und revolutionierte mit seinem völlig neuen Sprungstil die gesamte Sportart.

Aber bevor ein Muster gewechselt werden kann, muss es erst einmal erkannt werden. Damit das gelingt, braucht es iterative, sich wiederholende Prozesse. Diese legen nach und nach den Kern dessen frei, worum es eigentlich geht. Im Alltag kennen wir das alle – wer würde bestreiten, dass in jedem Gerücht ein Körnchen Wahrheit steckt?

Die Forderung nach »mehr Clown im Alltag« gilt auch für die Führung. Eine vom Bundesministerium für Arbeit und Soziales und der Initiative neue Qualität der Arbeit in Auftrag gegebene Studie zum Thema gute Führung zeigte bereits 2014, dass ein Paradigmenwechsel der Führungskultur in Deutschland dringend notwendig ist, um international nicht abgehängt zu werden. 78 Prozent der Führungskräfte brachten das klar zum Ausdruck. Im Rahmen der Studie wurden sechs verschiedene Führungskonzepte erhoben und auf ihre Praxis- und Zukunftstauglichkeit untersucht.

Dabei wurde klar ersichtlich, dass die Konzepte »starke Persönlichkeit« aus den Fünfzigern und »effiziente Zielerreichung« aus den Sechzigern zwar hoffnungslos überaltert sind, aber dennoch weiter geritten werden, wie das sprichwörtliche tote Pferd, von dem abzusteigen man sich beharrlich weigert. Weitere Konzepte waren solidarische Integration, dynamische Vernetzung, kooperative Teamarbeit und iterativ testende Intelligenz.

In der heutigen Zeit ist nur noch jenes Führungskonzept tatsächlich konkurrenzfähig, das als »iterativ testende Agilität« beschrieben wird. Womit wir wieder beim Clown wären, der sich in sich wiederholenden Schritten vorwärts tastet und dabei stets bereit ist, zu scheitern, sich lächerlich zu machen und alles Bisherige über den Haufen zu werfen, um etwas Neues anzupacken.

Die Agilitätsforschung macht immer wieder klar, dass es nicht darum geht, agile Methoden anzuwenden, sondern darum, agil zu sein und auf einer tieferen Ebene ein agiles Mindset zu entwickeln. Was es braucht, sind Mitarbeiter, die auf der persönlichen Ebene bereit sind, sich verletzlich zu machen, Neues auszuprobieren und dabei ebenso das Scheitern in Kauf zu nehmen. Hierin gründet auch die seit Jahren gestellte Forderung nach einem Safe Space und einer positiven Fehlerkultur.

Dieses Mindset und die Notwendigkeit, agil zu sein, lassen sich auf der persönlichen Ebene am besten erlangen, wenn sie tatsächlich auf der körperlichen Erlebnisebene erfahren werden. Hierzu gibt es verschiedene Ansätze: Warum spielen denn plötzlich Manager seit Jahren Lego? Weil sie im sicheren Rahmen experimentieren und iterieren können. Intensiver als nur mit den Händen lässt sich in einem Clown-Workshop Freundschaft mit dem Scheitern schließen und es dadurch überwinden. Wer keine Angst mehr hat, einen Fehler zu machen, muss diesen auch nicht mehr vertuschen und rutscht auch nicht mehr so leicht in die Rolle des Kindes, das sich vor dem Papa produzieren muss. Oder in die des Papas, der denkt, es brächte etwas, auf Fehlern herumzureiten, um die lieben Kleinen auf Spur zu bringen.

Micro Habit: Schließen Sie Freundschaft mit Ihrem inneren Clown
Der Besuch eines Clown-Workshops lässt sich als Teambuilding-Event organisieren oder in einem mehrtägigen Seminar auf einer intensiveren Ebene vertiefen. Empfehlenswert ist das Konzept von Johannes Galli, welches an rund zwölf Galli-Theatern und von Hunderten Galli-Trainern in ganz Deutschland angeboten wird. Johannes Galli, der die Methodik in den Achtzigerjahren entwickelte, wurde damals von fast allen Dax-Konzernen mit seinem Business-Theater gebucht. Dreißig Jahre später ist die Zeit reif, um sich auch mit diesem tiefer gehenden Konzept auseinanderzusetzen.

6.4 Fazit

Wenn wir im Unternehmen aus etablierten, aber zum Teil destruktiven Rollenmustern – wie einem kritischen Eltern-Ich bei Führenden oder einem angepassten oder trotzigen Kind-Ich bei Mitarbeitern – herauskommen wollen, dann brauchen wir einerseits mündige Mitarbeiter, die eigenverantwortlich agieren dürfen und sollen, und andererseits Führungskräfte, die ein solches Verhalten zulassen und aktiv unterstützen. Wertschätzende Führung behandelt Mitarbeiter als Erwachsene, bestärkt sie und begegnet ihnen auf Augenhöhe.

- Seien Sie achtsam darin, aus welchen Zuständen heraus Sie selbst und Ihr Umfeld kommunizieren.
- Versuchen Sie möglichst, aus dem Erwachsenen-Ich heraus mit Ihren Mitarbeitern zu sprechen, aber lassen Sie durchaus auch eine Kommunikation aus dem spontanen, unbekümmerten Kind-Ich heraus zu.

- Vermeiden Sie es unbedingt, Mitarbeiter über ein schlechtes Gewissen, Schuldgefühle oder Maßregelungen gefügig und letztlich von sich abhängig zu machen.
- Lassen Sie sich von Ihren Mitarbeitern keine »Affen« aufladen, also Aufgaben, die diese angeblich nicht selbst können, sondern die Sie erledigen müssen. Regen Sie durch Fragen die Mitarbeiter an, eigenständig Lösungen zu entwickeln.
- Ermuntern Sie den offenen Umgang mit Fehlern und Fauxpas, zum Beispiel indem Sie regelmäßig bei Events alle über ihre dümmsten Fehler sprechen lassen und den »Bock des Monats« prämieren oder mit Ihrem Team an einem Clown-Workshop teilnehmen.
- Es gibt viele veraltete Managementmethoden, nach denen noch immer gearbeitet wird. Um den aktuellen und zukünftigen Herausforderungen erfolgreich zu begegnen, braucht es jedoch ein agiles Mindset, das auch bereit ist, sich verletzlich zu machen, das Scheitern und Fehler zulässt, und immer wieder neue, bessere Lösungen ausprobiert.

7.

Hart in der Sache, weich zum Menschen

Nehmen Sie die Menschen, wie sie sind, andere gibt's nicht.

Konrad Adenauer (1876–1967), deutscher Politiker

Als im März 2020 die Coronapandemie plötzlich alles lahmlegte, war es für mich als Trainer für Körpersprache interessant, zu beobachten, wie sich die neuen Abstandsregeln nicht nur auf das Sozialverhalten der Menschen, sondern auch auf ihre Beziehung zueinander auswirkten. In dieser Zeit gingen die Menschen ganz anders miteinander um als sonst. Auch wenn die Ursache daran lag, dass jeder Angst hatte, sich anzustecken, hielt man dennoch respektvoll Abstand. Das veränderte räumliche Verhalten wirkte sich auch auf den Umgang in anderen Bereichen aus, der wertschätzender und achtsamer gepflegt wurde.

7.1 Die Sache mit dem Respekt

In der Wertschätzungspyramide von Reinhard Haller (siehe Seite 46) folgt nach Aufmerksamkeit und Achtsamkeit auf der nächsthöheren Stufe der Respekt vor unseren Mitmenschen. Als Vorstufe zur Wertschätzung beschreibt Respekt die anerkennende Berücksichtigung des Wertes einer anderen Person; er setzt damit an der grundgesetzlich verankerten Unantastbarkeit der menschlichen Würde an. Diese besagt, dass der Mensch immer Zweck an sich bleiben muss und nicht zum Zweck für etwas anderes oder für andere gemacht werden darf.

Hier stoßen wir erneut auf den Unterschied zwischen dem ökonomischen und dem humanistischen Verständnis der Wertschätzung: Volkswirtschaftlich gesehen, verkaufen Mitarbeiter einen Teil ihrer Lebenszeit an ihre Arbeitgeber, um ihre Fähigkeiten und ihre Arbeitskraft zu einem vertraglich vereinbarten Zweck einzusetzen. Der Mensch macht sich also selbst zum Zweck, und da er es freiwillig tut, sollte auch nichts dagegen einzuwenden sein.

Problematisch wird es, wenn Arbeitgeber aus der zur Verfügung gestellten Arbeitskraft ableiten, dass über den ganzen Menschen verfügt werden könne. Sexuelle Übergriffe von oftmals männlichen Vorgesetzten markieren nur das extremste Beispiel übergriffigen Verhaltens auf der körperlichen Ebene. Übergriffe treten auch auf anderen, oft eher weniger beachteten Gebieten auf, wenn beispielsweise Mitarbeiter beschimpft, Überstunden über die gesetzlich zulässige maximale Arbeitszeit hinaus eingefordert werden, oder ein Firmenhandy zur Verfügung gestellt und gleichzeitig permanente Erreichbarkeit, auch in der Freizeit und im Urlaub, erwartet wird.

7.2 Bis hierhin und nicht weiter: Territorien und Distanzzonen

Neben dem sichtbaren Kontakt im räumlichen Territorium treten wir auch auf abstrakteren Gebieten miteinander in Verbindung, und zwar im fachlichen, zeitlichen und psychosozialen Bereich. Diese abstrakteren Gebiete nehmen wir kaum bewusst wahr und sind ihren Einflüssen dadurch stärker ausgeliefert. Nachfolgend beschreibe ich die unterschiedlichen Territorien und die jeweiligen Distanzzonen, beginnend mit dem räumlichen Territorium, auf dem sich die Mechanismen unserer Kommunikation am elementarsten zeigen. Das erleichtert es, sie anschließend auf die anderen Territorien zu übertragen.

7.2.1 Räumliche Territorien

Auf allen Territorien ziehen wir unbewusst vier verschiedene Distanzzonen um uns herum: die Intimzone, die persönliche Zone, die soziale und die öffentliche Zone (Abbildung 7 auf Seite 140).

- Die Intimzone beginnt am eigenen Körper und legt sich in einem Abstand von circa fünfundvierzig Zentimeter um uns herum.

- An die Intimzone schließt die persönliche Zone an, deren Radius bis zum Abstand von circa 1,2 Metern reicht. Während die Intimzone unseren engsten Vertrauten wie dem Partner, Kindern und sehr guten Freunden vorbehalten bleibt, kann die persönliche Zone als Du-Zone beschrieben werden. Mit wem wir so vertraut sind, dass wir zum Du wechseln, bei dem akzeptieren wir auch, dass er sich in unserer persönlichen Zone aufhält.
- Es folgt die soziale Zone. Sie reicht von 1,2 bis circa 3,6 Metern und kann auch als Sie-Zone bezeichnet werden. Wenn jemand in diese Zone eindringt, erhöhen wir unsere Aufmerksamkeit und warten, ob er sich auch der persönlichen Zone annähert, um mit uns in Kontakt zu treten. Im Geschäftsleben begegnen wir uns üblicherweise am inneren Rand dieser Zone, und genau hier ist auch die Grenze, an der Übergriffe und damit Respekt- und Wertschätzungsprobleme häufig beginnen. Eintritte in die Intimzone sind üblicherweise tabu, beim Eintritt in die persönliche Zone ist erhöhte Sensibilität geboten.
- Im Anschluss an die soziale folgt die öffentliche Zone. Normalerweise reagieren wir kaum auf Menschen, die sich mehr als 3,6 Meter von uns entfernt aufhalten. Aber auch das ist situationsabhängig. Wenn ich beispielsweise mutterseelenallein an einem kilometerlangen, einsamen Sandstrand liege und sich ein Fremder in 3,6 Meter Entfernung neben mich legt, dann empfinde ich das – angesichts des enormen Raumes, der uns beiden zur Verfügung steht – möglicherweise als übergriffig oder bedrohlich.

Ob ein Verhalten als übergriffig empfunden wird, ist von verschiedenen Faktoren abhängig: Neben der Kultur, der Situation und der Beziehung zwischen den Beteiligten beeinflussen das Geschlecht, der soziale Status, die Körpergröße aber auch unsere psychische Konstitution die Weite unserer Distanzzonen.

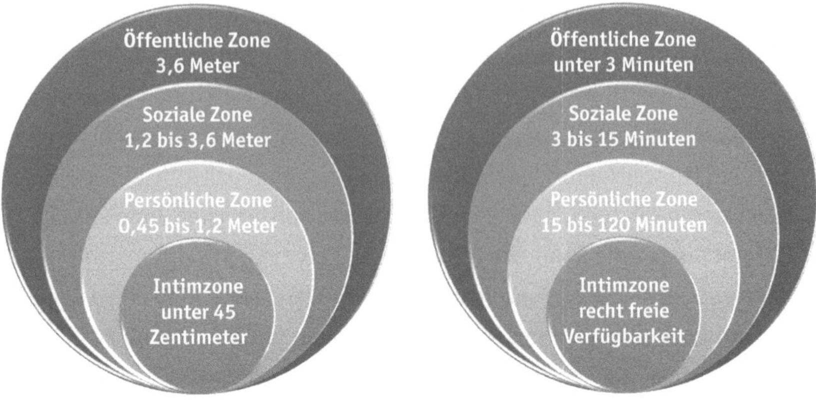

Abbildung 7: Räumliche und zeitliche Distanzzonen

Die vielen verschiedenen Einflüsse, die unser Territorialverhalten prägen, führen dazu, dass ein Verhalten, das für einen Mitarbeiter völlig okay ist, von einem anderen als aufdringlich und distanzlos empfunden werden kann. Um mit ihrer Kommunikation den Erwartungen und Bedürfnissen der einzelnen Mitarbeiter Rechnung zu tragen, sollte die Führungskraft erkennen, wann ihr Verhalten als übergriffig empfunden wird. In diesem Fall setzt eine Stressreaktion ein, die zu verschiedenen Signalen mit steigender Intensität führt:

- Erstarren, als Beginn einer Schockstarre, in der Hoffnung, dass die Gefahr ohne weiteres Handeln vorübergeht.
- Subtiles Zurückweichen, um sich von dem Eindringling zurückzuziehen
- Schließen der Augen, um die drohende Gefahr auszublenden.
- Unruhiges Hin- und Herrutschen, das widerstrebende Impulse zwischen Bleibensollen und Gehenwollen zum Ausdruck bringt.
- Abwenden des Körpers, Gesichts oder Blicks, um den Aggressor zu ächten
- Absenken des Kinns, um den empfindlichen Kehlkopf zu schützen und die konfrontierende Stirn in Position zu bringen .

- Subtiles Hochziehen der Schultern als Beginn einer Schutz- und Kauerhaltung.
- Greifen nach Gegenständen, um Stress abzubauen und etwas in der Hand zu haben, um sich zu verteidigen.

Diese Signale zeigen auch Übergriffe und mangelnden Respekt auf anderen Gebieten an. Da letztere niederschwelliger auftreten, fehlt oftmals das Bewusstsein für sie, was dazu führt, dass wir Respektlosigkeiten zwar unbewusst registrieren, aber unsicher sind, wie wir offen mit ihnen umgehen sollen. Doch der Körper spricht immer. Führungskräfte, die die entsprechenden Signale erkennen und sich der anderen Territorien bewusst sind, können ihre Kommunikation bewusst differenzierter und wertschätzender gestalten.

Micro Habit: Verfeinern Sie Ihr Territorialempfinden
Achten Sie auf Ihre eigenen unterschiedlichen Distanzzonen und Ihre körperlichen Reaktionen, wenn jemand zu nah kommt und in unangemessener Weise in Ihre persönliche Zone oder Ihre Intimzone eindringt. Achten Sie ebenfalls auf die Distanzzonen Ihrer Kollegen und Mitarbeiter und respektieren Sie diese.

Unabhängig davon, ob es von Seiten einer Führungskraft oder eines Mitarbeiters zu Übergriffen kommt, ziehen diese Störungen in der Kommunikation nach sich und können die Beziehung belasten. Werden Sie selbst Opfer eines Übergriffs, so besteht der erste Schritt darin, souverän zu deeskalieren, indem Sie erkennen, dass es sich hier tatsächlich um Übergriffigkeit handelt. Sie haben das Recht, sich dagegen zu wehren. Ziehen Sie jedoch in Betracht, dass der Übergriff nicht vorsätzlich erfolgt ist. Dieses Verständnis bringt Klarheit, die die Grundlage für gelingende Kommunikation darstellt. Ist man selbst auf einem der vier Territorien von einem Übergriff betroffen, sollte mit einer Ich-Botschaft oder mit der gewaltfreien Kommunikation sauber kommuniziert werden, wie das Verhalten des anderen auf uns wirkt und was wir uns stattdessen wünschen oder erwarten.

7.2.2 Zeitliches Territorium

Wenn wir von »Zeiträumen« sprechen, weisen wir mit dem verwendeten Begriff bereits auf die territoriale Eigenschaft von Zeit hin. Auch auf diesem Gebiet kommt es regelmäßig zu Übertritten, die mangelnden Respekt vermitteln und die Beziehung zwischen Führungskraft und Mitarbeiter belasten. Die von Prof. Dr. Nancy Henley von der UCLA beschriebenen Größen der verschiedenen zeitlichen Distanzzonen ermöglichen es, sich der Grenzen bewusst zu werden und sie besser zu respektieren (Abbildung 7 auf Seite 140).

- In der öffentlichen zeitlichen Zone nehmen wir uns für Interaktionen mit Fremden üblicherweise nur wenige Sekunden bis maximal drei Minuten Zeit – beispielsweise, um auf der Straße nach dem Weg oder der Uhrzeit zu fragen oder um mit einem Kollegen, den wir nur vom Sehen kennen, am Wasserspender ein paar Worte zu wechseln.
- In der sozialen Zone, beispielsweise bei Messekontakten oder wenn man mit einem Kollegen, Mitarbeiter, Kunden oder Vorgesetzten eine kurze fachliche Frage klärt, erfolgt ein engerer Kontakt im Rahmen von drei bis zu fünfzehn Minuten. Wie im räumlichen Bereich findet hier der Großteil der geschäftlichen Kommunikation statt.
- Die persönliche Zeitzone umfasst fünfzehn Minuten bis zwei Stunden. Persönliche Beratungsgespräche, ein Individualcoaching, Kurzbesprechungen, fest vereinbarte Kundentermine, Meetings oder offizielle Mitarbeitergespräche ermöglichen einen persönlicheren Kontakt.
- Gespräche zwischen zwei Parteien, die darüber hinausgehen, reichen in die zeitliche Intimzone und schaffen eine deutlich höhere Vertrautheit.

Mit dieser Einteilung als Orientierung wird so manches zeitlich übergriffige und damit explizit nicht wertschätzende Verhalten klar ersichtlich. Beobachten wir beispielsweise einen Mitarbeiter, der eine Führungskraft nach einem kurzen Feedback oder nach einer Information fragt:

Die Begegnung in der sozialen Zone sollte erwarten lassen, dass die Antwort in drei bis fünfzehn Minuten erfolgt. Wenn die Führungskraft jedoch von einem Thema aufs nächste kommt und den Mitarbeiter, der sich angesichts des hierarchischen Verhältnisses kaum entziehen kann, länger in ein Gespräch verwickelt, ist das zudringlich und wird umso übergriffiger, je länger überzogen wird.

Wird nach zwei Stunden die Grenze der nächsten Zone berührt oder überschritten, fällt es häufig schwer, bewusst zu erfassen, was eigentlich gerade geschieht. Eine Bekannte fasste es einmal deutlich in Worte: Sie fühlte sich vom zeitlich extrem übergriffigen Verhalten ihres Vorgesetzten regelrecht missbraucht. Das kann auch in unverhältnismäßig langen Besprechungen geschehen, beispielsweise bei wöchentlichen Meetings, die in anderen Abteilungen nach sechzig bis neunzig Minuten erledigt sind, aber von einzelnen Führungskräften als ganztägige Open-End-Veranstaltungen durchgeführt werden. So viel sollte es in so kurzen Rhythmen nur in Ausnahmefällen zu besprechen geben.

Klare Agenden erstellen und Zeitlimits setzen

Meetings, die ohne Agenda und klar definierten Zeitraum durchgeführt werden, ignorieren das natürliche Bedürfnis der Mitarbeiter nach Orientierung und Transparenz. Führungskräfte, die so nach Gutsherrenart über die Zeit ihrer Mitarbeiter verfügen, handeln nicht nur übergriffig, sondern auch unwirtschaftlich. Wenn sie dabei noch selbst die hauptsächlichen Wortführer sind und ihre Mitarbeiter kaum zu Wort kommen lassen, sollten sie sich vor Augen führen, dass jede Minute unnötige Redezeit je nach Teilnehmerzahl das zehn- bis zwanzigfache an Mitarbeiterzeit kostet. Elon Musk zum Beispiel fordert Spitzenmanager, die in einem Meeting keine Wortbeiträge bringen, dazu auf, nicht ihre hoch bezahlte Arbeitszeit durch Zuhören zu verschwenden, sondern sich um ihr Aufgabengebiet zu kümmern. Wer direkt nichts beizutragen hat oder nicht dazu kommt, kann sich auch im Protokoll einen kurzen Überblick über die Ergebnisse verschaffen. Bereits beschrieben wurde das Gesetz der zwei Füße (Kapitel 5), das Teilnehmern freistellt, das Meeting zu verlassen, wenn sie es als nicht mehr zielführend empfinden.

Micro Habit: Zeitwächter und Meeting-Verlängerung im Stehen
Erkennen Sie als Führungskraft bei sich eine Schwäche im Zeitmanagement von Sitzungen, sollten Sie vorab klare Agenden aufstellen und einen Mitarbeiter zum »Zeitwächter« ernennen, der interveniert, wenn einzelne Ordnungspunkte zu sehr ausgedehnt werden. Dazu gilt es, das angesetzte Ende zu definieren. Die angekündigte Endzeit des Meetings wird eingehalten; maximal kann es nach Absprache um einen wiederum definierten, kurzen Zeitraum verlängert werden. Eine wirkungsvolle Variante besteht darin, die Verlängerung im Stehen durchzuführen: Das ist weniger gemütlich und hilft, schneller ein Ende zu finden.

7.2.3 Führung aus der Vergangenheit: das fachliche Territorium

Ebenso wie die räumlichen und die zeitlichen Territorien zu respektieren sind, verhält es sich auch mit dem Fachgebiet des Mitarbeiters (Abbildung 8).

- Es wird im weitesten Rahmen vom grundlegenden Unternehmens-Paradigma geprägt, das die Struktur und die Kultur des Betriebs bedingt. Beide entsprechen dem öffentlichen Hintergrundrauschen, in dem täglich gearbeitet wird.
- Der sozialen Zone entsprechen der übergeordnete Sinn/Purpose, dem die Organisation folgt, und den Zielen, die sie dabei anstrebt.
- Einen persönlicheren Einfluss übt die Strategie aus, die verfolgt wird, um die Ziele zu erreichen, und ebenso die individuellen Prozesse, die das Miteinander und die Kommunikation an den Schnittstellen nach außen regeln. Sie wirken sich auf die Stellenbeschreibung, die Rollendefinition sowie die damit verbundenen Erwartungen aus und betreffen auch Arbeitsort und -zeit. Hier zeigt sich ebenfalls, wie bei den Übergängen von sozialer zu persönlicher Zone die Übergriffe beginnen.

- Intim wird es auf der Mikroebene, die schließlich die individuelle Ausführung einer Tätigkeit beinhaltet. Wer sich vor Augen führt, wie Fließbandarbeiter sowohl in Bezug auf den Arbeitstakt als auch, im Extremfall, bei der zu verrichtenden Handbewegung fremdgesteuert werden, erkennt die Gefahr der Übergriffigkeit dieser Arbeitsform. Diese stammt noch aus dem Zeitalter der Massenproduktion, in dem Mitarbeiter zu Rädchen im Organisationsgetriebe degradiert und als »Economic Man« entmenschlicht wurden.

Tipp fürs Bildungskino: Auch wenn er schon knapp neunzig Jahre alt ist, bringt die Fabrikszene in Charlie Chaplins Film »Modern Times« die übergriffigen Zustände nach wie vor prägnant auf den Punkt.

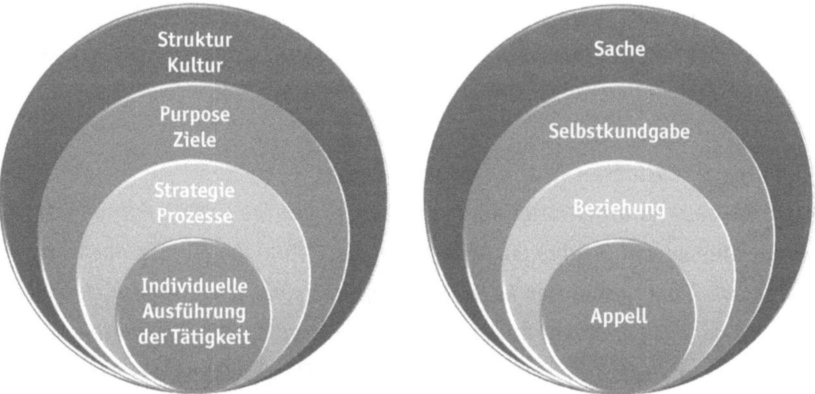

Abbildung 8: Fachliche und psycholoziale Distanzzonen

Die plakative Szene in »Modern Times« soll nicht darüber hinwegtäuschen, dass Übergriffe auch in Bereichen geschehen, die weniger stark getaktet und strukturiert sind als die Fließbandarbeit, beispielsweise bei der Verrichtung von Büroarbeiten, Sach-, Verwaltungs- aber auch Kreativarbeiten. Wenn Vorgesetzte auf der Ausführungsebene in die Arbeit der Mitarbeiter eingreifen, steigen mit dem Micromanagement die Fremdsteuerung und Übergriffigkeit, während Arbeitszufriedenheit und Produktivität sinken. Führungskräfte, die hierzu neigen, verlieren nicht nur wertvolle Zeit und Energie, um ihren eigenen Aufgaben nachzukommen, sondern frustrieren zudem ihre Mitarbeiter, die sich gegängelt vorkommen, weil man ihren Entscheidungs- und Handlungsspielraum zu sehr einengt und ihnen anscheinend nichts zutraut.

Je nach Tätigkeit und individueller Konstellation kann es natürlich durchaus sein, dass der Vorgesetzte die höhere Kompetenz in einem Aufgabengebiet hat. Wenn er einem neuen Mitarbeiter dann unter die Arme greift oder ihm hilft, seinen Bezugsrahmen zu erweitern, ist das sicherlich nicht übergriffig. Auch hier gilt es, ein gewisses Fingerspitzengefühl und Augenmaß zu halten und die beschriebenen Prinzipien nicht zu dogmatisieren.

Micro Habit: Loslassen statt mikromanagen

Bevor Sie neue Mitarbeiter selbst einarbeiten, fragen Sie sich als Führungskraft, ob stattdessen ein erfahrener Mitarbeiter diese Aufgabe für Sie übernehmen und selbst dabei noch reifen kann. Führungskräfte der oberen Hierarchieebene sollten sich umso mehr mit Anweisungen und Ratschlägen zurückhalten, je länger ihre eigene Erfahrung im Umgang mit dem Tätigkeitsfeld des Mitarbeiters zurückliegt. In den letzten zwanzig Jahren haben sich insbesondere durch die Digitalisierung viele Arbeitsgebiete radikal verändert. Generell gilt: Führungskräfte sollten ihre Mitarbeiter in die Selbstständigkeit und Eigenverantwortlichkeit führen, anstatt sie mit überflüssigen Anweisungen und Vorschriften für die Art der Ausführung von Arbeiten zu ersticken.

Wer der Meinung ist, er ermächtige seine Mitarbeiter bereits, kann mit einem Blick in den Spiegel Klarheit gewinnen. Prof. Dr. Carsten C. Schermuly und sein Team haben 2022 ein wissenschaftlich fundiertes Instrument zur übersichtlichen Erhebung einer Empowerment-Kultur erstellt. Mit diesem kann ohne hohen Aufwand herausgefunden werden, wie es um den Respekt vor der fachlichen Autonomie der Mitarbeiter bestellt ist. Anhand der Fragen zu den sechzehn Items kann auch abgeleitet werden, in welchen Bereichen noch Entwicklungspotenzial besteht.

7.2.4 Psychosoziales Territorium

Neben dem räumlichen, zeitlichen und fachlichen Territorium prägt die Kommunikation im psychosozialen Raum das Miteinander. Das zeigt sich beispielsweise bei Fragen: Diese kosten ja bekanntlich nichts, können aber dennoch übergriffig sein, wenn sie Themen erfragen, die den Fragesteller einfach nichts angehen. Um die verschiedenen Bereiche des psychosozialen Territoriums voneinander abzugrenzen, bietet sich das Nachrichtenquadrat von Schulz von Thun an. Dessen vier Seiten charakterisieren vier verschiedene Botschaften, die jede kommunizierte Nachricht mit sich bringt: die Sachebene, die Ebene der Selbstkundgabe, die Beziehungsebene und die Appellebene.

In der Kommunikation gilt: Der Empfänger macht die Botschaft. Wie erfolgreich die Kommunikation war, bemisst sich an der Wirkung beim Empfänger, nicht an der Absicht des Senders.

Für die Wirkung der Führungskommunikation sind die verschiedenen Ohren der Mitarbeiter maßgeblich. Diese entscheiden darüber, wie die verschiedenen mitschwingenden Botschaften einer Aussage der Führungskraft empfangen werden (Abbildung 8 auf Seite 145).

- Der öffentlichen Distanzzone entsprechen neutrale Aussagen auf der Sachebene.
- Sozialer, aber noch nicht persönlich wird es, wenn unser Gesprächspartner eine Selbstkundgabe zum Besten gibt. Es herrscht schließlich Meinungsfreiheit, und da kann er gerne sagen, was er will, solange es nicht unsere eigene Freiheit einschränkt.
- Persönlich wird es mit Aussagen auf der Beziehungsebene. Damit vermitteln Gesprächspartner einander, wie sie zueinander stehen und was sie vom anderen halten. Wie in den anderen Bereichen lauert an dieser Grenze der erste große Stolperstein, denn Beziehungsaussagen, die in Form von Du- oder Sie-Botschaften gesendet werden, zielen direkt auf das Selbstkonzept des Gesprächspartners.

Dieses Selbstkonzept bildet sich aus den gesammelten Du-Botschaften, die wir im Laufe unserer Sozialisierung zu hören bekommen. Es beschreibt unsere persönliche Annahme darüber, was wir für eine(r) sind. Da es sich im Laufe des Lebens nach und nach festigt, wird es zum Teil unserer Identität. Von daher empfinden wir es schnell als übergriffig, wenn andere beginnen, mit einer Du-Botschaft darin herumzustochern, vor allem mit Aussagen, die von dem abweichen, was wir sonst von uns denken. Du-Botschaften werden häufig als aufdringlich empfunden und führen, besonders wenn sie negativ konnotiert sind, fast zwangsläufig zu Störungen auf der Beziehungsebene.

Noch intimer wird es, wenn Appelle an andere gerichtet werden und die Tür zur Fremdsteuerung geöffnet wird. Appelle und andere Versuche der Fremdsteuerung führen zu Reaktanz und Abwehrreaktionen; sie bringen den Empfänger um die Befriedigung seines Urhebererlebnisses. Was folgt, wird von der Psychologie als negativer Appelldruck bezeichnet: Solange wir etwas freiwillig machen, macht es uns Spaß. Sollen oder müssen wir es aber tun, wollen wir plötzlich nicht mehr.

Da Mitarbeiter eingestellt werden, um gewisse Aufgaben zu verrichten und Handlungen auszuführen und da Vorgesetzte weisungsbefugt sind, zeigt sich hier das Prekäre an der Situation. Wenn es einmal nicht läuft, sollte auf der Sachebene eigentlich alles klar sein, dennoch können die psychologischen Aspekte nicht ausgeblendet werden. Das Problem entsteht, wenn die Führungskraft von der Sachebene direkt auf die Appellebene wechselt und die anderen beiden Ebenen überspringt. Angesichts stressiger Umstände kann das schnell passieren. Ärgerlich, wenn genau dann durch Kommunikationsprobleme zusätzlich Sand ins Getriebe gelangt.

Auf welchem Ohr bin ich schwerhörig, auf welchem höre ich besonders gut?

Auch wenn in unserer Kommunikation stets alle vier Seiten betroffen sind, gewichten wir diese individuell unterschiedlich. Im Kern geht es dem Sender um eine Botschaft, die bevorzugt übermittelt werden soll. Auch auf der Empfängerseite gibt es unterschiedliche Präferenzen. Im Extremfall hört der andere nur auf dem Sachohr und ist taub für die Zwischentöne der mitschwingenden Botschaften. Der nächste legt den Gesprächspartner auf die metaphorische Couch und hört aus jeder Aussage seines Gegenübers eine Selbstkundgabe heraus. Ein weiterer hört überwiegend eine Beziehungsbotschaft heraus, der letzte schließlich einen Appell, durch den er sich zum Handeln aufgefordert fühlt.

Tipp: Führen Sie einen Test durch, um festzustellen, welche Ohren bei Ihnen dominanter ausgeprägt sind. Der QR-Code führt zu einem kostenlosen Online-Test der Plakos-Akademie.

Wenn Sie Ihre eigene Veranlagung kennen, können Sie im nächsten Schritt Ihr Kommunikationsrepertoire erweitern und bewusst darauf achten, was Ihre Mitmenschen Ihnen womöglich noch vermitteln wollen, Sie aber bisher überhört haben. Eine stärkere Veranlagung für ein spezifisches Ohr geht in der Regel einher mit der unbewussten Erwartung, dass auch unsere Mitmenschen auf diesem Ohr ebenso feinhörig sind wie wir, was rasch zu Enttäuschungen führen kann. Bei der Interpretation des Tests sind daher besonders die Extreme interessant.

Micro Habit: Sensibilisieren Sie sich für die eigenen tauben Flecken
Achten Sie in Gesprächen darauf, die schwächeren Ohren, die bei Ihnen weniger stark ausgeprägt sind, bewusst zu berücksichtigen. Das kann in Form eines kleinen Quadrates geschehen, dass Sie zur Erinnerung auf eine Haftnotiz zeichnen und an den Rand des Monitors heften. Alternativ können Sie das Post-it auch im Video-Call auf dem Monitor über das eigene Bild heften. Dadurch beugen Sie nicht nur der Marotte vor, sich im Video-Call ständig selbst zu betrachten, sondern werden auch daran erinnert, bei Ihren Gesprächspartnern auf die Botschaften der verschiedenen Kanäle zu achten.

Von welchen Ohrlingen bin ich umgeben?

Missverständnisse entstehen immer dann, wenn eine Nachricht, die wir mit dem Schwerpunkt auf einem der vier »Schnäbel« senden, vom Empfänger auf einem anderen Ohr aufgenommen wird, als wir beabsichtigt haben. Beispielsweise könnte eine Führungskraft einen Appell setzen mit einer Aussage wie: »Die Frist ist recht eng, da müssen wir uns fokussieren und tüchtig Gas geben!« Trifft diese Nachricht jedoch nicht auf das Appell-Ohr des Mitarbeiters, sondern beispielsweise auf dessen übergroßes Selbstkundgabe-Ohr, könnte seine Antwort lauten: »Ich verstehe: Sie machen sich Sorgen, ob wir das rechtzeitig schaffen!« Da hat er natürlich nicht unrecht, aber darum ging es nicht.

Wer die speziellen Ausprägungen der Mitarbeiter kennt, kann Missverständnissen vorbeugen. Achten Sie darauf, wie Ihre Mitarbeiter auf unterschiedliche Aussagen reagieren. Oder stellen Sie alternativ das Konzept im Meeting kurz vor und bieten Sie den Mitarbeitern an, den oben aufgeführten Online-Test durchzuführen und sich anschließend über die Ergebnisse auszutauschen. Wer den Vier-Ohren-Test lieber analog durchführen möchte, findet hierzu eine Kopiervorlage im digitalen Wertschätzungspaket zum Buch. Wenn Sie, wie im vierten Kapitel beschrieben, eine Wertschätzungsdatei für Ihre Mitarbeiter angelegt haben, bietet es sich an, die dominanten und schwerhörigen Ohren der einzelnen Mitarbeiter auf deren Folien einzutragen, um sich deren Ausprägung regelmäßig ins Gedächtnis rufen zu können.

7.3 Sach- und Beziehungsebene wertschätzend trennen

Ist die Beziehung gestört, wird die Sache zum Problem. Wie wir zueinander stehen, gibt den Nachrichten unserer Gesprächspartner ihre Färbung. Dabei gilt: Wenn die Beziehung intakt ist, können wir auch heikle Inhalte ansprechen, ohne dass Missverständnisse entstehen. Dennoch sollte die Beziehungsebene bewusst sauber gehalten werden, damit der Tenor von negativen Inhalten oder kritischem Feedback nicht auf sie überspringt. Zwei Techniken aus dem Bereich der nonverbalen Kommunikation ermöglichen es, bei kritischen Gesprächen Sache und Beziehung bewusst zu trennen: die Dreipunktkommunikation und der Einsatz des passenden Stimmmusters.

Die Dreipunktkommunikation

Wo waren Sie am 11. September 2001, als Sie das erste Mal von den Anschlägen auf das World Trade Center hörten? Und wo waren Sie am 11. September im vorigen Jahr? Während uns die Antwort auf die erste Frage leichtfällt, müssen wir bei der zweiten Frage oft passen. Denn wir merken uns eine Sache immer dann besonders gut, wenn sie mit einem hohen Grad an emotionaler Erregung verbunden ist. Wenn im Alltagsleben etwas Unangenehmes geschieht, ist es für die Beziehung zu unseren Mitmenschen besonders wichtig, wie wir in diesen Situationen kommunizieren. Dabei kommt dem Blickkontakt eine besondere Bedeutung zu, denn neben dem Körperkontakt schafft er im Kontakt zu unseren Mitmenschen die stärkste Verbindung. Wenn wir einander in die Augen schauen, entsteht bereits nach wenigen Sekunden eine messbare physiologische Erregung im Körper, die beispielsweise den Puls oder die elektrische Leitfähigkeit unserer Haut verändert.

Das Problem dabei: Da die Verbindung so stark ist, wenn wir uns in die Augen schauen, wird auch die Beziehung am stärksten beschädigt, wenn wir das tun, während wir negative Inhalte kommunizieren. Michael Grinder, einer der weltweit führenden Körpersprache-Experten, hat daher die klassische Zweipunktkommunikation, mit der wir üblicherweise mit anderen kommunizieren, zur Dreipunktkommunikation erweitert. Diese ermöglicht es, auf der Sachebene heikle Punkte zu klären oder Kritik zu üben und gleichzeitig die Beziehungsebene sauber zu halten.

Während bei der Zweipunktkommunikation der Austausch direkt zwischen Person A und Person B stattfindet, wird bei der Dreipunktkommunikation ein dritter Punkt C eingebracht, auf dem Kritik und negative Inhalte platziert werden. So können diese gemeinsam thematisiert und behandelt werden, ohne sich dabei persönlich auf den Mitarbeiter zu beziehen. Stattdessen wird der neutrale dritte Punkt adressiert, der zwar mit dem Verhalten des Mitarbeiters, aber eben nicht mit seiner Person verbunden ist.

Wird das bemängelte Verhalten kritisiert, während man sich auf den Sündenbock-Punkt bezieht, können dazwischen, mit Bezug zum Mitarbeiter, Verständnis und andere beziehungsstärkende Inhalte auf der zwischenmenschlichen Ebene vermittelt werden. Mit Bezug zum dritten Punkt wird dann wieder klar und deutlich in der Sache vermittelt, dass ein bestimmtes Verhalten den Vereinbarungen widerspricht und sich zukünftig ändern muss.

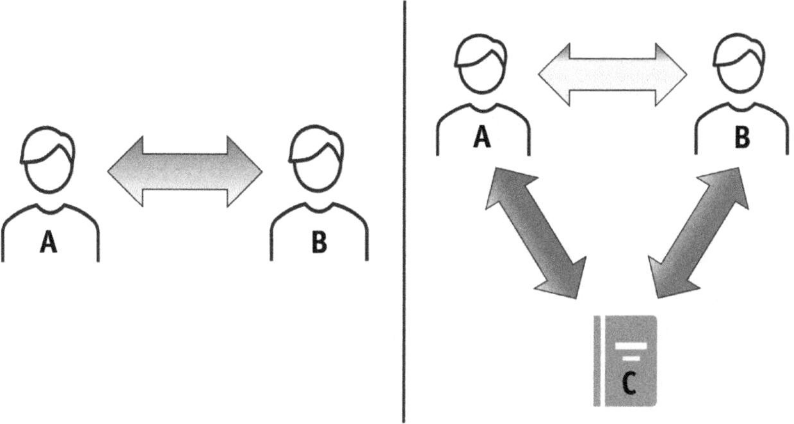

Abbildung 9: Zweipunkt- und Dreipunktkommunikation

Der Effekt ist verblüffend: Statt die Beziehung zu belasten, hat es eine verbindende Wirkung, wenn Führungskraft und Mitarbeiter ihre Aufmerksamkeit gemeinsam auf einen dritten Punkt richten. Die Psychologie bezeichnet das als Joint- oder Shared-Attention, wobei es keine Rolle spielt, dass auf dem dritten Punkt das bemängelte Verhalten des Mitarbeiters platziert ist. Auf der zwischenmenschlichen Ebene wird die Botschaft vermittelt: »Du bist als Mensch voll akzeptiert, aber für dein Verhalten auch voll verantwortlich« – hart in der Sache, weich zum Menschen, so gelingt der geforderte Spagat zwischen dem ökonomischen und dem humanistischen Verständnis von Wertschätzung. Der Mitarbeiter spürt, dass ein herzliches und freundliches Miteinander ihn als Menschen wertschätzt. Gleichzeitig versteht er aber auch, dass ihn das nicht davon entbindet, sich mit seinem Verhalten an die Vereinbarungen und Spielregeln zu halten.

Unerwünschtes Verhalten kann also kritisiert werden, indem man einen Platzhalter einsetzt, auf dem die negativen Inhalte positioniert werden. Das kann beispielsweise das Protokoll des letzten Meetings sein, in dem Verantwortlichkeiten klar vereinbart wurden, eine Stellenbeschreibung, aber auch die ausgedruckte Mail eines Kunden, Kollegen oder einer anderen Führungskraft, zur Not aber auch einfach ein Post-it, auf dem der kritische Punkt zuvor notiert wurde. Der Tenor bleibt stets: »Lieber Mitarbeiter, lass uns zusammen klären, wie wir mit der Sache umgehen und die Kuh vom Eis bekommen.«

Glaubhaftes und zugängliches Stimmmuster

Im richtigen Tonfall kann man fast alles sagen, im falschen dagegen so gut wie nichts. Der Ton macht bekanntlich die Musik und entscheidet darüber, wie das Gesagte beim Gegenüber ankommt. Während mit der Dreipunktkommunikation auf der nonverbalen Ebene die Sache von der Beziehung getrennt wird, ermöglichen zwei verschiedene Stimmmuster auch eine paraverbale Trennung der beiden Ebenen.

Das glaubhafte Stimmmuster adressiert die Sachebene. Es wird genutzt, um unmissverständlich und bestimmt Informationen zu senden. Es zeichnet sich durch einen monotonen Tonfall aus und endet mit einem klaren Punkt. Dabei senkt sich die Stimme, und es folgt eine deutliche Pause, die der Aussage Gewicht verleiht und die Botschaft untermauert.

Das zugängliche Stimmmuster pflegt dagegen die Beziehungsebene und wird genutzt, um Informationen, Zustimmung und Akzeptanz vom Gesprächspartner zu erhalten. Es zeichnet sich durch einen melodischen, kooperativen und versöhnlichen Tonfall aus. Am Ende der Aussage hebt sich die Stimme und öffnet damit fragend den Raum.

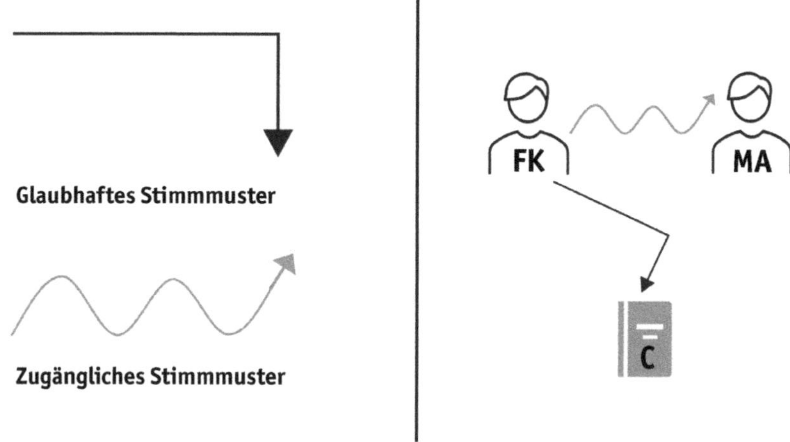

Abbildung 10: Glaubhaftes und zugängliches Stimmmuster und Einsatz der Dreipunktkommunikation

Die unterschiedlichen Stimmmuster eignen sich hervorragend, um sie mit der Dreipunktkommunikation zu kombinieren.

Aussagen der Führungskraft (FK), die sich auf den Platzhalter für die kritischen Inhalte und negativen Punkte beziehen, werden im glaubhaften Tonfall betont; Aussagen dagegen, die sich mit Blickkontakt an den Mitarbeiter (MA) richten, im zugänglichen Tonfall. Die Führungskraft kommuniziert hart und glaubhaft in der Sache, aber weich und zugänglich zum Menschen. Dadurch sieht, hört und spürt der Mitarbeiter: »Ich bin für mein Verhalten voll verantwortlich, aber als Mensch voll akzeptiert.«

Da die Kombination und Wechsel bei den beiden Techniken recht dynamisch sind, finden Sie im Digitalpaket ein Video, das die Anwendung stärker verdeutlicht.

7.4 Fazit

Wertschätzende Kommunikation trennt in kritischen Situationen zwischen Verhalten und Person. Sie bleibt in der Sache hart, aber zum Menschen weich. Die persönliche Zone des Mitarbeiters wird in den räumlichen, zeitlichen, fachlichen und psychosozialen Territorien respektiert. Die Intimzone ist dabei ein klares Tabu. Die Führungskraft sollte die verschiedenen nonverbalen Signale erkennen, mit denen gestresste Mitarbeiter auf Übergriffe reagieren.

- Achten Sie auf Ihre eigenen Distanzzonen und diejenigen Ihrer Kollegen und Mitarbeiter und respektieren Sie diese, zum Beispiel indem Sie kommunikative Interaktionen, auch Meetings, zeitlich klar begrenzen und indem Sie Mitarbeitern die Art und Weise, wie sie ihre Aufgaben erfüllen wollen, selbst überlassen.
- Wenn Sie selbst das Opfer eines Übergriffes werden, ermöglichen die Ich-Botschaft oder die gewaltfreie Kommunikation, wertschätzend zu deeskalieren.
- Stellen Sie fest, ob Sie die Neigung haben, Botschaften eher auf dem Sach-, dem Beziehungs-, dem Selbstkundgabe- oder dem Appellohr zu hören. Welches Ohr ist bei Ihnen am schwächsten ausgeprägt?
- Ermitteln Sie auch bei Ihren Mitarbeitern die jeweils stärker und schwächer ausgeprägten Ohren.
- Setzen Sie insbesondere bei schwierigen Gesprächsthemen, in denen es um Kritik am Verhalten eines Mitarbeiters geht, die Dreipunktkommunikation ein: Nehmen Sie einen dritten gemeinsamen Bezugspunkt als Platzhalter zur Positionierung negativer Inhalte, um die Beziehung nicht zu verletzen. Unterlegen Sie dies auch mit einem entsprechenden Stimmmuster: Geht es um die Sache, ist der Tonfall bestimmt; geht es um die Beziehung, ist der Tonfall melodisch-weich, wobei sich am Ende die Stimme hebt.

8.

Nichts gesagt, aber trotzdem geredet!

Das, was du tust, schreit so laut, dass ich nicht hören kann, was du sagst.

Ralph Waldo Emerson (1803–1882), US-amerikanischer Philosoph

Im schlimmsten Bewerbungsgespräch meines Lebens zeigte mein potenzieller zukünftiger Vorgesetzter, vom ausgestreckten Mittelfinger abgesehen, so ziemlich jedes Signal aus dem Werkzeugkasten der gering schätzenden Kommunikation, das man sich vorstellen kann. Er lehnte sich demonstrativ zurück und verschränkte machtgebieterisch die Hände hinter dem Kopf, während er seine Weisheiten und Spitzen sacken lies. Er wurde wütend, wenn ihm eine Antwort nicht passte, taxierte mich arrogant grinsend über die gehobene Nase, während die zur Merkel-Raute gespreizten Finger wie Pfeilspitzen in meine Richtung zeigten. Er kommentierte nonverbal mit verächtlich zuckenden Mundwinkeln und verdrehten Augen meine Antworten. Noch bevor ich diese zu Ende geführt hatte, fiel er mir ins Wort, schrie mich an und wies mich mit gespitzten und in meine Richtung stechenden Zeigefingern oberlehrerhaft zurecht.

Hier prallten Welten aufeinander: meine, von der Zukunft der Arbeit geprägte, und seine als überholtes Relikt der alten »Ich Chef, du nix«-Zeit. Als ich schließlich fragte, warum ich angesichts meines von der Stelle total abweichenden Anforderungsprofils überhaupt eingeladen worden war, entgegnete er: »Wissen Sie, manchmal frisst der Teufel halt Fliegen!«

Damit war zumindest sein Verständnis von Führung und Rollenverteilung klar definiert und auch offen kommuniziert, welches Bild er von seinem Verantwortungsbereich hatte. Es geht doch nichts über Ehrlichkeit. Ich wäre also selbst schuld gewesen, wenn ich mich zur Fliege (oder zum Fliegendreck) hätte machen lassen. Das tat ich natürlich nicht – wer will schon freiwillig in der Hölle arbeiten? Vielleicht fragen Sie sich gerade, ob die Story aus dem Haifisch-Kapitalismus der Neunzigerjahre stammt. Nein, 2016 ist noch nicht so lange her.

Neben den verbalen Attacken des Vorgesetzten fuhr vor allem die Kommunikation auf der nonverbalen Ebene das Gespräch gegen die Wand. Sie ist es, die das Verhältnis zwischen Führungskraft und Mitarbeiter prägt und damit eine tragende Rolle für die Zufriedenheit der Mitarbeiter, ihre Loyalität zum Unternehmen, für Motivation, Fluktuation, Fehlzeiten und die Innovationskraft spielt.

8.1 Führung braucht Körpersprache

Lassen Sie es uns direkt formulieren: Gelingende Führung braucht Körpersprache, und zwar aus vier Gründen:

1. Körpersprache entscheidet über die Qualität der Beziehungen, die wir zu anderen aufbauen.
2. Führung besteht überwiegend aus Kommunikation, und diese geschieht zum größten Teil nonverbal.
3. Körpersprache adressiert direkt das Entscheidungszentrum im Gehirn unserer Gesprächspartner.
4. Körpersprache drückt unsere Persönlichkeit aus und entwickelt sie weiter.

In seinen fünf Axiomen unterschied der Altmeister der Kommunikationspsychologie Paul Watzlawick zwischen der Sach- und der Beziehungsebene. Während wir erstere mit den digitalen Modalitäten unserer Worte gestalten, pflegen wir die Beziehungsebene mit den analogen Modalitäten der nonverbalen Kommunikation. Um eine gute Beziehung zu Mitarbeitern und Schlüsselkunden aufzubauen, führt also an der Körpersprache kein Weg vorbei.

Wenn ich Führungskräfte bei Vorträgen und Seminaren frage, was sie den ganzen Tag machen, kommen sie in der Regel darin überein, dass ihre Arbeit zu rund 80 Prozent aus Kommunikation besteht. Kommunikation wiederum findet zu rund 80 Prozent im nonverbalen Bereich statt. 8 mal 8 ist 64: Die Ebene der nonverbalen Kommunikation prägt also knapp zwei Drittel der täglichen Führungsarbeit!

Das Verhalten der Führungskraft und die vielen kleinen Signale, die sie täglich sendet, prägen die Kultur des Unternehmens, ganz gleich ob sie ein schlechtes oder ein gutes Vorbild abgibt. Je höher ihr Platz in der Hierarchie ist, desto genauer werden die Handlungen einer Führungskraft beachtet und beeinflussen die Organisation.

Ob ein wichtiger Kunde sich für eine Kooperation entscheidet oder die Mitarbeiter die von der Führung getroffenen Änderungen konsequent umsetzen: Entscheidungen prägen das Geschäftsleben. Das Problem dabei: Wir treffen sie zu über 95 Prozent unbewusst und emotional – und zwar im limbischen System, und damit genau in jener Region des Gehirns, der auch unsere Körpersprache entspringt. Die nonverbale Kommunikation adressiert also direkt die Entscheidungsareale unserer Gesprächspartner. Gekonnte Gestik beispielsweise verzwölffacht die Wirkung unserer Worte.

Worin sich gute Führungskräfte von schlechten unterscheiden, darin sind sich die Experten einig: Vorbildliche Leader zeichnen sich durch ihre besondere Persönlichkeit aus! Wie der renommierte Hirnforscher Gerhard Roth (vgl. 2015) belegt, ist auch die Persönlichkeit tief in jenen unbewussten Arealen unseres Gehirns verankert, denen unsere nonverbale Kommunikation entspringt. Da die Wirkung wechselseitig ist, entwickeln Führungskräfte, die ihre nonverbale Kompetenz ausbauen, gleichzeitig auch ihre Persönlichkeit und Führungsstärke.

Ob wir wollen oder nicht, unser Körper spricht, und was er sagt, wirkt. Wer seine nonverbale Kompetenz entwickeln möchte, um wertschätzender zu kommunizieren, sollte zwei Dinge im Auge behalten:

1. die Signale, die er von anderen empfängt, und
2. jene, die er selbst sendet.

Führungskräfte, die empathischer auf ihre Mitarbeiter eingehen wollen, bekommen über deren Körpersprache Einblicke in jene Inhalte, die sie sich verbal nicht zu sagen trauen.

Die körpersprachlichen Signale qualifizieren die Aussage unserer Worte und geben ihnen ihre feinere Bedeutung. Da die Führungskraft eine wichtige Bezugsperson ist, entwickeln Mitarbeiter sensible Antennen für die vielen kleinen nonverbalen Signale, die diese jeden Tag sendet.

Wenn im stressigen Berufsalltag die Zeit drängt, kann es durchaus zu Missverständnissen und Fehlinterpretationen kommen. Spannungen und entstehende Beziehungsstörungen zeigen sich zunächst auf der nonverbalen Ebene, weshalb sie den effizientesten Hebel bietet, um erfolgreicher zu kommunizieren und zu führen. Untersuchen wir zunächst jene Signale, die Führungskräfte nicht übersehen sollten, bevor wir uns jenen zuwenden, die sie selbst ausstrahlen.

8.2 Leitplanken erkennen

Neben den in diesem Kapitel beschriebenen Stresssignalen, die wir senden, wenn uns jemand zu nahe tritt, gibt es drei Signalgruppen, die Führungskräfte erkennen sollten, um wertschätzender zu kommunizieren:

- Ungeduld-Signale,
- Intentionshandlungen und
- subtile Signale, mit denen ihre Mitarbeiter nonverbal ausdrücken, dass sie sich gerade nicht wertgeschätzt fühlen.

8.2.1 Ungeduld-Signale

Stellen Sie sich vor, Sie hätten für eine Stunde eine Audienz beim Papst. Was würden Sie tun, wenn Sie nach der Hälfte der Zeit plötzlich feststellten, dass Sie eigentlich keine Lust mehr auf das Gespräch haben: aufstehen und das Gespräch beenden? Wohl eher nicht! Und zwar darum nicht, weil der hohe Unterschied in der Rollen-Status-Konstellation zwischen Ihnen und dem Papst mit ungeschriebenen Regeln einhergeht, die Ihr Verhalten lenken. Eine dieser Regeln besagt, dass der Hochstatus – in unserem Fall der Papst, in anderen Fällen ein Präsident, Vorstand oder CEO – entscheiden kann, wie lange das Gespräch dauern soll. Ergreift jemand mit Tiefstatus plötzlich die Initiative, so übertritt er seine Kompetenzen, was ihn später einmal einholen kann.

Natürlich stimmen sich die Gesprächspartner während des Gesprächs durch subtile nonverbale Signale aufeinander ab, aber prinzipiell wäre es ein Affront, das Gespräch aus eigener Initiative zu beenden. Und so hat es jeder schon einmal erlebt: Ein Vielredner »redet uns die Ohren blutig«, während wir händeringend, auf die Uhr schielend, fingertrommelnd oder füßewippend nach einer Möglichkeit suchen, um uns sozialverträglich empfehlen zu können. Als ob die Situation nicht schon unangenehm genug wäre, wird sie erst richtig anstrengend, wenn wir es mit einem Vorgesetzten zu tun haben und dieser unsere subtilen Signale absichtlich oder unabsichtlich übersieht!

Mirco-Habit: Ungeduld-Signale erkennen und berücksichtigen

Achten Sie auf die verschiedenen Ungeduld-Signale, die Ihnen Ihre Mitarbeiter mehr oder weniger deutlich zeigen, sobald ihnen das Gespräch zu lange dauert.

Die Top 5 der Ungeduld-Signale:

1. *Nachlassende Signale des aktiven Zuhörens, die sonst das Gespräch verstärken würden, wie Nicken, Lächeln, zustimmende Laute und Heben der Augenbrauen.*

2. *Tieferes Durchatmen, Verschränken der Arme und Rückzug, beispielsweise durch Zurücklehnen oder Zurückgehen um einen halben Schritt nach hinten.*
3. *Schweifenlassen des Blicks, bevorzugt in Richtung Fenster oder Ausgang.*
4. *Längeres, langsameres Nicken und gleichzeitiges Schließen der Augen, wobei sie einen Tick länger als üblich geschlossen bleiben und damit den Wunsch nach einem Gesprächsende signalisieren.*
5. *Andeutungsweiser, verstohlener oder ganz offener Blick in Richtung Handgelenk beziehungsweise Uhr.*

Die Signale schleichen sich in der Regel nach und nach ein und sind dem Mitarbeiter teilweise selbst noch nicht bewusst, wenn sie sich das erste Mal zeigen. Führungskräfte, die sie aufmerksam registrieren und beherzigen, haben eine einfache und effektive Möglichkeit, auf die Bedürfnisse ihrer Mitarbeiter Rücksicht zu nehmen. Je nach Höhe des Unterschieds in der Hierarchie kann es geschehen, dass die Mitarbeiter, bewusst oder unbewusst, auftretende Signale unterdrücken, sodass Führungskräfte ihre Antennen etwas feiner ausrichten müssen. Achten Sie dann beispielsweise auf einen höheren Spannungsgrad, einen flacheren Atem und darauf, ob die Bewegungen sparsamer werden.

8.2.2 Intentionsbewegungen

In der Kommunikation beginnt die Wahrheit zu zweit. Während wir mit anderen kommunizieren, aktualisieren wir gleichzeitig unser Bild der Welt. Das geschieht ständig, unbewusst und nebenher. Es fällt uns erst dann auf, wenn wir neue Informationen und Zusammenhänge erfahren, die sich uns nicht direkt erschließen oder in Widerspruch zu unseren bisherigen Annahmen stehen. In solchen Situationen entsteht das Bedürfnis nach Klärung, das sich körpersprachlich durch sogenannte Intentionsbewegungen ausdrückt.

Micro Habit: Intentionsbewegungen würdigen

Achten Sie auf Intentionsbewegungen, die die Absicht und den Wunsch anzeigen, mehr zu erfahren oder sich tiefer ins Gespräch einzubringen.

Die Top 5 der Intentionsbewegungen:

1. *Änderung des Blickkontaktes und des Blickverhaltens: Der Blick wird unbestimmt oder richtet sich auf einen unspezifischen Punkt in der Ferne und bleibt dort, während die neuen Informationen mit den alten Annahmen abgeglichen werden oder in sich hineingespürt wird. Anschließend wird, mit leicht gehobenem Kopf, Blickkontakt mit dem Gesprächspartner aufgenommen, um den Wunsch nach einem Redebeitrag zu signalisieren.*
2. *Tieferes, abruptes Einatmen, das einen Rhythmuswechsel signalisiert.*
3. *Atypische Gestik-Bewegungen, wie beispielsweise ein leichtes Heben des Zeigefingers, um auf einen kritischen Punkt hinzuweisen, während sich der Unterarm jedoch noch nicht bewegt hat.*
4. *Subtiles Öffnen des Mundes, um sich darauf vorzubereiten, eine Frage zu stellen oder einen Einwand zu äußern.*
5. *Abruptes Nach-vorne-Bringen oder Aufrichten des Oberkörpers, nachdem dieser zuvor entspannt zurückgelehnt war.*

Die Schwierigkeit liegt in der Regel nicht darin, Intentionsbewegungen zu erkennen; dafür reicht meist die normale auf den Gesprächspartner gerichtete Wahrnehmung und die Kenntnis der oben beschriebenen Signale aus. Die Herausforderung liegt vielmehr darin, Intentionsbewegungen tatsächlich zu würdigen und konsequent das Wort an den Gesprächspartner abzugeben.

Der wertschätzende Aspekt in der Würdigung solcher Bewegungen liegt darin, sich nicht anzumaßen, besser zu wissen, was gut für den Gesprächspartner ist, als dieser selbst. Wie oft präsentieren wir einen Gedanken und sehen, wie sich beim Gesprächspartner Zweifel, Einwände oder Fragen entwickeln.

Doch statt an dieser Stelle das Wort abzugeben, beschleunigen wir unseren Rhythmus und reden einfach weiter. Der Gedanke dahinter: »Dein Einwand wird sich von selbst klären, wenn du mir bis zum Ende zuhörst!« Die Botschaft auf der Beziehungsebene: »Ich weiß besser, was gut für dich ist, als du!« Nun, das darf bezweifelt werden.

Führungskräfte, die die Intentionsbewegungen ihrer Mitarbeiter würdigen und die aufsteigenden Impulse nutzen, um andere Ansichten ins Gespräch zu integrieren, erleben regelmäßig, wie die Gespräche dadurch mehr Tiefe erhalten, eine gemeinschaftlichere Atmosphäre entsteht und der Kontakt auf Augenhöhe kommt.

8.2.3 Wir trauen es uns zwar nicht zu sagen, Chef, aber uns fehlt Wertschätzung!

Führungskräfte fallen regelmäßig aus allen Wolken, wenn eine Umfrage ihnen den Spiegel vorhält oder sich ihre Mitarbeiter einmal ein Herz nehmen und ihnen reinen Wein einschenken. Doch soweit muss es gar nicht kommen, denn die Mitarbeiter vermitteln bereits nonverbal, dass sie sich nicht wohl und nicht wertgeschätzt fühlen. Auch wenn es für einzelne Punkte einmal andere Ursachen geben kann, sollten die Alarmglocken zu klingeln beginnen, wenn mehrere der unten aufgeführten Signale zusammenkommen. Je mehr es sind, desto geringer die Wahrscheinlichkeit, dass es andere Ursachen gibt als ein empfundenes Wertschätzungsdefizit.

Micro Habit: Wertschätzungsmangel erkennen

Achten Sie auf folgende Signale einer empfundenen mangelnden Wertschätzung.

Die Top 5 der Signale bei Wertschätzungsdefiziten:

1. *Die Mitarbeiter nuscheln die morgendliche Begrüßung nur leise und legen keinen großen Wert darauf, sich zum Feierabend explizit bei der Führungskraft zu verabschieden.*
2. *Die Mitarbeiter haben Probleme, einen freundlichen tieferen Blickkontakt aufzunehmen, wenn man ihnen im Betrieb begegnet.*
3. *Die Mitarbeiter vermeiden den Kontakt oder halten ihn kurz, antworten einsilbig und machen von sich aus keine Anstalten, das Gespräch zu vertiefen.*
4. *Es bilden sich Lästergrüppchen, die peinlich schweigen, wenn man zu ihnen stößt.*
5. *Kein Lachen, keine gemeinsamen Witze oder entspannter Austausch.*

Wechseln wir die Seiten und untersuchen wir, was die Führungskraft ihrerseits tun kann, um die Beziehung zu ihren Mitarbeitern zu verbessern.

8.3 Die eigene Körpersprache wertschätzender gestalten

Es ist immer wieder beeindruckend, wie schnell nonverbale Kommunikation wirkt. In einem umfangreichen Versuch ließ der Harvard-Psychologe Robert Rosenthal seine Probanden Hunderte von Filmsequenzen in Bezug auf die emotionale Verfassung der gezeigten Akteure beurteilen. Um zu untersuchen, bei welcher Wahrnehmungsdauer Fehleinschätzungen auftraten, verkürzte Rosenthal die Sequenzen, die er den Probanden zeigte, immer weiter – und erlebte dabei eine Überraschung. Denn sogar, als die Bilder schließlich nur noch für eine Vierundzwanzigstel-Sekunde eingeblendet wurden und damit die Grenze der Wahrnehmungsschwelle erreichten, war die Einschätzung dennoch in mehr als zwei Drittel aller Fälle korrekt.

Wir bilden uns also im Bruchteil einer Sekunde ein Bild von einer Situation und unseren Mitmenschen. Dabei kommt dem Beginn einer Begegnung eine besondere Bedeutung zu. Werfen wir also einen Blick auf einige Micro Habits, die Sie dabei unterstützen, wertschätzend ins Gespräch zu starten.

8.3.1 Die Macht des ersten Eindrucks nutzen

Für den ersten Eindruck gibt es keine zweite Chance. Schon die ersten Millisekunden des Kontakts stellen die Weichen für das folgende Gespräch und beeinflussen, wie wir die Signale des anderen wahrnehmen, interpretieren und weiterverarbeiten. Grund genug, um rechtzeitig zu handeln!

Reflexion: Wie will ich rüberkommen?

Da der nonverbale Eindruck unsere innere Haltung ausdrückt, kann vor dem Kontakt genau an dieser Stelle angesetzt werden. Wer den eigenen ersten Eindruck verbessern möchte, sollte kurz innehalten, bevor er den Raum betritt, und sich, die Türklinke noch in der Hand, die Frage beantworten: »Wie will ich gleich von meinen Mitarbeitern wahrgenommen werden?« Eine an-

Wir reagieren mit einer außerordentlichen Wachsamkeit auf Gesten; es scheint fast so, als verfügten wir über einen hoch entwickelten Geheimcode, der zwar nirgends geschrieben steht, den aber jeder kennt und versteht.

Edward Sapir (1884–1939), Ethnologe

dere Erinnerungsstütze kann beispielsweise ein kleines Fragezeichen auf der Rückseite der eigenen Bürotür darstellen.

Micro Habit: Das Wertschätzungsmantra

Eine ebenso einfache wie effektive Möglichkeit, um die Einstellung, mit der Sie ins Gespräch gehen, wertschätzender zu gestalten, liegt darin, ein Wertschätzungsmantra zu formulieren. Es gießt Ihre Haltung, mit der Sie Ihren Mitarbeitern begegnen möchten, in einen griffigen Satz.

In Vorträgen und Seminaren erleben meine Teilnehmer jedes Mal ein Aha-Erlebnis, wenn sie unterschiedliche Subtexte im Stillen für sich rezitieren, bevor sie einander begrüßen. Je nachdem, ob es eine positive, kooperative oder eine negative, ablehnende Formulierung ist, die wortlos vor dem geistigen Auge formuliert wird, fällt die Begrüßung spürbar unterschiedlich aus. Anschließend gilt es, einen Anker zu finden, der Sie daran erinnert, den Subtext vor der Begrüßung kurz zu imaginieren. Hier bietet sich eine Wenn-dann-Formulierung an, zum Beispiel: »Bevor ich die Hand ausstrecke, um einen Mitarbeiter zu begrüßen, rezitiere ich im Stillen das Wertschätzungsmantra: Ich freue mich, gemeinsam und auf Augenhöhe mit Ihnen zu arbeiten!«

Wertschätzungsanker

Der russische Nobelpreisträger Iwan P. Pawlow konditionierte seine berühmten Hunde, indem er jedes Mal, wenn er sie fütterte, ein Glöckchen läutete, sodass er schließlich auch ohne Fütterung durch Läuten des Glöckchens die Speichelproduktion der Hunde anregen konnte. Die Konditionierung funktioniert nicht nur bei Hunden. Menschen, die während eines Krieges einen Fliegeralarm gehört haben, verbinden beispielsweise die Angst vor anfliegenden Bombern mit heulenden Sirenen und reagieren noch Jahrzehnte später bei Probealarm mit der alten Angst. Man kann diesen Mechanismus auch konstruktiv nutzen, um auf das eigene Verhalten oder die eigene Stimmung einzuwirken.

Micro Habit: Der Wertschätzungsanker

Verknüpfen Sie die erwünschte Stimmung, mit der Sie später Ihren Mitmenschen begegnen wollen, mit einem neutralen Reiz. Führen Sie zunächst die gewünschte Stimmung herbei, am besten mit Musik. Suchen Sie sich ein Lied, das Ihnen gefällt und Sie in eine freudvolle, friedliche, herzliche und prosoziale Stimmung versetzt. Hören Sie es sich an und tanzen Sie gerne dazu, um tiefer in die Stimmung hineinzukommen. Spüren Sie bewusst in das entstehende Gefühl hinein; sie sind in der Regel beim Refrain oder dem Thema des Liedes am stärksten.

Setzen Sie dann einen Ankerreiz, der sich auch später leicht und unauffällig aktivieren lässt, beispielsweise indem Sie den linken Daumen mit dem Zeigefinger für einige Sekunden zusammendrücken. Um diesen Anker mit dem Gefühl zu verknüpfen, muss er zunächst aufgeladen werden. Speichern Sie sich das Lied daher am besten auf Ihrem Smartphone ab und setzen Sie sich für die nächsten beiden Wochen täglich zwei Termine, zu denen Sie es anhören, um bei den intensivsten Stellen Ihren Wertschätzungsanker aufzuladen. Anschließend können Sie ihn vor Gesprächen mit Mitarbeitern oder bevor Sie das Büro verlassen, kurz aktivieren, um auf einer tieferen Ebene die eigene Stimmung in Richtung Gemeinschaft, Herzlichkeit und Augenhöhe zu lenken.

Nachdem der wertschätzende erste Eindruck gelungen ist, gilt es im nächsten Schritt, ihn nicht mit herabsetzenden nonverbalen Signalen wieder zunichte zu machen.

8.3.2 Gering schätzende Körpersprache vermeiden

Das Verhalten der Führungskraft setzt den Maßstab, an dem sich die Mitarbeiter orientieren, und prägt damit die Kultur in ihrer Hierarchie. Der Körpersprache kommt dabei eine besondere Bedeutung zu, denn sie beschreibt die Beziehung zwischen der Führungskraft und den Mitarbeitern. Wird einem Mitarbeiter vor der ganzen Gruppe mit gering schätzender Körpersprache begegnet, setzt ihn das unter enormen Stress, da ohne die Unterstützung der

Führung seine Zugehörigkeit zur Gruppe in Gefahr gerät. Aber nicht nur das: Wie sich jemand gegenüber anderen verhält, sagt mehr über ihn aus als über die anderen. Führungskräfte, die eine gering schätzende Körpersprache zeigen, verlieren das Vertrauen ihrer Mitarbeiter und bringen damit unnötig Unruhe ins Team. Die Übergänge zwischen leicht schneidendem Verhalten und Ausgrenzung sind fließend. Um die Orientierung zu erleichtern, habe ich aus den verschiedenen Signalen drei Gruppen gebildet, die zunehmend stärkere nonverbale Übertritte beschreiben.

Die Top 5 der leichten Übertritte:

1. Demonstrativ hilfloses und ratloses Kopfschütteln, das den Gedanken des anderen verurteilt, noch bevor dieser ihn vollständig ausgedrückt hat.
2. Eine Frage stellen, danach einen Schritt zurück gehen und demonstrativ die Arme verschränken – will der Fragesteller die Antwort wirklich hören?
3. Ungefragt Sachen auf dem Schreibtisch des Mitarbeiters abladen und damit in seine persönliche Zone eindringen.
4. Anderen ins Wort fallen und nicht aussprechen lassen.
5. Lästern über Abwesende.

Die Top 5 gering schätzender Kommunikation:

1. Den anderen seine Abhängigkeit spüren lassen: mit der Antwort unnötig zögern, den anderen demonstrativ warten oder im Ungewissen lassen.
2. Künstlich Druck aufbauen: zu spät informieren, zu kurze Fristen setzen, obwohl eigentlich auch längere möglich wären.
3. Während eines Gesprächs mit einem Mitarbeiter vielsagende Blicke mit Dritten austauschen.
4. Während der Mitarbeiter Ideen oder Argumente vorstellt, verächtlich mit der Hand über den Tisch wischen oder Staubfusseln von der Kleidung schnippen.

5. Hörbares, genervtes Ausatmen; auf Rückfrage abstreiten, dass einem etwas nicht passt oder zynisch antworten: »Nein Müller, alles guuut!«

Die sieben Todsünden der Wertschätzung – nonverbale Beziehungskiller:

1. Augenrollen, Augenverdrehen und verächtlicher Gesichtsausdruck nach dem Motto: »Herr, lass Hirn regnen!«
2. In Diskussionen oder bei Streit: angedeutetes Auslachen, während stoßweise ausgeatmet wird und der andere mit stechendem Blick und aggressivem Gesichtsausdruck angeschaut wird, nach dem Motto: »Du hast ja einen Vollschuss!«
3. Intimzone des Mitarbeiters verletzen (räumlich, zeitlich, fachlich, psychosozial).
4. Ignorieren, Schneiden, Übersehen, nicht auf Anrufe oder E-Mails reagieren.
5. Mitarbeiter ausgrenzen und nonverbal bloßstellen, beispielsweise indem man die Hände demonstrativ vor das Gesicht legt, während er etwas vorschlägt, oder indem man ratlos mit dem Kopf schüttelt und sichtlich irritiert in die Runde schaut.
6. Lügen und die dadurch erlangte, gefühlte Überlegenheit offen zur Schau stellen, nach dem Motto: »Du kannst mir sowieso nichts!« Dabei frech grinsen – obwohl jeder weiß, dass es anders war, es aber eben nicht belegt werden kann.
7. In Anwesenheit der betroffenen Person »Selbstgespräche« führen, die sich, ohne den anderen namentlich zu benennen, echauffieren: Es ist klar, dass er für die Misere verantwortlich gemacht wird. Durch die unpersönliche Kommentierung wird ihm die Chance verwehrt, Stellung zu nehmen oder sich zu entschuldigen. Alternativ können auch zynische oder giftige, vermeintlich neutrale Kommentare platziert werden.

8.3.3 Code of Conduct – So wollen wir miteinander arbeiten

Neben dem Verhalten der Führungskraft wird das Klima im Team durch die Signale geprägt, die die Mitarbeiter sich untereinander zusenden. Ausdrücke auf der Ebene der Körpersprache sind dabei besonders prekär, denn sie haben psychologisch gesehen den Vorteil, dass mit ihnen etwas gesagt werden kann, ohne es offiziell gesagt zu haben. Dazu sind sie flüchtig und können leicht abgestritten werden. Das Problem liegt auf der Hand: Wird die nonverbale Flegelei hingenommen, so stimmt die Führung ihr indirekt zu. Reagiert sie darauf, ist es für den Mitarbeiter, der sie gezeigt hat, ein Leichtes, sich herauszureden. Das ist auf Dauer müßig, man kämpft dabei gegen billigste, aber dennoch wirksame machtpolitische und höchst destruktive Kommunikationsmuster, die die Beziehungsebene und das gemeinsame Vertrauen zerstören und verhindern, dass eine kooperative Arbeitsatmosphäre entsteht.

Es erscheint lästig, bis auf die Ebene der einzelnen nonverbalen Signale hinunterzugehen, dennoch haben viele Unternehmen, denen es ernst ist, genau diesen Schritt getan. Mit Erfolg! Wenn inakzeptable Signale und Verhaltensweisen gemeinsam benannt und ins Bewusstsein gehoben werden, fällt es danach leichter, Übertritte offen anzusprechen und die Einhaltung der gemeinsamen Vereinbarung einzufordern. Dabei kommt nicht allein der Führungskraft die Rolle des strengen Aufsehers zu: Jeder Mitarbeiter steht in der Verantwortung, geringschätziges Verhalten, das ihm auffällt, anzusprechen.

Think twice: Führen Sie mit Ihren Mitarbeitern ein Meeting durch und legen Sie gemeinsam fest, wie Sie miteinander umgehen wollen – und vor allem auch, wie nicht! Halten Sie es schriftlich fest und legen Sie das Dokument so ab, dass es für jeden leicht zugänglich, am besten gut sichtbar ist. Lassen Sie sich von den oben aufgeführten destruktiven Verhaltensweisen inspirieren und definieren Sie gemeinsam rote Linien.

Die Kultur einer jeden Organisation wird geprägt durch das schlechteste Verhalten, welches die Führung zu tolerieren bereit ist.

Gruenert/Whitaker (2015)

8.3.4 Nonverbale Micro Habits der Wertschätzung

Werfen wir nun einen Blick auf einzelne nonverbale Signale, die helfen, die Beziehung zu verbessern und dem Mitarbeiter mehr Wertschätzung zu vermitteln. Auch wenn Sie das zunächst vielleicht etwas enttäuschen wird, ist es mir an dieser Stelle wichtig, eine Sache zu erläutern: Körpersprache und nonverbale Kommunikation geschehen ganzheitlich und drücken unsere Haltung, Persönlichkeit, Werte und tieferliegenden Einstellungen aus. Wir können sie daher nicht einfach abrupt verändern.

Nehmen wir aus dem ganzen Kompendium der üblicherweise unbewusst stattfindenden Kommunikation ein oder zwei Techniken, Gestiken oder mimische Ausdrücke heraus und heben diese dadurch in den bewussten Bereich der Kommunikation, so riskieren wir, befremdlich und unauthentisch zu wirken. Damit die Kommunikation ihre Glaubwürdigkeit behält, müssen sich einzelne neue Techniken erst einschleifen und wieder im unbewussten Bereich ankommen, um dort das Kommunikationsrepertoire auf eine natürliche Art und Weise zu erweitern. Glücklicherweise gibt es dennoch einige Signale, die so tief und positiv verankert sind, dass man sie direkt anwenden kann, solange man es nicht übertreibt.

Micro Habit: Nonverbale Micro Habits der Wertschätzung

Lassen Sie die nachfolgend vorgestellten Techniken in Schlüsselsituationen in Ihre Kommunikation einfließen, ersetzen Sie negative Marotten durch positive und stärken Sie die natürliche Neigung zu förderlichen Gesten, um Ihre Kommunikation wertschätzender zu gestalten.

Von einem freundlichen Lächeln einmal abgesehen, nachfolgend fünf Micro Habits, die gut wirken und die Sie risikolos einbauen können:

1. Handflächen und Okay-Zeichen statt Zeigefinger

Vermeiden Sie zurechtweisende Zeigefinger-Gesten und achten Sie stattdessen darauf, Ihre Handflächen zu zeigen und dem Mitarbeiter beispielsweise mit offener Hand einen Stuhl anzubieten. In Situationen, in denen Sie auf etwas hinweisen wollen, gewinnt Ihre Geste mehr Autorität, wenn Sie, statt mit dem Zeigefinger zu fuchteln, die Spitze des Zeigefingers mit der Daumenspitze zum Okay-Zeichen formen und damit gestikulieren. So fühlt sich der Gesprächspartner nicht maßgeregelt und in seiner Autonomie angegriffen.

2. Blinzler zählen

Zählen Sie doch einmal zwei Minuten lang, wie oft Ihr Gesprächspartner blinzelt, natürlich leise. Zwar wird es Ihnen persönlich nichts bringen zu wissen, wie oft es geschieht, aber dafür ist die Wirkung auf Ihre Gesprächspartner beeindruckend. Wie eine Bostoner Studie zeigte, löst der intensivere Blickkontakt, der durch das Zählen der Blinzler entsteht, Respekt und Zuneigung aus. Der Gegenüber merkt, dass wir uns stärker auf ihn konzentrieren und mehr für ihn interessieren als üblich und fühlt sich dadurch wertgeschätzt (vgl. Lowndes 2014: 26).

3. Kopf neigen

Unter den tausenden Signalen der Körpersprache gibt es keines, das so wirksam Spannung aus dem Gespräch nimmt und eine versöhnliche Atmosphäre schafft, wie ein leichtes Neigen des Kopfes. Die unglaublich starke Wirkung rührt unter anderem daher, dass wir den geneigten Kopf als rundum positives Signal kennen, seit wir ihn das erste Mal als Säugling von unserer uns stillenden Mutter erhalten haben. Entsprechend tief ist er verankert und entsprechend wirksam ist er noch heute. Wichtig ist es, dabei nicht zu übertreiben. Neigen Sie den Kopf in Situationen, in denen Sie mehr Zuneigung und Kooperation herstellen wollen, minimal, um circa fünf bis zehn Grad, das reicht.

4. 90-Grad-Winkel beim Sitzen, runder Tisch und gleiche Sitzmöbel

Vielleicht haben Sie schon einmal zwei Schachspieler bei einer Partie beobachtet. Dabei ergibt sich regelmäßig ein interessanter Effekt: Der Ort, von dem aus man die Partie beobachtet, beeinflusst, für welchen der Spieler man Partei ergreift. Wenn man neben oder schräg hinter einem der beiden Spieler sitzt, nimmt man seine Perspektive ein und solidarisiert sich direkt mit ihm. Man ist auf seiner Seite. Wenn das Spiel dagegen aus der anderen Perspektive betrachtet wird, verändert sich auch die Einstellung. Dieser Effekt beeinflusst auch in anderen Kontexten die Qualität der Beziehung, die sich zwischen zwei Gesprächspartnern ergibt.

Nehmen Sie lieber einen 90-Grad-Winkel zu Ihrem Mitarbeiter ein, als ihm konfrontativ gegenüber zu sitzen. Der kooperativere Kontakt lässt sich noch verstärken und mehr auf Augenhöhe führen, wenn Sie einen runden Besprechungstisch nutzen und beide Gesprächspartner die gleichen Sitzmöbel haben.

5. Gemeinsam spazieren gehen

Bleiben Sie gerade bei kritischen Themen, die Sie mit einem Mitarbeiter zu besprechen haben, flexibel. Das geht am besten bei einem gemeinsamen Spaziergang in der Natur, was einige Vorteile hat. Sie sind ungestört und können offen miteinander reden, sind aber nicht gezwungen, ständig einander in die Augen zu schauen, was bei kritischen Gesprächen die Beziehung entlastet. Da Sie und Ihr Gesprächspartner beim Spazierengehen in Bewegung bleiben, wechseln Sie, im wahrsten Sinne des Wortes, mit jedem Schritt Ihren Standpunkt. Das erleichtert es auch, veraltete Positionen, überholte Ansichten und Reibungspunkte hinter sich zu lassen. Die neuen Reize, die ihnen dabei begegnen, erhöhen Ihre Kreativität, und die Bewegung hilft, entstehenden Stress auf der körperlichen Ebene direkt abzubauen, sodass er weniger stark die psychosoziale Ebene belastet. Ein weiterer Vorteil ist, dass Sie sich mit Ihrem Gesprächspartner in einen gemeinsamen Rhythmus bringen, was das Verständnis verbessert und es erleichtert, auch inhaltlich zueinander zu finden. Beide spüren: Es geht zusammen vorwärts, und man sucht gemeinsam nach einem Weg, der ja bekanntlich beim Gehen entsteht.

8.4 Fazit

Führungskräfte, die den Großteil Ihrer Arbeitszeit kommunizieren, prägen durch ihre Körpersprache die Beziehung zu ihren Mitarbeitern und Schlüsselkunden und adressieren damit direkt deren Entscheidungszentren im Gehirn. Und auch diese senden uns Signale, die anzeigen, was ihnen gerade wichtig ist.

- Wenn Sie wertschätzender kommunizieren möchten, sollten Sie Ungeduld-Signale und Intentionsbewegungen erkennen und sie beherzigen, indem Sie das Gespräch beenden oder Ihrem Gegenüber das Wort überlassen.
- Sensibilisieren Sie sich für jene Signale, mit denen Ihnen Ihre Mitarbeiter zeigen, dass sie sich nicht wertgeschätzt fühlen.
- Der erste Eindruck hat einen enormen Einfluss auf den folgenden Kontakt: Formulieren Sie ein Wertschätzungsmantra, mit welcher Haltung Sie Ihren Mitarbeitern begegnen möchten.
- Setzen Sie einen Wertschätzungsanker, mit dessen Hilfe Sie sich vor Gesprächsbeginn in eine positive Stimmung versetzen.
- Besprechen Sie explizit im Team, welches Verhalten zukünftig nicht mehr akzeptabel ist, und halten Sie es schriftlich fest.
- Verwenden Sie wertschätzende Gesten für Ihre eigene Kommunikation, zum Beispiel indem Sie mit sichtbaren Handflächen oder einem Okay-Zeichen anstelle des Zeigefingers gestikulieren.
- Nehmen Sie eine kooperativere Sitzhaltung ein und konzentrieren Sie sich stärker auf das Gegenüber. Mit einem leichten Neigen des Kopfes können Sie spürbar Spannung aus Gesprächen nehmen.
- Bei kritischen Themen bietet sich ein gemeinsamer Spaziergang an.

9.

Wachstum fördern: Sei der Gärtner, nicht der Bock!

Leistung allein genügt nicht. Man muss auch jemanden finden, der sie anerkennt.

*Ludwig Wittgenstein (1889–1951),
Philosoph*

9.1 Wertschätzung oder Liebe?

Drehen wir einmal die Zeit zurück, und zwar vor unsere Geburt. Während wir im Mutterleib heranwachsen, erfahren wir die Welt anhand von zwei Zuständen: Verbundenheit mit der uns umschließenden Mutter und ständiges Wachstum, denn wir entwickeln uns jeden Tag weiter. Wie der renommierte Neurobiologe Prof. Dr. Gerald Hüther in seinem Buch »Was wir sind und was wir sein könnten« (vgl. 2018: 44) beschreibt, werden diese beiden Zustände in den tiefsten Ebenen unseres Gehirns verankert und bilden lebenslang die beiden Referenzwerte, anhand derer wir die Qualität der Ereignisse, Beziehungen und Situationen unseres Lebens beurteilen. Wenn wir den anderen auf einer elementaren biologischen Ebene wertschätzen wollen, wäre es dann nicht das einfachste, für Verbundenheit zu sorgen und Wachstumsmöglichkeiten zu eröffnen?

Als ich im Gespräch mit Gerald Hüther diese mögliche Herleitung von Wertschätzung diskutierte, wollte er sie so nicht stehen lassen. Wer Hüther kennt, weiß, dass er beim Thema Potenzialentfaltung keine Kompromisse macht. Er entgegnete mir, dass es weit über Wertschätzung hinausgehe, wenn wir diese beiden Größen im Kontakt mit unseren Mitmenschen berücksichtigten. »Das ist dann nicht mehr einfach Wertschätzung«, sagte er, »sondern Liebe. Es sollte sowieso nicht nur um Wertschätzung gehen, sondern um Liebe!« Er sah es kritisch, wenn das Miteinander beim Thema Wertschätzung aufhört. Soll es auch nicht, denn auch diese Meinung fügt sich ins große Ganze ein: Wenn wir uns an die Pyramide von Haller erinnern (Abbildung 5 auf Seite 46), sehen wir, dass Wertschätzung sich zur Liebe als höchster Stufe weiterentwickelt. Von daher machen wir gewiss nichts falsch, wenn wir Wachstum und Verbundenheit als Leitwerte heranziehen, um unsere Mitmenschen wertzuschätzen. In diesem und den nächsten beiden Kapiteln werden wir zunächst verschiedene Möglichkeiten untersuchen, um unseren Mitarbeitern beim Wachsen zu helfen, bevor wir in anschließend das Thema Verbundenheit vertiefen.

9.2 Wachstum durch Feedback, gute Beziehungen und Anerkennung

Wenn Mitarbeiter wachsen, kommt das nicht nur ihnen selbst zugute, sondern auch dem Unternehmen als Ganzem. Führungskräfte, die das natürliche Bedürfnis ihrer Mitarbeiter nach Wachstum unterstützen und wertschätzen, tragen also gleichzeitig zum Unternehmenserfolg bei. Beim Thema Wachstum gilt es, einen zentralen Punkt zu berücksichtigen:

Systeme wachsen immer so lange, bis sie an einen kritischen Engpass stoßen. Ist dieser erreicht, geht es zunächst nicht mehr weiter. Wenn einer Pflanze Kalium fehlt, hilft auch noch so viel Phosphor nichts: Bevor sie kein Kalium bekommt, wächst sie nicht mehr. Was es also braucht ist ein Umfeld, das es ermöglicht, etwaige Engpässe zu erkennen und gemeinsam zu beseitigen.

Die dazu nötigen erweiterten Umfeldfaktoren werden in den nächsten Kapiteln vertieft. Zunächst betrachten wir das nähere Umfeld und damit den direkten Kontakt zwischen Führungskraft und Mitarbeiter. Hier begegnet uns eine Einschränkung: Da der Mitarbeiter seine Arbeit als Angestellter in den größeren Kontext der Organisation einbringt, kann sein Wachstum nicht frei nach seinen eigenen Wünschen erfolgen. Es muss zu den Werten, Zielen und der Strategie des Unternehmens passen. Ohne Feedback zu dieser Passung segelt der Mitarbeiter im Blindflug durch die Arbeit und muss sich über Versuch und Irrtum vorantasten. Das ist ineffizient und führt zu unnötigen Frustrationen. In der heutigen komplexen und vernetzten Wirtschaftswelt wird es einerseits immer wichtiger, das Feedback unterschiedlicher Stakeholder – wie Kunden, Lieferanten und Kollegen – zu berücksichtigen. Andererseits liegt es aber weiterhin an der Führungskraft, den Abgleich mit den Rahmenbedingungen herzustellen, denn durch die erweiterte Perspektive, aus der sie die Dinge in einem breiteren Kontext einordnet, stellt ihr Feedback eine wichtige Orientierungshilfe dar.

Wie dieses gegeben werden sollte, ist seit Jahrzehnten bekannt: zeitnah, konkret und konstruktiv, dazu bei kritischen Inhalten unter vier Augen. Einerseits soll der Mitarbeiter wachsen und sich entwickeln, andererseits muss dieses Wachstum hier und da in gewisse Bahnen gelenkt werden. So hilfreich und wertvoll die Rolle der Führungskraft dabei auch sein mag, mitunter ist es ein undankbarer Job, denn wer lässt sich schon gerne beim Wachsen zurechtstutzen? Die Herausforderung liegt vor allem darin, auf der strukturellen Ebene freie Entscheidungen, klare Erwartungen und Orientierungen zu vereinbaren und auf der persönlichen Ebene das Feedback in einer Art und Weise zu gestalten, bei der dem Mitarbeiter nicht die Lust am Wachsen überhaupt vergeht. Eine Kunst gelingender Führung liegt darin, kritisches Feedback so zu geben, dass es auch angenommen wird und dabei keine Fronten entstehen. Hierbei hilft beispielsweise die im siebten Kapitel vorgestellte Dreipunktkommunikation. Darüber hinaus spielt das Verhältnis von negativem zu positivem Feedback eine entscheidende Rolle.

9.2.1 Mit dem Losada-Quotienten eine stabile Beziehungsgrundlage schaffen

Damit das Feedback der Führungskraft den Mitarbeiter überhaupt erreicht, braucht es eine intakte Beziehungsebene. Ist diese beschädigt, werden auch noch so wohlgemeinte Hinweise missverstanden oder fehlinterpretiert, und sogar bei einem Lob werden mitunter manipulative Hintergedanken unterstellt. Der Einfluss der nonverbalen Kommunikation und die Haltung der Führungskraft auf die Qualität der Beziehung wurden bereits beschrieben, dennoch stellt sich die Frage, ob es noch weitere Möglichkeiten gibt, um wirksame Micro Habits zu entwickeln. Die gibt es: Die Psychologin Barbara Fredrickson und der Unternehmensberater Marcial Losada haben im Jahr 2005 herausgefunden, dass das Verhältnis von positivem zu negativem Feedback einen entscheidenden Einfluss auf die Qualität der Beziehung hat. Seither dient der daraus abgeleitete Losada-Quotient in vielen Bereichen als hilfreiche Orientierung.

Während ein Verhältnis von 1:1 von positivem zu negativem Feedback eine Negativ-Spirale anstößt, die sogar zu Depressionen führen kann, nehmen die meisten von uns üblicherweise ein 2:1-Verhältnis ein, halten sich aber damit beziehungsmäßig gerade so über Wasser. Ab einem Verhältnis von positiven zu negativen Rückmeldungen von 3:1 wird ein wertschätzendes Arbeitsklima generiert und eine positive Entwicklung in Gang gesetzt. Gut funktionierende Teams haben sogar Verhältnisse im Bereich von 5:1 bis 6:1 (vgl. Brohm-Badry 2017).

Das Beziehungskonto pflegen

Eine spontane erste Strategie, um den Losada-Quotienten positiv zu entwickeln, könnte nun darin liegen, seinen Mitmenschen hemmungslos Honig ums Maul zu schmieren. Wir alle kennen solche Schmeichler und wissen, dass deren Verhalten recht schnell durchschaut wird und rasch an Glaubwürdigkeit verliert. Natürlich sollten Sie die nötige Aufmerksamkeit entwickeln und positives Feedback geben, aber Sie sollten nicht inflationär damit um sich werfen und es dadurch entwerten.

Ebenso sollte keine berechnende Absicht hinter positivem Feedback oder beziehungsförderlichem Verhalten stehen. Wir alle haben ein Gespür für das angemessene Verhalten unserer Mitmenschen; wenn diese plötzlich beginnen, zu stark davon abzuweichen, spitzen wir instinktiv die Ohren, um zu hören, von wo die Nachtigall zu trapsen beginnt. Vermeiden Sie es also, Einzahlungen auf das Beziehungskonto vorzutäuschen, und zahlen Sie auch nicht ein, nur um später etwas abzuheben. Hier spielt die eigene wahrhaftige Haltung eine entscheidende Rolle. Im Kern geht es darum, ob mit dem eigenen Verhalten bei der anderen Person positive oder negative Emotionen ausgelöst werden. Das bedeutet nicht, dass Sie jede Form der Kritik unterlassen sollten. Dennoch soll es Sie dazu anregen, achtsam zu bleiben, sich auch einmal zurückzuhalten und zu fragen, ob es tatsächlich etwas bringt, gerade jetzt auf einer Nebensächlichkeit herumzuhacken, einen zweifelnden, spöttischen oder verächtlichen Gesichtsausdruck aufzusetzen oder eine spitzfindige Bemerkung fallen zu lassen. Bleiben Sie friedlich! Fragen Sie sich das nächste Mal, wenn Sie Kleinigkeiten kritisieren, ob Sie nicht gerade versuchen, Ihrem Mitarbeiter ein schlechtes Gewissen einzureden; falls das so ist, dann lassen Sie es bleiben oder entschuldigen Sie sich, das rückt den Losada-Quotienten gleich wieder etwas zurecht.

Losada-Bewusstsein entwickeln

Oft ist uns das eigene kontraproduktive Verhalten nicht bewusst. Vielleicht

fragen Sie sich gerade, wie es um Ihren Losada-Quotienten steht und ob Sie überhaupt von der Thematik betroffen sind. Bringen Sie Licht ins Dunkel: Mit einem Online-Test können Sie Ihre Veranlagung in wenigen Minuten erheben. Der QR-Code führt zum Test auf https://www.positivityratio.com.

Micro Habit: Verbessern Sie Ihren Losada-Quotienten

Wenn Sie Ihren Quotienten verbessern möchten, sollten Sie den Fokus auf förderliche Punkte legen und sich fragen, welche kritischen Punkte es tatsächlich wert sind, thematisiert zu werden. Gerade bei kritischen Punkten, deren sich der Mitarbeiter ohnehin bewusst ist, werden teilweise alte Wunden wieder aufgerissen und emotionale Reaktionen angestoßen, wenn sie wiederholt thematisiert werden. Um dem vorzubeugen, hilft einmal mehr eine achtsame Grundhaltung, mit der kritische Inhalte einfach wertfrei registriert und die entstehenden Gefühle wahrgenommen werden. Entscheiden Sie dann bewusst, ob Sie sie ansprechen wollen.

Ebenfalls hilfreich ist es, wenn Sie sich vor Augen führen, in welchen Situationen Sie zu destruktivem Verhalten neigen, das den Quotienten verschlechtert. Formulieren Sie für diese Situationen konkrete Wenn-dann-Sätze, um sich Handlungsalternativen zu eröffnen. Todd Davis beschreibt, durch welche Verhaltensweisen Einzahlungen auf das Beziehungskonto oder Auszahlungen vorgenommen und der Quotient gestärkt oder geschwächt wird.

Abhebungen vom Beziehungskonto	**Einzahlungen auf das Beziehungskonto**
Einstellung, man wüsste ohnehin, worauf der Gesprächspartner hinaus will.	Bemühung, den anderen wirklich zu verstehen.
»Vergessen« von Versprechen oder die Weigerung, Verpflichtungen einzugehen.	Sich an Versprechungen halten.
Lästern über Abwesende oder das Verbreiten von Gerüchten.	Loyalität gegenüber Abwesenden.
Falscher Stolz und mangelnde Bereitschaft, auf andere zuzugehen und sich zu entschuldigen.	Bereitschaft, das eigene Verhalten zu hinterfragen und sich ehrlich zu entschuldigen.
Unklare oder nicht kommunizierte Erwartungen.	Offene Klärung von Erwartungen.
Nachtragendes Verhalten, das keinen Fehler vergisst und anderen immer wieder vorhält.	Fähigkeit, Fehler auch einmal vergessen zu können und nicht nachtragend zu sein

Micro Habit: Visualisieren Sie die Losada-Quotienten Ihrer Mitarbeiter
Um sich die Qualität der Beziehung zu den verschiedenen Mitarbeitern bewusst zu machen, hilft es, den Quotienten für jeden von ihnen zu visualisieren. Alles, was es dazu braucht, ist eine DIN-A7-Karteikarte, ein Stift sowie Büroklammern in zwei Größen und in unterschiedlichen Farben. Die kleineren Klammern werden in grün und rot benötigt; für die größeren sind die Farben beliebig. Zunächst wählen Sie für jeden Mitarbeiter eine größere Büroklammer. Hängen Sie bei negativen Rückmeldungen kleine rote und bei positiven Interaktionen kleine grüne an die große Klammer an. So zeigt sich nach einiger Zeit klar, wie es um Ihr Verhältnis zu den einzelnen Mitarbeitern bestellt ist.

Der Vorteil liegt darin, dass Sie bei jeder roten Büroklammer sehen, wie sich negative Aspekte bei einem Mitarbeiter ansammeln und wo es möglicherweise an positiven fehlt. So können Sie bewusst intervenieren und darauf achten, den Quotienten wieder zu verbessern.

Natürlich ist es nicht praktikabel, mit einer Menge Büroklammern in den Taschen durch den Betrieb zu laufen und vor den Mitarbeitern an den Büroklammerschlangen zu basteln. Was Sie aber tun können, ist, auf einer DIN-A7-Karteikarte für alle Mitarbeiter kleine T-Konten einzuzeichnen, nach einem Kontakt kurz zu reflektieren und mit einer Strichliste zu erheben, ob positive oder negative Impulse gesetzt wurden. Zurück in Ihrem Büro können Sie Striche aus den T-Konten auf die Büroklammern übertragen und visualisieren.

Um den Losada-Quotienten im Blick zu behalten, stellen Sie einfach zwei oder drei Gläser mit roten, grünen und bunten großen Büroklammern auf den Schreibtisch. Alternativ können Sie in die Wertschätzungsdatei Ihrer Mitarbeiter ein kleines T-Konto einfügen und es laufend weiterführen. Wenn tagsüber Sprachnotizen nach Interaktionen mit den Mitarbeitern erstellt werden, kann in einem kurzen Satz das Losada-Verhältnis des Gesprächs festgehalten werden.

Die Losada-Buchführung in Meetings

In Meetings können Sie im Vorfeld am Rand des Notizbuchs kleine T-Konten einzeichnen. Eine wirkungsvolle Interventionsmöglichkeit und Achtsamkeitsübung zugleich besteht darin, einen Strich auf die Negativ-Seite des entsprechenden Mitarbeiter-Kontos einzutragen, bevor Sie eine Kritik äußern: Durch die Handlung erhalten Sie die Möglichkeit, bewusst innezuhalten und sich zu fragen, ob die Kritik gerade wirklich sein muss. Gleichzeitig sehen Sie, ob Sie diesen Mitarbeiter in diesem Meeting nicht schon über Gebühr kritisiert haben.

Möglich ist es auch, eine Vertrauensperson zu bitten, im Meeting für jeden Mitarbeiter ein kleines T-Konto aufzustellen und auf die eine Seite Ihre negativen und auf der anderen Seite Ihre positiven Interaktionen zu dokumentieren. Werden Meetings über Zoom durchgeführt, können Sie eines aufzeichnen und die Qualität Ihrer eigenen Beiträge anschließend kritisch untersuchen; auch hier bieten sich die kleinen T-Konten an.

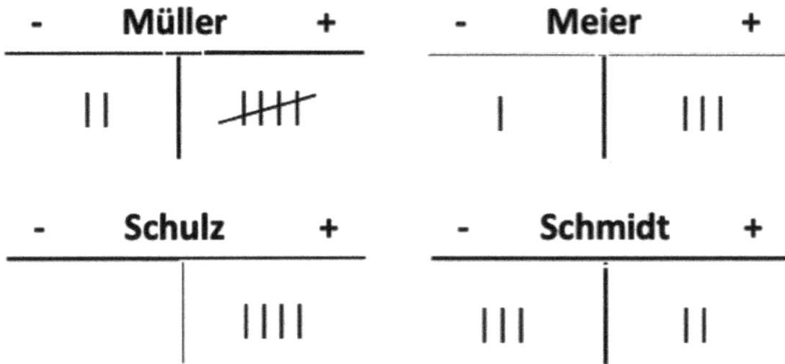

Abbildung 11: Loasada-T-Konten für Mitarbeiter

9.2.2 Wertschätzung ist, was der Mitarbeiter daraus macht

Konstruktives Feedback als Leitplanke mag wichtig sein. Weitaus eleganter und effizienter ist es jedoch, durch positives Feedback und Anerkennung Wachstum, das in die gewünschte Richtung geht, zu honorieren und zu verstärken. Bei den sieben Stufen der Wertschätzung von Haller (Abbildung 5 auf Seite 46) ist Anerkennung auf der vierten Stufe verortet und geht damit der Wertschätzung unmittelbar voraus. Die Leistung seiner Mitarbeiter anzuerkennen, mag auf den ersten Blick einfach erscheinen. Immerhin sind 81 Prozent der Führungskräfte der Meinung, sie gäben häufig Anerkennung. Doch ganz so einfach ist es anscheinend nicht, wenn man sich vor Augen führt, dass nur 38 Prozent der Angestellten den Eindruck haben, ausreichend Anerkennung von ihrer Führungskraft zu bekommen. 81:38 ist eine erhebliche Diskrepanz – könnte es sein, dass diese auf einem grundlegenden

Missverständnis darüber beruht, was Anerkennung ist und was nicht? Möglicherweise, denn es gibt tiefgreifende Unterschiede zwischen dem, was verschiedene Menschen als anerkennend empfinden.

Die fünf Sprachen der Anerkennung

Der Paartherapeut Gary Chapman entdeckte diese Unterschiede und veröffentlichte sie in seinem Buch »Die fünf Sprachen der Liebe«, welches seit 2009 durchgängig auf der New-York-Times-Bestsellerliste steht und mittlerweile über eine Million Mal verkauft wurde. Im Prinzip beschreibt Chapman darin fünf verschiedene Kommunikationskanäle, die bei verschiedenen Menschen unterschiedlich stark ausgeprägt sind. Das führt dazu, dass wir teilweise vollkommen aneinander vorbeireden, während wir denken, alles klar gesagt zu haben. So könnte beispielsweise ein Mann überzeugt sein, seiner Frau seine Zuneigung durch regelmäßige Geschenke zu zeigen, während diese sich ungeliebt fühlt, weil sie Liebe anhand der gemeinsam verbrachten Zeit empfindet. Sie registriert zwar die Geschenke, aber sie stillen nicht ihr tiefer liegendes Bedürfnis. In seiner späteren Arbeit hat Chapman diese fünf Sprachen auf das Geschäftsleben übertragen. Es handelt sich bei ihnen um:

- explizit formuliertes Lob und Anerkennung
- gemeinsame Zeit verbringen
- Hilfsbereitschaft
- Geschenke
- Körperkontakt (wobei dieser im Geschäftsleben vernachlässigbar ist).

Wenn Sie zukünftig die fünf Sprachen der Anerkennung nutzen wollen, sollten Sie im ersten Schritt erkennen, wie stark Ihre eigene Veranlagung für diese jeweils ist; das zeigt Ihnen Ihre eigenen blinden Flecken. Wenn Ihnen beispielsweise gemeinsam verbrachte Zeit unwichtig ist, werden Sie kaum auf die Idee kommen, dass diese Ihren Mitarbeitern sonderlich viel bedeuten könnte. Mit dem Online-Test, den Yvonne Schönau von der emotio-

nal Leadership Company auf ihrer Website zur Verfügung stellt, können Sie in zehn Minuten herausfinden, welche der Sprachen bei Ihnen wie stark ausgeprägt ist. Der QR-Code führt zu der Website: https://yvonneschoenau.com/anerkennung.

Im zweiten Schritt gilt es dann, zu erheben, welche der Sprachen bei welchen Mitarbeitern stärker oder schwächer ausgeprägt sind, und das zukünftig bei der Art, mit der Sie ihnen Anerkennung zollen, zu berücksichtigen. Wer die verschiedenen Sprachen der Anerkennung als Raster kennt, kann oft bereits durch die aufmerksame Beobachtung der Mitarbeiter erkennen, zu welchen Ausprägungen diese tendieren. Alternativ kann das Team den Online-Test gemeinsam durchführen und sich anschließend über die Ergebnisse und die verschiedenen Veranlagungen austauschen. Die Transparenz erhöht nicht nur die Qualität der Kommunikation zwischen Führungskraft und Mitarbeitern, sondern auch deren Verständnis untereinander. Wenn Sie die Sprachen der Mitarbeiter erhoben haben, können sie auch diese in der Wertschätzungsdatei festhalten, um sie sich von Zeit zu Zeit ins Gedächtnis zu rufen.

Machen Sie sich die Prioritäten Ihrer Mitarbeiter bewusst

Wir haben mittlerweile zahlreiche Aspekte möglicher Wertschätzung und subjektiver Unterschiede behandelt. Die verschiedenen Facetten der Wertschätzung bringen am meisten, wenn sie täglich gelebt werden. Um die Übersicht zu behalten, sind Einfachheit und Klarheit entscheidend. Die Wertschätzungsdatei (MRS) wurde bereits einige Male erwähnt, die Abbildung 11 auf Seite 190 zeigt einen möglichen Designvorschlag, bei dem alle relevanten Punkte übersichtlich auf einer Seite festgehalten sind. Ergänzend zu den Wertewelten, den bevorzugten Ohren und Sprachen der Anerkennung, die auf der rechten Seite als Icons und Grafiken eingefügt sind, steht der Losada-Quotient im Fokus sowie die Stärken, die im nächsten Abschnitt behandelt werden. Da sich Mitarbeiter auch in Bezug auf ihr individuelles Bedürfnis

Abbildung 12: Wertschätzungsdatei

nach Anerkennung unterscheiden, sollte ein Platzhalter am unteren Rand der Folie eingefügt werden, auf dem die individuelle Ausprägung auf einem Pfeil vermerkt wird.

9.3 Stärken stärken

Werfen Sie bitte einen kurzen Blick auf die vier Rechnungen auf der rechten Seite der folgenden Abbildung. Sicher wird Ihnen direkt ins Auge fallen, dass eine davon falsch ist. Das 75 Prozent der Aufgaben richtig notiert sind, scheint dagegen weniger interessant.

Nach Hunderttausenden von Jahren Evolutionsgeschichte, in denen der Mensch wilden Tieren und Fressfeinden ausgesetzt war, sind wir auf einer tiefen Ebene so gestrickt, dass uns negative Inhalte und Abweichungen von der Norm stärker ins Auge stechen. Läuft es dagegen wie gewohnt, nehmen wir

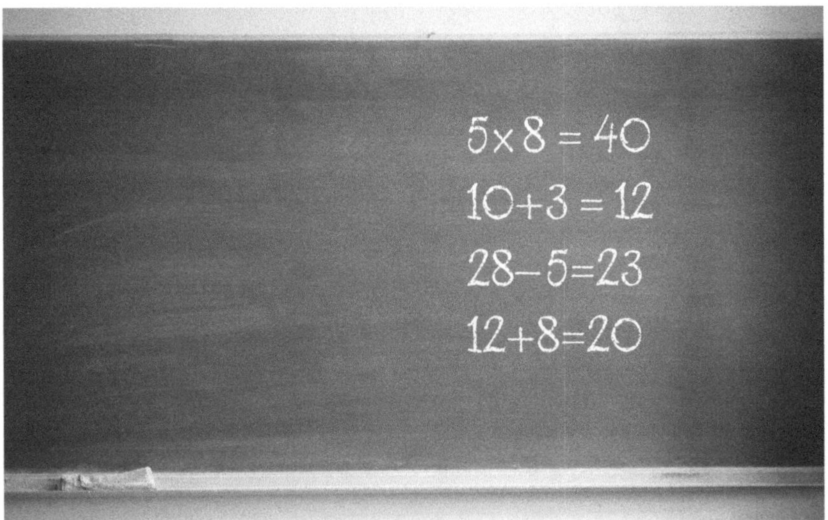

es kaum wahr: Warum auch? Der alte schwäbische Wertschätzungsminimalismus: »Ned gschimpft isch globt gnua« ist uns zu einem gewissen Teil bereits in die Wiege gelegt. Das ist in der Personalführung mittlerweile kritisch, denn genauso wie uns negative Inhalte und Abweichungen stärker auffallen, ist es auch ein leichtes, die Schwächen unserer Mitmenschen zu identifizieren und diese zu kritisieren. An dieser Stelle zwei Zwischenfragen: Wen kümmern die Mathekenntnisse von Thomas Müller, solange er ins gegnerische Tor trifft? Niemanden. Und wer würde Thomas Müller kennen, wenn er in seiner Kindheit und Jugend versucht hätte, von einer (hier einer einfach mal unterstellten) 4 in Mathe auf die 3 zu kommen und dafür das Fußballtraining vernachlässigt hätte? Ebenfalls (fast) niemand. Das Paradoxe ist also, dass wir zwar gerne Fehler kritisieren und auf Schwächen herumreiten, aber im Gegenzug die Perfektionierung besonderer Stärken besonders hoch wertschätzen. Das passt nicht zusammen.

Seien es Spitzensportler, Top-Unternehmer oder brillante Forscher und Informatiker – jenen, die ihren Stärken treu geblieben sind und sie stetig weiterentwickelt haben, winken zum Schluss die Lorbeeren, während ihre Schwächen kaum noch interessieren, zumindest nicht, solange sie sich in einem vertretbaren Rahmen bewegen. Jene dagegen, die sich all die Kritik zu Herzen genommen und aufopferungsvoll an ihren Schwächen laboriert haben, bringen diese zwar mit Mühe und Not auf ein durchschnittliches Niveau, versäumen es aber gleichzeitig, ihre Stärken auszubauen. Am Ende landen sie erschöpft und frustriert in der breiten Masse der Durchschnittlichkeit.

Micro Habit: Stärken stärken statt auf Schwächen rumhacken

Nicht nur für die Gesamtleistung Ihrer Abteilung, sondern auch für die Entwicklung Ihrer Mitarbeiter sollten Sie als Führungskraft der intuitiven Versuchung widerstehen, an den Schwächen Ihrer Mitarbeiter zu arbeiten. Natürlich müssen »kriegsentscheidende« Schwächen angepackt und auf ein erträgliches Maß reduziert werden, aber dann muss auch Schluss sein. Prinzipiell gilt es, zu erken-

nen, welche Stärken der Mitarbeiter mitbringt, und wie sich diese am besten im Betrieb einsetzen und weiterentwickeln lassen.

Das führt nicht nur zu besseren Ergebnissen, sondern auch zu mehr Spaß an der Arbeit und einer schnelleren Entwicklung des Mitarbeiters. Zusätzlich fühlt er sich wertgeschätzt, wenn seine besonderen Qualitäten gesehen und gefördert werden.

9.3.1 Stärkentests

Eine Möglichkeit, die Wahrnehmung systematisch auf die Stärken des Mitarbeiters auszurichten, ist, mit ihm den »Stärken-stärken-Ansatz« zu besprechen und ihn dann einen Stärkentest durchführen zu lassen. Branchenführer ist hier das Gallup-Institut, dessen kostenpflichtiger online Strengthsfinder-Test bereits Millionen von Teilnehmern geholfen hat, ihre Top-5-Stärken aus einem Kompendium von insgesamt vierunddreißig Stärken zu finden.

Alternativ oder ergänzend kann auch das Kompendium von vierundzwanzig Charakterstärken und Tugenden der positiven Psychologie verwendet werden. Die Universität Zürich bietet die Möglichkeit, diese kostenlos in einem umfangreichen Test zu erheben. Der QR-Code verlinkt auf https://www.charakterstaerken.org.

Unabhängig davon, welcher Test gewählt wird, sollten Sie sich anschließend mit Ihren Mitarbeitern darüber austauschen, bei welchen Situationen der täglichen Arbeit sie ihre Stärken bereits einbringen können und welche zusätzlichen Entwicklungen sich auf Basis der Stärken anstoßen lassen beziehungsweise wie die Stärken helfen könnten, bestimmten Herausforderungen, denen sich das Unternehmen zu stellen hat, erfolgreich zu begegnen.

Einsetzbar ist auch folgende Methode: Ein Teilnehmer berichtet in einer Gesprächsrunde von einer Situation, die ihn herausgefordert hat, die er aber meistern konnte und auf das Ergebnis er stolz ist. Während er erzählt, notieren die anderen auf Moderationskarten, welche Fähigkeiten, Kompetenzen und Stärken sie heraushören. Sobald der Erzähler seine Erfahrung ausgeführt hat, teilt er zunächst selbst mit, welche Stärken, Fähigkeiten und Kompetenzen er bei sich erkannt hat.

Wenn im Anschluss die Ergänzungen der Kollegen folgen, ist das Ergebnis oft überwältigend, denn die Erzähler werden geradezu überflutet mit positiven Eigenschaften und Fähigkeiten, die ihnen zuvor gar nicht aufgefallen sind. Alle genannten Fähigkeiten werden schließlich auf drei bis fünf Kernkompetenzen reduziert, und gemeinsam wird überlegt, wie sich diese im Unternehmen am besten einbringen lassen.

9.3.2 Stärken im Onboarding erheben

Der »Einstiegsaufsatz« mag zwar zunächst an die Schulzeit erinnern, führt jedoch erwiesenermaßen dazu, dass sich neue Mitarbeiter wesentlich besser in den Betrieb integrieren, länger motiviert sind und seltener kündigen. Die Übung ist einfach:

Micro Habit: Der Stärken- und Werteaufsatz

Bitten Sie frisch eingestellte Mitarbeiter, sich eine Stunde Zeit zu nehmen, um über ihre individuellen Stärken, Fähigkeiten und Werte nachzudenken und in einem kurzen Aufsatz zu beschreiben, wie sie mit diesen am besten das Unternehmen bereichern und voranbringen könnten. Wichtig ist, dass die Gedanken nicht nur stichwortartig aufgelistet werden, sondern dass die Sätze tatsächlich ausformuliert werden.

Erst dann werden die Implikationen bis zum Ende durchgedacht und konkret. Es handelt sich hierbei um keine Fleißarbeit, die der Mitarbeiter für die Führungskraft erbringt, sondern tatsächlich um eine Methode, um den Bezugsrahmen zu erweitern. Sollte es dem Mitarbeiter unangenehm sein, kann es ihm von daher sogar überlassen werden, das Geschriebene seiner Führungskraft zu zeigen oder lediglich ein anschließendes Gespräch mit ihr über seine Erkenntnisse zu führen.

9.3.3 Stärken-Tridems

Auch wenn sich der Fokus prinzipiell auf die Stärken der Mitarbeiter richten sollte, gibt es kritische Schwächen, bei denen gehandelt werden muss. Hier bietet es sich an, Stärken-Tandems oder besser noch, Stärken-Tridems zu bilden.

Micro Habit: Initiieren Sie Stärken-Tridems

Bei Stärken-Tridems unterstützen zwei Kollegen als Paten einen Kollegen dabei, seine Schwäche in den gelben Bereich zu bringen. Die Lernpsychologie belegt, dass man am meisten lernt, wenn man selbst lehrt, von daher helfen die Tridems nicht nur den schwachen Mitarbeitern, sondern auch ihren Paten, da diese einen Bereich, den sie intuitiv gut beherrschen, bewusst reflektieren und vertiefen können.

Bei der Bildung der Tridems sollte darauf geachtet werden, diese ausgeglichen zu verteilen. Verhindern Sie, dass zwei bis drei starke Mitarbeiter für die gesamte Abteilung als Paten zur Verfügung stehen und dadurch überlastet werden.

9.3.4 Die Kompetenz-Matrix – aus eigenem Antrieb besser werden

Werden die Kompetenzen und Stärken der Mitarbeiter abteilungsübergreifend oder sogar unternehmensweit erhoben, so können die Themen weiter vertieft und der Überlastung einzelner Mitarbeiter vorgebeugt werden. Gleichzeitig wird die Mitarbeiterschaft enger verzahnt, was Silo-Denken und Grabenbildung zwischen den Abteilungen vorbeugt. Hierzu bietet sich eine Kompetenz-Matrix an.

Micro Habit: Die Kompetenz-Matrix

Führen Sie eine Kompetenz-Matrix ein, aus der direkt ersichtlich ist, zu welchem Thema qualifizierte interne Ansprechpartner zur Verfügung stehen. Die Matrix sollte auf der einen Achse Themen und Qualifikationen enthalten und auf der anderen die Namen der Mitarbeiter. Die jeweiligen Qualifikationen jedes Mitarbeiters werden farblich nach dem Ampel-Prinzip markiert: Anfänger-Kenntnisse werden rot, sichere Routine-Kenntnisse gelb und Experten-Know-how mit grün markiert. Jeder Mitarbeiter nimmt seine Markierung selbst vor.

Unternehmen, die Lean Management praktizieren, verfügen oftmals bereits über eine solche Matrix. Das mittelständische Unternehmen Yellotools in Windeck, Hersteller von Sonderwerkzeugen für Werbetechniker und internationaler Marktführer, hat beispielsweise eine solche Kompetenz-Matrix im Eingangsbereich hängen. Sie dient einerseits der selbstorganisierten Weiterbildung der Mitarbeiter: Jeder, der etwas lernen möchte, kann einen Kollegen ansprechen, der das betreffende Gebiet bereits gut beherrscht, und sich schulen lassen. Das geschieht völlig ohne Druck; niemand wird zum Lernen gezwungen, und niemand wird gezwungen, das Erlernte anschließend auch im Betrieb anwenden zu müssen. Bei vielen allerdings erwacht der Wunsch, bei anderen wiederum bleibt es bei einem »Hineinschnuppern« in einen anderen Bereich.

Andererseits erfüllt die Kompetenz-Matrix auch einen sehr praktischen Zweck: Fallen Mitarbeiter aufgrund von Krankheit aus, so zeigt sie sofort an, wer aufgrund seiner Kenntnisse einspringen und die Arbeit übernehmen könnte. Langes internes oder externes Suchen nach fähigen Arbeitskräften entfällt damit. Die Matrix ist ständig in Bewegung, weil sich die Kenntnisse der Mitarbeiter immer weiter verbessern und neue Kenntnisse hinzukommen. Die Matrix ist ein starker Motivationsanreiz für jeden, sich fortzubilden und kontinuierlich besser zu werden. Die Unternehmensleitung lehnt es ab, über die Weiterbildung der Mitarbeiter zu entscheiden oder diese gar anzuordnen, unterstützt aber die Lernbereitschaft, indem es innerhalb der täglichen Arbeitszeit dreißig Minuten reserviert, die ausschließlich der internen Fortbildung aller dienen. In dieser Zeit werden keine Aufträge oder Projekte bearbeitet; stattdessen darf jeder lernen, was er möchte und mit wem er möchte. Für den einen oder anderen, der seine Stärken entdeckte, wurde dies schon zum Sprungbrett in völlig neue und andere Arbeitsbereiche und Positionen.

9.4 Fazit

Die Bedürfnisse nach Wachstum und Verbundenheit werden als neurobiologische Korrelate bereits im Mutterleib geprägt und bilden lebenslang die am tiefsten verwurzelten Bedürfnisse, an denen wir die Qualität einer Situation und eines Kontaktes bemessen. Für das Wachstum des Mitarbeiters sind Feedback und Anerkennung zwei zentrale Aspekte. Es braucht jedoch eine starke Beziehung, damit das Feedback auch wie beabsichtigt aufgenommen werden kann. Der Losada-Quotient ermöglicht, dies greifbar zu machen. Mit einem Selbsttest können Sie sich zunächst Ihre eigene Veranlagung bewusst machen. Um auf ein konstruktiveres Verhältnis zwischen positivem und negativem Feedback hinzuarbeiten, ist es hilfreich, mit verschiedenen Visualisierungshilfen und Remindern zu arbeiten.

- Geben Sie möglichst mindestens dreimal so viel positives wie negatives Feedback, wenn Sie das Beziehungskonto zu Ihren Mitarbeitern pflegen wollen.
- Verzichten Sie bewusst darauf, Nebensächlichkeiten zu kritisieren.
- Stellen Sie T-Konten für Ihre Mitarbeiter in den Wertschätzungsdateien auf oder lassen Sie dies während eines Meetings von einer Vertrauensperson durchführen. Auf diese Weise können Sie feststellen, wie oft Sie jedem Einzelnen konstruktives oder kritisches Feedback geben.
- Alternativ verwenden Sie rote Büroklammern für negatives und grüne für positives Feedback. Heften Sie die Büroklammern an DIN-A7-Karteikarten für jeden Mitarbeiter an.
- Stellen Sie anhand eines Online-Tests fest, welche der »fünf Sprachen der Anerkennung« bei Ihnen stärker beziehungsweise schwächer ausgeprägt sind. Lassen Sie dies im zweiten Schritt auch von Ihren Mitarbeitern ermitteln. Vermitteln Sie Ihren Mitarbeitern das Feedback in der jeweils von ihnen bevorzugten Sprache, das heißt in Form von Geschenken, gemeinsam verbrachter Zeit, Unterstützung oder Anerkennung.
- Lenken Sie die Aufmerksamkeit auf die Stärken der Mitarbeiter, und das schon beim Onboarding wie auch mithilfe von Stärken-Tests.
- Durch die Bildung von Stärken-Tridems können Mitarbeiter schwächere Kollegen unterstützen und gleichzeitig ihre eigenen Stärken kultivieren.
- Die eigenen Kompetenzen in einzelnen Themengebieten können in einer Kompetenz-Matrix strukturiert erhoben und selbstorganisiert weitergeführt werden.

10.

Ein sicheres Arbeitsumfeld für Mitarbeiter schaffen

Es gibt keine Grenzen. Weder für Gedanken, noch für Gefühle. Es ist die Angst, die immer Grenzen setzt.

Ingmar Bergman (1918–2007),
schwedischer Drehbuchautor

10.1 Gute Chefs essen zuletzt

Im Krisenjahr 2009, als die Finanzen weltweit außer Kontrolle gerieten, gab eine Firma nach der anderen Massenentlassungen bekannt oder meldete Kurzarbeit an, und so manche Traditionsbetriebe schlossen für immer ihre Pforten. Die Maschinen standen still, und die Mitarbeiter-Parkplätze blieben leer. Als Arbeitsmarktmanager der Agentur für Arbeit hatte ich täglich Kontakt zu den betroffenen Betrieben und spürte deren Belastung und Sorge hautnah. Gleichzeitig stürzten die Vermittlungszahlen ab. Als sich die Situation immer weiter zuspitzte, kündigte der Vorstand unserer Geschäftsführung seine Teilnahme an unserem monatlichen Teammeeting an.

Seine Botschaft war kurz, aber so stark, dass sie das gesamte Team energetisierte und innerhalb von Minuten eine Geschlossenheit und Entschlusskraft erzeugte, wie ich sie danach nur selten erlebt habe. Er sagte: »Wir sind voll drin in der Krise, und keiner weiß, wie lange sie dauern wird! Die Regierung hat uns mit neuen Gesetzen die Möglichkeit gegeben, eine Brücke zu bauen, aber wir wissen ehrlich gesagt nicht, ob diese Brücke lang genug sein wird, damit wir an ihrem Ende wieder festen Boden erreichen und die Krise überwinden werden. Prinzipiell sind die Prozesse und die Vorgaben der Zentrale gut, und wir werden uns erst einmal daran halten. Aber wenn es hier kracht und alles drunter und drüber geht, dann werden wir nicht das tun, was wir laut den Vorgaben zu tun haben, sondern das, was richtig ist, und zwar unabhängig davon, was irgendwelche Regularien vorschreiben! Sie werden tun, was Sie für richtig halten – und ich werde dafür gerade stehen. Sie wissen am besten, was zu tun ist, und Sie werden den besten Job machen, den Sie können! Ich regele den Rest.«

Wer erlebt hat, wie sonst damals mit Führungskräften der oberen Hierarchieebenen umgegangen wurde, die »ihre Zahlen« nicht brachten oder deren Kennzahlen nicht stimmten, wusste, was diese Worte bedeuteten. Eine Einladung zum Performance-Dialog bei der Zentrale sorgte selbst bei gestandenen Führungskräften für schlaflose Nächte. Wenn ich mich an die Ansprache erinnere, bekomme ich noch heute eine Gänsehaut, so sehr haben mich damals die Worte berührt. Sie spannten einen Schutzschirm über uns Mitarbeiter und drückten Vertrauen, Entschlossenheit und Zutrauen aus. Wie wir heute wissen, war die Brücke größer als die Krise. Die Agentur für Arbeit, die zu Beginn des Jahres noch über Rücklagen in Höhe von knapp 17 Milliarden Euro verfügt hatte, war Mitte des Jahres pleite. Dafür überlebten all jene Unternehmen, die ohne die Hilfen genau wie jene tausende von Betrieben untergegangen wären, in deren Ländern es keine vergleichbaren Maßnahmen gab. Die Worte unseres damaligen Vorstandes zeigen, worauf es auf einer tieferen Ebene ankommt.

Der Leader ist für den Schutz seines Teams verantwortlich. Er muss die Mitarbeiter in Krisen zusammenhalten und ihnen ein angstfreies Arbeiten ermöglichen, damit sie den bestmöglichen Job machen können. Notfalls muss der Chef selbst den Kopf hinhalten bei seinen ihm überstellen Vorgesetzten, wenn es nicht so läuft wie vorgesehen oder geplant.

Simon Sinek drückt dies in seinem gleichnamigen Buch in dem Satz aus: »Gute Chefs essen zuletzt«, nämlich dann, wenn die Mitarbeiter bereits »gegessen« haben. Gute Chefs (und Chefinnen) bringen nicht als Erste ihr Schäfchen ins Trockene, sondern als letzte, indem sie ihrem Team während der Arbeit den Rücken stärken.

Mit seiner ehrlichen und klaren Botschaft gab uns der Vorstand der Geschäftsführung die notwendige psychologische Sicherheit. Er führte uns zusammen und verhinderte all die hässlichen und kontraproduktiven Phänomene, die sonst typischerweise entstehen, wenn der Druck steigt. Indem er sich selbst verletzlich machte und alle beteiligte, gewann er unser Vertrauen und motivierte uns bis in die Haarspitzen.

10.2 Wie Sie einen Safe Space erschaffen

Wachstum ist wichtig, unterliegt aber einer kritischen Bedingung: Wir können nur wachsen und uns entfalten, wenn wir uns sicher fühlen. Fehlt diese Sicherheit, hat es oberste Priorität, sie zurückzugewinnen, um den Kopf wieder für andere Dinge freizubekommen. Wie wichtig dieser Aspekt ist, zeigt die breit angelegte Google-Studie Aristoteles, die untersuchte, wodurch sich Spitzenteams von durchschnittlichen Teams unterscheiden. Die Antwort mag zunächst überraschen: Den entscheidenden Unterschied macht nicht etwa das Talent der einzelnen Mitarbeiter, sondern ein psychologisch sicheres Arbeitsumfeld!

Ein Safe Space entsteht aus der Überzeugung, dass die Arbeitsumgebung sicher genug ist, um darin Risiken einzugehen. Er zeichnet sich dadurch aus, dass sich jeder im Team voll anerkannt und respektiert fühlt, unabhängig von Geschlecht, Alter, Seniorität, Bildungsgrad, Position, Aussehen, sexueller Orientierung, ethnischem Hintergrund, der Dauer der Betriebszugehörigkeit oder anderer Merkmale. Im Kern geht es also um gelebte Inklusion.

Warum macht psychologische Sicherheit den entscheidenden Unterschied? Durch die immer komplexer werdenden Wertschöpfungsprozesse wird Teamarbeit immer wichtiger. In Zahlen gesprochen, verbringen wir heute nach Amy Edmondson (vgl. 2020) 50 Prozent mehr Zeit damit, mit anderen zusammenzuarbeiten als noch vor zwanzig Jahren. In Zeiten, in denen die alten Patentrezepte nicht mehr funktionieren, kommt es darauf an, dass jeder im Team sich offen beteiligt, bei Unklarheiten nachfragt und Bedenken frei äußern kann, ohne zu befürchten, dass er kritisiert, ausgelacht, ausgegrenzt, abgekanzelt oder auf andere Weise sanktioniert wird.

Und genau dafür braucht es psychologische Sicherheit. Etwas nur dann vorzuschlagen, wenn man mit gesicherten Fakten argumentieren kann, oder eine Idee nur dann zu äußern, wenn sie mit der Gruppenmeinung konform geht, erfordert keinen Mut. Andererseits bringt es auch nicht viel, denn wirklich Neues kann nur dann entstehen, wenn man sich traut, die alten Pfade zu verlassen sowie Neues zu wagen und auszuprobieren. Solange man in der Deckung bleibt und nichts riskiert, geht es nicht voran. Wer sich psychologisch sicher fühlt, teilt seine Meinung und Ideen auch dann offen mit, wenn er sich nicht sicher ist, ob er damit richtig oder falsch liegt.

Wie die Google-Studie belegt, benötigen selbst die besten Mitarbeiter eine psychologisch sichere Arbeitsumgebung, um ihre Talente einzubringen. Eine angstfreie Arbeitsatmosphäre hat noch weitere Vorteile: Mitarbeiter, die wissen, dass sie sich offen mitteilen können, weihen ihre Führungskraft früher in Veränderungswünsche ein und überraschen sie nicht mehr einfach mit ihrer Kündigung. So kann gemeinsam untersucht werden, ob und wie sich die Interessen beider Seiten integrieren lassen und die Kündigung unter Umständen vermieden werden.

Amy C. Edmondson, eine der weltweit führenden Expertinnen für psychologische Sicherheit am Arbeitsplatz, zeigt, dass der Safe Space das Engagement, die Bindung und die Kreativität der Mitarbeiter erhöht, deren psychische Gesundheit verbessert, den Umsatz steigert und dazu führt, dass Fehler schneller kommuniziert werden. Sie wirkt sich besonders auf die Beteiligung von Minderheiten aus, was im Zuge zunehmend heterogener Teams ein immer kritischerer Aspekt wird.

10.2.1 Reden ist Silber, Schweigen ist Blech

Ein zentrales Charakteristikum psychologischer Sicherheit ist, dass sie sich überwiegend auf der Gruppenebene abspielt. Es liegt also in der Verantwortung der direkten Führungskraft, einen entsprechenden Rahmen zu schaffen.

Dabei ist ihr Verhalten in kritischen Situationen ausschlaggebend. Führungskräfte, die nur gute Nachrichten willkommen heißen und auf negative Punkte mit Ablehnung, Wut oder Ausgrenzung reagieren, erzeugen Angst, die schließlich zum Rückzug der Mitarbeiter oder zu einer verzerrten Kommunikation führt.

Mitarbeiter beobachten genau, wie Führungskräfte bei Diskrepanzen, bei Konflikten und in Situationen, in denen es nicht optimal läuft, reagieren. Vor jedem Beitrag wägen sie ab, ob ihr Selbstschutz oder die Teamziele wichtiger sind. Je höher das Risiko, für Fehler oder unerwünschte Beiträge sanktioniert zu werden, desto wahrscheinlicher wird es, dass sie schweigen. Es wurde schließlich noch niemand dafür entlassen, dass er geschwiegen hat. Aber schon viele Mitarbeiter wurden als schwierig angesehen, als Bedenkenträger abgestempelt oder als nervig empfunden, weil sie nicht gleich begeistert jedem Change-Stöckchen, das von oben in die Abteilung geworfen wurde, hinterhergerannt sind! Wohin das führt, ist klar: Mitarbeiter, die es besser wissen, schweigen in den entscheidenden Augenblicken und machen gute Miene zum bösen Spiel. Wenn der Karren dann gegen die Wand gefahren ist, mokieren sie sich lieber mit dem Kollegen darüber, dass man selbst es gleich gewusst hat, aber natürlich nicht so »dumm« war, etwas zu sagen. Das dabei der Sinn für die Organisation längst verloren gegangen ist, liegt auf der Hand.

10.2.2 Die Safe-Space-Checkliste

Vielleicht fragen Sie sich gerade, wie gut oder schlecht es überhaupt um die psychologische Sicherheit in Ihrem Team bestellt ist? Wenn Mitarbeiter das Gefühl haben, nicht frei sprechen zu können, zeigt sich das auf verschiedenste Art und Weise. Hier die wichtigsten Merkmale zum Ankreuzen:	
1. Zögernde oder fehlende Beteiligung in Meetings und ausweichende Blicke. Es werden keine oder nur selten Vorschläge gemacht oder Bedenken geäußert.	☐
2. Unterlassene Beiträge oder Fragen, obwohl durch nonverbale Signale wie reflektierende Augenbewegungen, Stirnrunzeln, gespitzte oder aufeinander gepresste Lippen ersichtlich ist, dass man sich Gedanken zum Thema gemacht hat oder sich Einwände gebildet haben.	☐
3. Fehler oder Schwächen werden abgestritten und nicht zugegeben.	☐
4. Fehler werden gegen andere verwendet.	☐
5. Es gibt keine Kritik an Konzepten, an denen der Vorgesetzte beteiligt war.	☐
6. Es wird keine offene Kritik in Anwesenheit des Vorgesetzten geübt.	☐
7. Es wird allgemein in der Gruppe nichts Negatives über die Arbeit gesagt.	☐
8. Es werden keine Zweifel geäußert, sondern gewartet, bis belastbare Daten vorliegen oder es zu spät ist.	☐
9. Es werden keine Informationen eingeholt und nur selten oder gar nicht um Hilfe gebeten.	☐
10. Es wird wenig experimentiert; selbst vertretbare Risiken werden kaum eingegangen.	☐
11. Es werden nur selten gewagte Vorschläge eingebracht oder Witze gemacht.	☐

Nachdem der Istzustand grob erhoben ist, stellt sich die Frage, wie sich etwas ändern lässt. Wie lang der Weg ist, um die Sicherheit in Ihre Abteilung zurückzubringen, hängt maßgeblich davon ab, wie Sie mit Ihren Mitarbeitern umgehen. Mit dem folgenden Selbsttest können Sie Ihren Beitrag zur aktuellen Situation evaluieren.

Selbsttest Safe Space

Um Ihr Verhalten zu hinterfragen, beantworten Sie bitte die folgenden Aussagen mit 1 bis 5. Dabei steht 1 für »stimmt niemals«, 2 für »stimmt selten«, 3 für »stimmt manchmal«, 4 für »stimmt öfter« und 5 für »stimmt immer«.

1. Ich schimpfe öffentlich mit Mitarbeitern, wenn sie mal wieder einen dämlichen Bock geschossen haben.	123 45
2. Mitarbeiter, die es nicht anders verdient haben, kritisiere ich auch vor anderen.	123 45
3. Ich drohe auch mal offen mit Kündigung, wenn die Botschaft anders nicht ankommt.	123 45
4. Ich werde schon mal lauter oder schreie zur Not meine Mitarbeiter an, um mir Respekt zu verschaffen und damit klar ist, dass ich es ernst meine.	123 45
5. Auf hanebüchene Vorschläge und Inhalte, die einfach gar nicht zur Sache passen, reagiere ich genervt oder auch mal wütend.	123 45
6. Was einzelne Mitarbeiter teilweise so von sich geben, ist einfach lächerlich, und das zeige ich ihnen dann auch.	123 45
7. Bei unpassenden und unqualifizierten Beiträgen reagiere ich durchaus auch mal spöttisch oder mit einem abschätzigen Kommentar.	123 45
8. Wenn Mitarbeiter in Diskussionen einfach nicht lockerlassen wollen, dann zeige ich ihnen, dass mich das nervt: beispielsweise durch Augenrollen, genervtes Seufzen, verächtliches Zucken der Mundwinkel, abfälliges Ausatmen mit geblähten Backen, stechenden Blicken in Richtung des Mitarbeiters, demonstratives Schweigen oder durch vielsagende Blicke zu vertrauten Kollegen oder ins Plenum.	123 45

9.	Bei Beschwerden von oben lasse ich den Mitarbeiter spüren, was er sich da eingebrockt hat. Meine Hand für ihn ins Feuer legen? Sicher nicht!	1 2 3 4 5
10.	Wenn Mitarbeiter angeblich überfordert sind und Probleme haben, lasse ich mir deren Arbeit sicher nicht aufs Auge drücken. Man wächst ja schließlich an seinen Aufgaben.	1 2 3 4 5
	Gesamt:	

Auswertung:

Je weniger Punkte, desto besser für das Arbeitsklima: Bis 19 Punkte ist alles im grünen Bereich, zwischen 20 und 29 Punkten steigt die Unsicherheit, und wer die 30 geknackt hat, darf sich nicht wundern, wenn Schweigen und Jasagertum herrschen und Fluktuation wie auch Fehlzeiten ein Dauerproblem sind. Vielleicht fragen Sie sich, warum die Schwelle schon bei 30 Punkten liegt. Der Grund besteht wie bei der Losada-Quote darin, dass negative Inhalte wesentlich schwerer wiegen als positive. Dabei muss unterschieden werden, ob dieses toxische Verhalten regelmäßig gezeigt wird oder selten einmal herausrutscht, wenn die Führungskraft einen schlechten Tag hat. Letzteres ist auch nicht angenehm und nicht optimal für das Arbeitsklima, aber die Mitarbeiter unterscheiden sehr wohl zwischen stressbedingten Ausnahmen und einer tiefer liegenden Einstellung.

Subtileres Unterlaufen des Safe Space

Wenn Sie dieses Buch lesen, liegt die Wahrscheinlichkeit hoch, dass Sie im Test unter 30 Punkte erzielt haben. Neben offenen körpersprachlichen Übergriffen gibt es noch weitere, subtilere Verhaltensweisen, die dazu beitragen, dass die psychologische Sicherheit verloren geht. Die Autorin und Leadership-Trainerin Lisa Gill beschreibt Situationen, in denen einzelne Mitarbeiter oder die Gruppe Probleme haben oder leiden. Trotz guter Absichten schränken Führungskräfte die psychologische Sicherheit ein, indem sie beispielsweise:

- bei Problemen automatisch schnelle Lösungen oder Ratschläge anbieten,
- versuchen, die Mitarbeiter schnell wieder aufzuheitern oder die Dinge wieder schön zu machen,
- dazu neigen, schwierige Gefühle zu übergehen oder zu ignorieren,
- einfach nur schnell eine Entscheidung anstreben, die allen am besten helfen soll.

Das Trügerische an diesen Verhaltensweisen ist, dass sie manchmal durchaus hilfreich sein können. Häufiger schränken sie jedoch die psychologische Sicherheit ein, denn sie lassen den Mitarbeitern keinen Raum, um ihre Gefühle zu verarbeiten oder eigene Lösungen zu finden, und halten sie so in einer abhängigen Position.

10.3 So gelingt der nachhaltige Klimawandel im Betrieb

Amy C. Edmondson beschreibt, dass es drei Stufen braucht, um psychologische Sicherheit zu entwickeln:

1. Die richtigen Voraussetzungen schaffen
2. Die Mitarbeiter zur Teilnahme einladen
3. Produktiv reagieren, wenn diese erfolgt.

10.3.1 Die richtigen Voraussetzungen schaffen

Im ersten Schritt gilt es, Klarheit zu schaffen über die Situation und den Rahmen, in dem gemeinsam agiert wird. Wenn die Organisation überlebensfähig bleiben soll, führt an der Beteiligung aller Mitarbeiter kein Weg vorbei. Es muss allen klar sein, dass es neue Prioritäten gibt und zukünftig die Mitarbeiter im Mittelpunkt stehen. Die Situation und der Rahmen der heutigen Wirtschaft sind so komplex, dass schon lange nicht mehr der Chef über richtig und falsch entscheidet, sondern vielfach der Kunde. Dessen Verhalten ist für die Organe des Unternehmens umso schwerer vorauszusehen, je weiter sie vom Kunden entfernt agieren. Der Mitarbeiter an der Basis fungiert also als wichtiger »Klimafühler« für die ganze Organisation. Es gilt, neue Trends oder Änderungen in den Präferenzen der Kunden so schnell zu erkennen und zu kommunizieren, dass das Unternehmen rechtzeitig darauf reagieren kann, bevor der Kunde zur Konkurrenz wechselt.

Die Größe eines Unternehmens ist keine Sicherheit für dessen Fortbestehen. Viele Große wurden schließlich zu großen Insolvenzen. In großen Unternehmen dauert es zwar länger, bis sich die Folgen von sozialem Faulenzen und Dienst nach Vorschrift offen zeigen, trotzdem schädigt es bereits davor die Organisation und gefährdet ihre Existenz.

Der originäre Grund, warum ein Unternehmen überhaupt existiert, besteht in der Zusammenarbeit. Wird diese verweigert, greift es das Fundament der Firma an. Der zweite Grund besteht darin, dass das Unternehmen einen spezifischen Sinn für die Gesellschaft beziehungsweise seine Kunden erfüllen und einen Mehrwert bieten will; ansonsten wären die Kunden nicht bereit, für die Produkte oder Dienstleistungen zu bezahlen. Der Organisation zu helfen, diesen Sinn zu verwirklichen, ihm zu folgen und ihn weiterzuentwickeln, ist die kollektive Aufgabe aller Mitarbeiter. Entscheidungen müssen sich zukünftig am tieferen Sinn der Organisation messen lassen und nicht mehr an der Positionsautorität der Führung. Besprechen Sie mit Ihren Mitarbeitern diesen Rahmen und die Notwendigkeit, dass sich alle, die Führung eingeschlossen, weiterentwickeln müssen.

Aufrichtigkeit kultivieren – die Transparenz-Bibliothek

Wie es praktisch aussehen kann, zeigt Bridgewater. Sein Gründer Ray Dalio hängt die Latte für Beteiligung und Aufrichtigkeit noch höher: Eine Regel bei Bridgewater lautet, dass eine kritische Meinung stets geäußert werden muss! Wer denkt, dass etwas schiefläuft, hat die Pflicht, sich mitzuteilen. Aber Dalio predigt nicht nur Wasser, sondern trinkt es auch selbst. Transparenz und Aufrichtigkeit sind, wenn sie nur einseitig eingefordert werden, nichts anderes als plumpe Kontroll- und Machtinstrumente. Die Führungs-Meetings bei Bridgewater werden daher sogar per Video aufgezeichnet und in einer Transparenz-Bibliothek aufbewahrt. So kann sich jeder Mitarbeiter einen umfassenden Einblick verschaffen, wie sich die Führungskräfte untereinander in Bezug auf kritische Fragen ausgetauscht haben.

Hunde und Kinder bei der Arbeit erlauben

Wohl jeder hat es schon erlebt, wie sich die Atmosphäre (im Positiven, wie im Negativen) verändern kann, wenn Tiere oder kleine Kinder im Raum sind. Frederic Laloux beschreibt Unternehmen, die ihren Mitarbeitern ermöglichen, ihre Hunde mit zur Arbeit zu bringen, und dadurch eine kollegialere Atmosphäre schaffen. Wenn wir eben noch den Hund eines Kollegen gestreichelt oder uns mit seinem Kind unterhalten haben, fällt es danach schwer, ihn auszugrenzen oder destruktiv zu kritisieren.

Joachim Bauer beschreibt Einsamkeit als das größte Übel unserer Gesellschaft mit gravierenden Folgen für die Gesundheit von zunehmend mehr Betroffenen. In Zeiten, in denen immer mehr Menschen allein leben, könnte ein Hund vielen helfen, ihre seelische Gesundheit zu verbessern. Da dieser aber nicht den ganzen Tag allein gelassen werden kann, entscheidet man sich oft dagegen. Arbeitgeber, die ihren Mitarbeitern ermöglichen, ihre Hunde mitzubringen, tragen zur Verbesserung des Klimas und der psychischen Gesundheit der Mitarbeiter bei. Beim Arbeitgeberbewertungsportal Kununu ist die Möglichkeit, Hunde mit zur Arbeit zu bringen, eines der neunzehn Benefits, durch die sich attraktive von unattraktiven Arbeitgebern unterscheiden.

Da Hunde nicht jedermanns Sache sind und durchaus auch problematisch sein können für Mitarbeiter, die keine Hunde haben, empfiehlt es sich, vorher im Team zu klären, ob es für alle in Ordnung ist, sie zur Arbeit mitzubringen. Je nach Räumlichkeiten kann es Büros mit oder ohne Hunde geben.

Führungskräfte, die sich verletzlich machen

Der Organisationspsychologe Adam Grant (2016) beschreibt, wie er bei der Gates-Foundation das Konzept der »Mean-Reviews« einführte, um die Bildung eines Safe Space zu fördern. Angesichts der hohen Machtdistanz zum damals reichsten Mann der Welt fühlten sich viele Mitarbeiter extrem gehemmt und hatten Angst, sich frei zu äußern. Grant erinnerte sich an die Mean-Review-Methode, die an seiner Universität sehr erfolgreich gewesen war und schlug sie Melinda Gates vor. Bei den Mean-Reviews geben die Mitarbeiter zunächst anonym kritische Feedbacks über verschiedene Führungskräfte ab. Dann werden diese den Führungskräften vor laufender Kamera vorgelesen und ihre Reaktion und ihre Kommentare aufgezeichnet. Die Methode ist aus drei Gründen enorm wirksam:

1. Zunächst sind die Führungskräfte nicht gewohnt, so direkt und scharf kritisiert zu werden.
2. Die Kritik trifft teilweise so direkt ins Schwarze, dass sie der Führungskraft kurz ihre Maske vom Gesicht nimmt und ihre Persönlichkeit ungefiltert zu Tage treten lässt. Die gezeigte Betroffenheit oder Verletzlichkeit schaffen Nähe und Vertrauen auf der zwischenmenschlichen Ebene.
3. Wenn die Führungskräfte darauf ihren selbstkritischen Kommentar abgeben, oder einen, bei dem sie auch über sich lachen, sehen die Mitarbeiter, dass diese abseits ihrer hierarchischen Position auch nur ganz normale Menschen sind.

Ein Vorteil, wenn die Reaktionen aufgenommen werden, liegt darin, dass später die besten Szenen zusammengeschnitten werden können, um sie im Onboarding neuer Mitarbeiter zu verwenden. Da die Betroffenheit und Spontanität nur beim ersten Mal authentisch auftreten, bleiben diese kostbaren Momente gesichert, um späteren Betrachtern zu helfen, ihre Ängste und Hemmungen loszulassen.

10.3.2 Mitarbeiter zur Teilnahme einladen

Nachdem die richtigen Voraussetzungen geschaffen wurden, geht es im zweiten Schritt zur psychologischen Sicherheit zunächst darum, als Führungskraft mit gutem Vorbild vorauszugehen und den Anspruch an die eigene Unfehlbarkeit abzulegen. Nachdem Situation und Erwartungen offen besprochen wurden, kann die Bitte an die Mitarbeiter formuliert werden, die Führungskraft in kritischen Situationen an ihren eigenen Worten zu messen und sie daran zu erinnern, diese auch selbst zu erfüllen. Wenn die Führungskraft zugibt, dass sie selbst erst in diese Situation und die neuen Anforderungen hineinwachsen muss und dabei beileibe nicht fehlerfrei ist, legt das automatisch die Grundlage für einen Rahmen, in dem auch der Mitarbeiter Fehler machen darf.

Niemand kann auf Knopfdruck Gewohnheiten, die sich über Jahre eingeschliffen haben, einfach so ablegen. Führungskräfte, die denken, nur weil sie offen zur Beteiligung eingeladen haben, müsse auch jeder mitmachen, irren sich. Da die Struktur der Organisation und die damit verbundenen Machtunterschiede die Kommunikation prägen, ist es normal, dass Mitarbeiter sich tendenziell zunächst damit zurückhalten werden, einen Vorgesetzten zu kritisieren. Genauso normal ist es, dass Vorgesetzte nur ungern Schwächen zeigen und Fehler eingestehen, denn jede Rolle ist mit ihren spezifischen Ängsten behaftet. Aber genau an dieser Stelle braucht es den längst überfälligen Paradigmenwechsel.

Micro Habit: Bitten Sie um konstruktive Kritik und Reflexion

Sobald Vorgesetzte zu ihren Schwächen stehen und auch Kritik an ihren Ideen willkommen heißen, werden die Mitarbeiter beginnen, sich daran ein Vorbild zu nehmen. Der positive Effekt auf das Gruppenklima ist weitaus produktiver, als wenn Sie um jeden Preis versuchen, die Oberhand zu behalten. Bitten Sie offen um Stellungnahme, Kritik oder Ergänzungen. Stellen Sie klar, dass Sie nicht für sich in Anspruch nehmen, die perfekte Lösung zu haben. Vermitteln Sie deutlich, dass es sich bei Ihren Ideen um Hypothesen handelt, und fragen Sie nach Gegenargumenten, die eventuelle Schwächen Ihrer Idee aufzeigen. Ergänzen Sie spaßeshalber, dass niemand aus dem Meeting herauskommt, bevor das Team nicht drei Einwände gefunden hat, warum Ihr Vorschlag scheitern muss.

Sollte die Teilnahmebereitschaft in der Gruppe zunächst noch zaghaft sein, können Einzelgespräche helfen, das Eis langsam aufzutauen. Darüber hinaus erleichtern passende Fragen, Interaktionsformate und Methoden die Bildung eines Safe Space.

Die richtigen Fragen stellen

Wer fragt, der führt! Oft fragt es sich jedoch, wohin. Führen Sie den Prozess mit den passenden Fragen in Richtung Wertschätzung und Miteinander und thematisieren Sie offen, worum es im Kern geht:

- »Was brauchen wir, um eine Arbeitsatmosphäre zu schaffen, in der Fürsorge, Respekt und Wertschätzung herrschen?«
- »Vor welcher Herausforderung steht ihr aktuell und was braucht ihr als Mitarbeiter von mir, um effektiver den Sinn der Organisation folgen zu können?«
- »Ist diese Woche alles so gelaufen, wie ihr es euch für eure Kunden gewünscht hättet?«
- »Was könnten wir bei unserer Strategie noch übersehen haben?«
- »Vielleicht habe ich etwas vergessen? Fällt euch noch etwas ein?«

Die 1-2-4-All-Methode

Die 1-2-4-All-Methode aus der Methodensammlung der Liberating Structures ermöglicht, die Mitarbeiter in Meetings so zu beteiligen, dass auch die zögerlichen und leiseren unter ihnen zu Wort kommen. Hierfür wird zunächst eine Frage gestellt und die Mitarbeiter werden gebeten, sich für eine Minute allein Gedanken zu machen. Darauf folgt für zwei Minuten ein Austausch mit dem Sitznachbarn. Im nächsten Schritt tauschen sich die beiden dann gemeinsam mit einem anderen Duo für die Dauer von vier Minuten aus. Abschließend werden gemeinsam im Plenum für acht bis fünfzehn Minuten (je nach Gruppengröße) die Ergebnisse zusammengetragen und besprochen.

1-2-4-All-Methode		
Allein	–	1 Minute
Zu zweit	–	2 Minuten
Zu viert	–	4 Minuten
Alle	–	8 bis 15 Minuten

Die Ergebnisse der Methode verblüffen immer wieder aufs Neue: Wenn die Kleingruppen nach sieben Minuten ins Plenum kommen, tritt man direkt mit geklärten Gedanken und konkreten Vorschlägen über das Thema in Dialog. Im Gegensatz zu Meetings, in denen spontan offen über eine Frage diskutiert wird, gibt es nur selten fruchtlose Wenn-und-aber-Diskussionen, bei denen einzelne Mitarbeiter die Vorschläge anderer angreifen und damit Verteidigungs- und Rechtfertigungsspiralen oder Diskussionen anstoßen, die vom Thema wegführen. Ebenso bildet sich nicht direkt durch die Beiträge einzelner dominanter Teilnehmer eine Gruppenmeinung. Stattdessen können Mitarbeiter, die sonst eher zurückhaltend sind, ihre Meinung einbringen, weil sie sich durch den vorigen Austausch in der Minigruppe sicherer fühlen, da bereits einige Kollegen ihre Gedanken teilen.

Um die Vielfalt der Ergebnisse zu verbessern, können Sie die Zusammenstellung der Zweier- und Vierer-Gruppen variieren. Beispielsweise, indem Sie zunächst die ruhigeren von den extrovertierten Typen trennen. Ebenso kann zunächst eine geschlechterspezifische Trennung Sinn machen oder eine Trennung nach der Erfahrung. Da zum Schluss die Ergebnisse zusammengetragen werden, wird der Austausch umso reichhaltiger, je stärker sich davor einzelne Strömungen entwickeln konnten.

Kreisgespräche als Ausweg aus Sackgassen

Wenn es in Diskussionen heiß hergeht, ergibt oft ein Wort das andere. Die Teilnehmer versteifen sich auf ihre jeweiligen Meinungen und sind mehr damit beschäftigt, ihre Argumente überzeugend zu platzieren, als den anderen wirklich zuzuhören. Während der eine noch spricht, bereitet ein anderer schon im Geiste die eigenen Aussagen vor und »lauert« auf den richtigen Zeitpunkt, um sie zu platzieren. Mitunter entsteht ein wildes Durcheinander, bei dem die Schnellen, Lauten und Dominanten ihre Parolen schwingen, während andere Mitarbeiter, die durchaus etwas Konstruktives beitragen könnten, nicht zu Wort kommen. So entsteht mehr ein Gegeneinander als ein Miteinander, und das Potenzial, das die Gruppe durch ihre Vielfalt eigentlich haben könnte, geht verloren. Abhilfe schafft hier die genauso alte wie bewährte Methode der Kreisgespräche. Die Regel ist einfach:

Micro Habit: Talking Stick

Die Teilnehmer sitzen im Kreis, jeder erhält reihum das Wort und kann, ohne unterbrochen zu werden, so lange sprechen, wie er will. (Alternativ wird eine feste Redezeit vereinbart, an die sich jeder halten muss.) Wer seine Gedanken geäußert hat, übergibt das Wort an seinen Nachbarn. Rückfragen von anderen Teilnehmern, mit denen sie das Wort vorzeitig an sich reißen könnten, sind außerhalb der eigenen Redezeit nicht erlaubt. Wer nichts beitragen kann oder will, kann das Wort natürlich direkt weitergeben.

Eine Variante der Methode visualisiert das Rederecht, in dem ein Talking-Stick verwendet wird; reden darf jeweils nur, wer den Stick gerade in der Hand hält.

Da jeder unabhängig von seiner Strategie die gleichen Möglichkeiten erhält, sich am Gespräch zu beteiligen, erhöht diese Methode die Achtsamkeit ungemein.

10.3.3 Produktiv reagieren, wenn sich die Mitarbeiter beteiligen

Wenn Sie Ihr Team erfolgreich durch die ersten beiden Schritte bis hierher geführt haben, kommt nun die Feuertaufe. Meinungsaustausch bedeutet nicht, dass der Mitarbeiter mit seiner eigenen Meinung kommt und mit der Meinung der Führungskraft geht. Seien Sie achtsam und leiten Sie das Gespräch in Richtung Dialog statt Diskussion.

Micro Habit: Dialog statt Diskussion

Beteiligen sich die Mitarbeiter wie erhofft, ist es an Ihnen, dieses zarte Pflänzchen zu schützen und beim weiteren Wachstum zu unterstützen. Wertschätzen Sie die Beteiligung selbst und bewerten Sie nicht die Qualität der Beiträge. Oft reagieren wir mit automatisierten Antworten, ohne über die Inhalte einer Antwort reflektiert zu haben. Kritik, Einwände und Ablehnung können destruktiv wirken. Wenn die ersten kritischen Beiträge erfolgen, dann widerstehen Sie der Versuchung, zu diskutieren oder zu beweisen, dass Sie eben doch im Recht sind. Äußerungen wie »vielen Dank für Ihren Beitrag« oder »Das ist eine gute Frage – was meinen die anderen dazu?« sind hingegen neutral und wirken ermutigend, unabhängig vom Inhalt des Gesagten. Für fachliche überlegene Führungskräfte stellt das mitunter eine besondere Herausforderung dar. Es geht aber im ersten Schritt nicht darum, zu urteilen, sondern darum, die Beteiligung zu wertschätzen und auch unausgegorene Gedanken in ihrer Gänze hervortreten zu lassen. Dadurch entsteht die Chance, einzelne Aspekte zu vertiefen und weiterzuentwickeln.

Toleranz heißt zu ertragen, dass jemand anders denkt, und in Betracht zu ziehen, er könnte irgendwo recht haben.

*Dieter Nuhr (*1960), Kabarettist*

Zauberworte

Wenn Mitarbeiter sich so weit öffnen, dass sie Ihnen mitteilen, wodurch sie verunsichert wurden oder sich verletzt fühlten, sollten Sie sich eine simple Tatsache vor Augen führen: Die erlebte menschliche Realität ist immer subjektiv und abhängig von dem, der sie für sich konstruiert. Der Empfänger macht also die Botschaft – Kommunikation ist Wirkung und nicht Absicht. Wenn Ihr Mitarbeiter es so wahrgenommen hat, dann streut es nur Salz in die Wunde, ihm diese Wahrnehmung abspenstig machen zu wollen. Stehen Sie zu Versäumnissen der Vergangenheit und widerstehen Sie der Versuchung, diese unnötig zu relativieren oder zu rechtfertigen. Stehen Sie zu zwischenmenschlichen Übertritten und bemühen Sie sich um Verständnis und die Einsicht, dass der Mitarbeiter dadurch tatsächlich verletzt wurde. Wenn Sie sich dann aufrichtig entschuldigen und versuchen, Ihr Verhalten künftig zu ändern, gibt es nur wenige, die Ihnen das nachtragen werden.

In anderen Zusammenhängen ist es oft nur das eigene Ego, das sticht und uns motiviert, am vermeintlich makellosen Selbstbild festzuhalten. Daher geht es im nächsten Schritt darum, dieses Ego zu überwinden und stattdessen mehr Herzlichkeit und Gemeinschaft in den Kontakt einzubringen. Nutzen Sie hierfür Zauberworte wie:

- Ich weiß es nicht.
- Ich brauche Ihre Hilfe.
- Ich habe einen Fehler begangen. Entschuldigung!
- Es tut mir leid.

Zimbeln gegen das Ego

Die Forderung, das eigene Ego zurückzunehmen, richtet sich nicht nur an die Führungskraft. Wie viele zeitraubende Stunden haben wir alle schon verloren, weil tieferliegende gruppendynamische Strömungen auf dem Rücken unschuldiger Themen ausgetragen wurden? Entsprechende Beiträge sind teilweise zu Beginn nur schwer zu erkennen. Nach und nach fragen sich dann aber immer mehr Teilnehmer, wo bei Exkursen, Elogen und den Selbstbeweihräucherungen einzelner Mitarbeiter oder bei Diskussionen über irrelevante Themen noch der Bezug zur Sache selbst bleibt. Timm Urschinger, CEO der Schweizer Beratungsfirma Live Sciences, brachte es auf den Punkt, als er 2020 beim Teal around the World Festival beschrieb, wie viel Zeitverschwendung er schon bei Diskussionen über die neue Wandfarbe der Büroräume erlebt hat.

Die Heiligenfeld Kliniken verhindern durch eine einfache Maßnahme, dass das Ego der Führungskräfte oder Mitarbeiter die Gespräche boykottiert. Zu Beginn eines Meetings übernimmt ein Mitarbeiter zwei Zimbeln und lässt diese aneinander klingen, sobald er das Gefühl hat, dass der Beitrag eines Teilnehmers aus dem Ego heraus erfolgt und von der eigentlichen Sache wegführt. Während der Klang der Zimbeln dann den Raum erfüllt, schweigen alle und steigern dadurch ihre Achtsamkeit. Anschließend geht das Gespräch egobefreit weiter.

Think twice: Wie ist es um unseren Safe Space bestellt?

- *Herrscht bei uns eine Kultur, die eher bewirkt, dass man blindlings zustimmt, oder dass man eigene Bedenken teilt?*
- *Auf welche Weise schränke ich manchmal die psychologische Sicherheit in meinem Team ein? Was will ich in Zukunft anders, besser machen?*
- *Wie oft teile ich meine eigenen Gefühle, Unsicherheiten und Fehler mit meinen Kollegen?*
- *Wie oft teilen meine Kollegen sie mit mir? Oder miteinander?*

10.4 Fazit

Psychologische Sicherheit ist der konstruktive Gegenspieler zu jenen toxischen Arbeitsumfeldern, die immer mehr Menschen in die innere oder äußere Kündigung treiben. Insbesondere seit der Coronapandemie hat eine Great Resignation eingesetzt, die bewirkt, dass immer mehr Mitarbeiter ihre Arbeitgeber verlassen; laut einer Umfrage von Forsa kündigt 2022 sogar jeder Vierte im Raum Deutschland, Österreich und der Schweiz, ohne eine Anschlussbeschäftigung in Aussicht zu haben. Psychologische Sicherheit ist im Kern gelebte Inklusion und zeichnet sich durch Wertschätzung, Respekt und Anerkennung aus. Ein psychologisch sicherer Rahmen ist ein Gruppenphänomen, das entscheidend durch die direkte Führungskraft geprägt wird.

- Sensibilisieren Sie sich zunächst anhand der Safe-Space-Checkliste und des Selbsttests für die verschiedenen Signale, die zeigen, dass Ihre Mitarbeiter sich nicht sicher fühlen, und werden Sie sich Ihres Einflusses darauf bewusst.
- Schaffen Sie die richtigen Voraussetzungen für einen Raum der psychologischen Sicherheit: Kultivieren Sie Aufrichtigkeit, fordern Sie ausdrücklich zu Kritik und Einwänden an Ihren Ideen auf.
- Sorgen Sie mithilfe der 1-2-4-All-Methode oder mit Kreisgesprächen dafür, dass auch stillere Teammitglieder zu Wort kommen und sich in einem gesicherten Rahmen äußern.
- Drücken Sie zunächst Wertschätzung für die Beiträge Ihrer Mitarbeiter aus, ohne sie inhaltlich zu bewerten.
- Beugen Sie dem Egotum einzelner Teammitglieder vor, indem Sie zum Beispiel von einem Mitarbeiter Zimbeln erklingen lassen, sobald jemand nur noch aus dem Ego heraus redet oder agiert.

11.

Wenn sich die Erwartungsnebel lichten

Information ist die Währung der Demokratie.

Thomas Jefferson (1743–1826),
Dritter US-Amerikanischer Präsident

11.1 Ängste transformieren

Ist es möglich, eine Landkarte der Emotionen für unseren Körper zu erstellen? Der finnische Psychologe Lauri Nummenmaa ging mit seinem Team dieser Frage nach und untersuchte 2013 bei siebenhundert Probanden, welche Regionen ihres Körpers sich bei verschiedenen Emotionen und Gefühlen wärmer oder kühler anfühlten. Die Ergebnisse gingen um die Welt: Während bei Stolz Brust und Wangen in strahlendem Gelb leuchten, glühen bei Wut die Hände und bei Liebe ganz andere Regionen. Aber es gab auch negative Auswirkungen und dunklere Regionen: Bei depressiven Gefühlen werden die Beine kühler und schwerer spürbar, und jeder Schritt kostet Überwindung (der folgende Link plus QR-Code führen zu Wärmebildern, die unterschiedliche Gefühle zeigen: https://arbeitsblaetter.stangl-taller.at/EMOTION/Emotion-Kognition.shtml).

Nummenmaa kartografierte zunächst dreizehn Emotionen, darunter auch Angst (Anxiety) und Furcht (Fear). Während Angst unspezifisch ist, bezieht sich Furcht auf eine bestimmte Ursache. Wärmebilder zu Angst und Furcht spiegeln den Unterschied wider: Bei Angst sind Hände und Füße nicht spürbar, während bei Furcht dort Wärme und Energie flackern. Das beklemmende Gefühl der Angst in der Brust lässt bei Furcht nach und entwickelt sich zu Entschlossenheit in der Schulter- und Oberarmregion.

Im Falle von Angst sind Hände und Beine kaum aktionsbereit – wohin sollte man auch fliehen oder wogegen kämpfen, wenn man nicht weiß, woher die Gefahr kommt? Bei Furcht dagegen sind Hände und Füße handlungsbereit: Der Körper möchte das Objekt der Furcht abwenden oder abwehren. Während Angst uns also lähmt und erstarren lässt, sucht Flucht noch nach Lösungen und Auswegen.

Die im letzten Kapitel beschriebene psychologische Sicherheit kompensiert die Angst, die Mitarbeiter blockieren und verstummen lässt. Ein anderer Weg ist es, die Angst zu transformieren: Wenn es gelingt, ihr den unspezifischen Charakter zu nehmen, ist das der erste Schritt, um die nötigen Reserven zu mobilisieren und selbstbestimmt eine Änderung herbeizuführen. Während die Angst vor den unerklärlichen Launen eines cholerischen Chefs einen Mitarbeiter erstarren lässt, kann er zielgerichtet handeln, sobald er klar weiß, was erwartet wird und wodurch Gefahr droht, beispielsweise davor, einen Kunden zu verlieren, weil nicht innerhalb der erwarteten Zeit geantwortet wird.

Der Schlüssel zur Klärung liegt also in der Kenntnis der Erwartungen. Bodo Janssen berichtete beim Teal around the World Festival 2022, wie er mit seinen Angestellten während der Coronakrise zunächst den gemeinsamen Sinn des Unternehmens temporär von der Zentrierung auf die Mitarbeiter zur Zentrierung auf Wirtschaftlichkeit verschob, um zu überleben. Die Änderung wurde offen kommuniziert, die Erwartungen waren klar. Im nächsten Schritt legte er allen Mitarbeitern die Liquidität offen und kommunizierte täglich in einem Ampel-System, wie es gerade um das Unternehmen bestellt war. Das nahm der unspezifischen Angst vor der Insolvenz und Arbeitslosigkeit die Kraft, schweißte die Belegschaft zusammen und führte zu wirtschaftlichem Handeln auf allen Ebenen. Die Mitarbeiter entwickelten Lösungen, an die zuvor niemand gedacht hatte. Und setzten sie auch um. Das Ergebnis beeindruckt: Während in der durch die Pandemie gebeutelten Hotelbranche unzählige andere Häuser für immer schließen mussten, waren die Jahre 2020 und 2021 für Janssens Hotelkette Upstalsboom die erfolgreichsten der gesamten Unternehmensgeschichte.

11.2 Licht ins Erwartungsdunkel bringen

In Bezug auf psychologische Sicherheit gilt: Kaum etwas löst bei Mitarbeitern mehr Stress aus, als nicht zu wissen, wann und wofür sie ausgeschimpft, getadelt oder zurechtgewiesen werden. Es ist wie beim Unterschied zwischen Angst und Furcht: Wer die Kriterien nicht kennt, nach denen Sanktionen erfolgen oder eine Leistung bemessen wird, kann sein Verhalten auch nicht zielgerichtet ausrichten – er tappt im Dunkeln oder im Nebel. Solange die Führungskraft die Leistung der Mitarbeiter beurteilt, schwebt bei diesen stets die latente Angst mit, die Erwartungen nicht erfüllen zu können. Und das ist gefährlich, denn auf der neurologischen Ebene der Führungskraft trennen erfüllte und enttäuschte Erwartungen Glück von Schmerz. Der Mitarbeiter wird dabei zum Protagonisten. Übertrifft er die an ihn gestellten Erwartungen, aktiviert das das Belohnungszentrum seiner Führungskraft, enttäuscht er sie, springt ihr Schmerzzentrum an.

Enttäuschte Erwartungen lösen Schmerz aus. Das Spektrum der dadurch induzierten Schmerzen ist breit: von der kaum wahrnehmbaren leichten Verstimmung über eine nörglerische Unzufriedenheit, eine empörte Entrüstung bis zum herzzerreißenden Schmerz einer nicht erwiderten Liebe. Dieser Schmerz führt zu emotionaler Unruhe und schließlich zum Rückzug, der die weitere Zusammenarbeit erschwert.

Im Mittelpunkt steht also die Frage: Was wird eigentlich erwartet? Ich habe Führungskräfte erlebt, die einfach nicht damit herausrücken konnten, was sie wirklich von ihren Mitarbeitern erwarteten. Bei Fragen danach warfen sie mit kommunikativen Nebelkerzen und abstrakten Begrifflichkeiten um sich, die alles offen ließen und es ermöglichten, in guter Stimmung alles großartig zu finden und bei schlechtem Wetter alles herunterzumachen. Komplizierte Ausführungen und vage Beispiele – Rosinen aus dem Kuchen der eigenen Ungeklärtheit. Was es bräuchte, sei eigentlich ein Unternehmer im Unternehmen, aber entscheiden sollte weiterhin der Chef! Es bräuchte jemanden, der eigenständig handelt, aber bitte erst nach Abstimmung und Genehmigung! Wenn sie unangemessenes Verhalten sahen, wussten sie, was sie nicht wollten; konkret zu definieren, was sie wollten, fiel ihnen dagegen schwer. Das soll kein Vorwurf sein. Ein Stück weit sind wir heute alle davon betroffen, worauf der ständig wachsende Markt an professionellen Klärungshelfern wie Therapeuten, Mediatoren, Beratern und Coaches deutlich hinweist.

Ein Problem dabei: Wir projizieren regelmäßig die eigenen Unzulänglichkeiten auf unsere Mitmenschen und erwarten dann, dass sie die Kastanien für uns aus dem Feuer holen. Scheitern sie – und das tun sie umso häufiger, je schlechter wir uns selbst kennen –, dann bieten sie uns die Arena, um unsere eigenen Schatten zu bekämpfen. Mit ihnen als Hauptdarsteller – ein undankbarer Job. Von daher lassen sich Erwartungen auch definieren als einseitig geschlossene Verträge, von denen der andere nichts weiß. Die Grundsubstanz für gelingende Kommunikation sind Klarheit und Mut: Klarheit über die Bedürfnisse und Erwartungen der Beteiligten sowie die Anforderungen der Situation und Mut, über diese offen zu sprechen. Was liegt also näher, als offen miteinander zu klären, was wir voneinander wollen?

11.2.1 Erwartungsaustausch

Die Klärung der Erwartungen kann in mehreren Stufen erfolgen: Stufe 1 ist die Selbstklärung, bei der sich sowohl die Führungskraft als auch die Mitarbeiter Gedanken darüber machen, was ihnen wichtig ist. Folgen sollte dann ein einfaches offenes Gespräch mit den einzelnen Mitarbeitern oder dem ganzen Team, in dem alle ihre Erwartungen aneinander mitteilen. Doch Erwartungen sind nicht gleich Erwartungen: Der Soziologe Ralf Dahrendorf unterscheidet Muss-, Soll- und Kann-Erwartungen:

Für jeden im Unternehmen, vom Lehrling bis zum Chef, gilt das Gleiche: Er kann sich erst dann erfolgswirksam entfalten, wenn er seine Rolle im Unternehmen versteht und erkennt, wie er mit seinen Hauptaufgaben zum Erreichen der gemeinsamen Ziele beiträgt.

Manfred Helfrecht (1936–2020),
Unternehmer

1. Muss-Erwartungen entsprechen den gesetzlichen Rahmenbedingungen oder den arbeitsvertraglichen Vereinbarungen. Sie sind wie rote Ampeln: Ihre Nichteinhaltung wird vom Gesetzgeber verfolgt und bestraft oder kann vom Arbeitgeber abgemahnt werden. Werden diese wie beim Abgasskandal von Volkswagen ausgehebelt, droht nicht nur ein finanzieller Schaden, sondern auch ein erheblicher Imageverlust. An den Arbeitgeber werden durch Arbeitsrecht und Tarifverträge verschiedene Muss-Erwartungen gestellt und es fällt negativ auf, wenn diese beispielsweise bereits im Bewerbungsgespräch mit verbotenen Fragen übergangen werden.

2. Soll-Erwartungen werden von den verschiedensten Seiten wie Vorgesetzten, Kunden, Kollegen, Mitarbeitern aber auch aus dem Privatleben an uns gestellt und bei Nichterfüllung sozial sanktioniert. Soll das Team beispielsweise den Spätdienst der Kundenhotline eigenverantwortlich besetzen, dann sollte sich jeder Mitarbeiter zu gleichen Teilen dafür eintragen. Tut es einer nicht, fällt das früher oder später auf und führt zu Gerede und schließlich zu Beschwerden.

3. Kann-Erwartungen sind der Schmierstoff, der das soziale Gefüge richtig rund laufen lässt. Sie fassen den Kreis noch weiter und schließen Erwartungen ein, bei denen man sich nicht beschweren wird, wenn sie nicht erfüllt werden. Wenn ein Mitarbeiter beispielsweise kurz in die Stadt geht, kann er seinen Kollegen fragen, ob er ihm etwas mitbringen kann. Er kann ihm sogar ungefragt eine Kleinigkeit vom Bäcker mitbringen. Fragt er oder bringt er etwas mit, zahlt er aktiv aufs Beziehungskonto ein. Er kann es aber auch nicht tun, ohne sich damit unbeliebt zu machen.

In Bezug auf die Klassifizierung von Erwartungen gibt es individuelle Unterschiede, die regelmäßig zu Missverständnissen oder Spannungen führen. Was für den distanzierten und sachlichen Typen eine Kann-Erwartung ist, kann der gesellige und soziale Kollege bereits als Soll-Erwartung empfinden.

Ebenfalls problematisch ist, wenn für den Vorgesetzten eine Sache, beispielsweise der Kalendereintrag beim Außendienst, eine Muss-Erwartung darstellt, der Mitarbeiter sie aber nur als Soll- oder gar Kann-Erwartung empfindet.

Micro Habit: Differenzierte Erwartungsklärung
Besonderer Klärungsbedarf herrscht bei Muss-, Kann- und Soll-Erwartungen. Erheben Sie im Team nicht nur, was voneinander erwartet wird, sondern auch, wie die verschiedenen Parteien die Erwartungen einstufen. Denn Werte entstehen im gemeinsamen Diskurs.

Das Problem liegt nicht darin, dass man unterschiedliche Erwartungen hat oder diese unterschiedlich klassifiziert, sondern im mangelnden Bewusstsein über die Unterschiede und in der Tatsache, dass nicht darüber gesprochen wird. Dieser Austausch ist besonders wertvoll bei Kann-Erwartungen, die für das Zwischenmenschliche so wichtig sind. Da diese nur latent bewusst sind und nicht so wirklich eingeklagt werden können, herrschen oft Hemmungen, sie offen zu thematisieren.

Halten Sie die Ergebnisse des Erwartungsaustauschs fest und legen Sie sie so ab, dass sie für jeden einsehbar sind. Hier bietet sich beispielsweise ein virtuelles Miro-Board (https://miro.com/de) an, auf dem für jede Stelle oder Rolle die Erwartungen notiert werden. Für die verschiedenen Erwartungsarten bieten sich unterschiedlich farbige Haftnotizzettel nach dem Ampel-System an: rot für Muss-, gelb für Soll- und grün für Kann-Erwartungen. Das Miro-Board ist übersichtlich und jederzeit zugänglich. So kann schnell und unkompliziert nachgesteuert werden.

11.2.2 Erwartungen und Enttäuschungen regelmäßig Raum geben

Erwartungen hängen an der Definition und Ausgestaltung der verschiedenen Rollen und entwickeln sich mit diesen ständig weiter, daher sollte man sich auch regelmäßig über sie austauschen. Die Forschung zeigt, dass Konflikte stets mit Verhärtungen beginnen. Diesen gehen Spannungen voraus, die oftmals in enttäuschten Erwartungen gründen. Um zu verhindern, dass destruktive Energien Einzug halten und ein Eigenleben entwickeln, sollten Spannungen früh geklärt werden. Eine Möglichkeit hierzu bietet sich der Gruppe, wenn alle zu Beginn des Meetings für eine Minute innehalten, um zu reflektieren, ob seit dem letzten Treffen die eigenen Erwartungen erfüllt oder enttäuscht wurden und ob sich Spannungen gebildet haben. Wenn ja, kann untersucht werden, um welche Form von Erwartungen es sich handelt und was man stattdessen erwartet hätte. Anschließend können sich alle im Meeting austauschen und die Enttäuschung und das weitere Vorgehen klären.

11.2.3 Erwartungskanban

Um einer enttäuschten Erwartung direkt Ausdruck zu verleihen, kann man natürlich jederzeit auf einen Kollegen zugehen. Bei der Formulierung hilft eine sauber formulierte Ich-Botschaft oder die Gewaltfreie Kommunikation. Prinzipiell sollte der Grundsatz gelten, dem anderen keine Boshaftigkeit zu unterstellen. Einerseits kann ein Versäumnis in Fahrlässigkeit gründen, andererseits aber auch einfach in einer anderen Priorisierung. Wie oft haben wir selbst erlebt, dass wir eine Sache noch auf dem Schirm hatten und es als unangenehm empfanden, dafür zurechtgewiesen oder nochmals befragt zu werden. Neben klaren Vereinbarungen darüber, welche Fristen bei welchen Inhalten gelten, kann teilweise auch schon etwas Geduld helfen. Es ist für alle Seiten ein angenehmeres Gefühl, wenn sich die Sachen von selbst regeln. Manchmal ist auch gar nicht klar, wer eine Erwartung eigentlich zu erfüllen hat, beispielsweise, wenn eine Kollegin Hilfe erwartet, aber das ganze Team gerade voll ausgelastet ist. Hier kann ein dreispaltiges Kanban helfen, um sich schnell mitzuteilen, bevor man beginnt, die Enttäuschung in sich hineinzufressen. Die Spalten können benannt werden mit 1. »Erwartungen«, 2. »In Arbeit« und 3. »Erfüllte Erwartungen«.

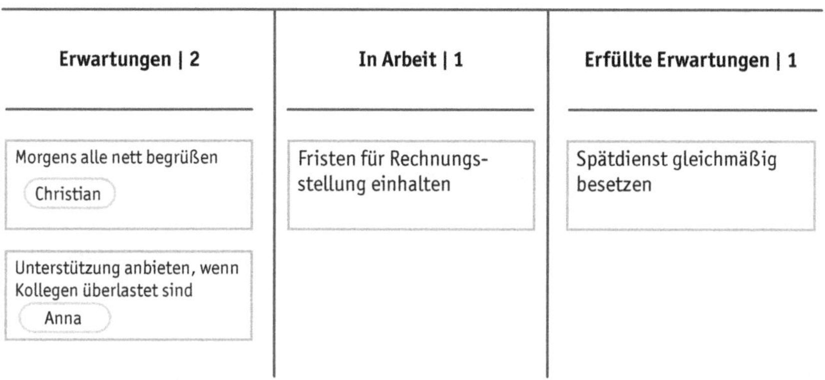

Abbildung 13: Erwartungskanban

In die Erwartungsspalte werden die verschiedenen Erwartungen, die aktuell bestehen, aber nicht erfüllt werden, geheftet. Wer ein Post-it auf das Kanban heftet, nutzt das oben beschriebene Ampel-System für die verschiedenen Erwartungsarten. Dazu sollte der Name des Verfassers genannt werden. Die zweite Spalte ist für jene Dinge, die gerade in Bearbeitung sind. So zeigen die Kollegen, dass die Botschaft registriert wurde und die Sache vorangeht. Wenn jeder Mitarbeiter eine eigene Farbe für Haftzettel oder Magnetpins hat, ist auch direkt ersichtlich, wer sich des Problems angenommen hat. Bei digitalen Lösungen lässt sich auch einfach der Name des Bearbeiters hinzufügen. Die Haftzettel werden in die dritte Spalte überführt, sobald der Initiator oder derjenige, der die Aufgabe übernommen hat, der Ansicht ist, dass die Erwartung nunmehr erfüllt wurde. Sind beim nächsten Meeting noch Zettel in der zweiten Spalte, können sie gemeinsam besprochen werden. Für das Kanban bietet sich eine analoge Lösung auf einem Whiteboard oder die digitale Einbindung ins Miro-Board an.

11.2.4 Fragerunde mit der Geschäftsführung

Über die Erwartungen innerhalb des Teams hinaus prägen jene der Unternehmensleitung und des oberen Managements den Safe Space.

Micro Habit: Offene Fragerunde

Unternehmer und Manager des höheren Managements sollten in Fragerunden mit der Belegschaft mehr Klarheit schaffen. Wenn die Mitarbeiter fragen, erfährt die Unternehmensleitung, was die Belegschaft bewegt. So kann sie dazu Stellung nehmen und dabei die eigenen Erwartungen vermitteln. Lassen Sie zu, dass die Fragen hierfür spontan gestellt werden und nicht im Voraus eingesandt und aussortiert werden müssen. Hilfreich hierfür sind Tools, wie beispielsweise das Mentimeter.

Bei diesem können die Mitarbeiter ihre Fragen eintippen und anschließend darüber abstimmen, welche der Fragen bevorzugt beantwortet werden soll (https://www.mentimeter.com) Das Mentimeter hat den Vorteil, dass die

Fragen auf Wunsch auch anonym gestellt und demokratisch jene Fragen gefunden werden, die die meisten Mitarbeiter interessieren. Dazu ist es lockdowntauglich und kann auch bei virtuellen Meetings verwendet werden.

Wenn sich die Geschäftsführung bei der Frage- und Antwortrunde auch einmal zugesteht, keine Antwort zu wissen, vermittelt sie, dass auch von den Mitarbeitern keine Unfehlbarkeit verlangt wird. So wird neben der gegenseitigen Klärung der Erwartungen gleichzeitig eine positive Fehlerkultur geprägt und der Safe Space gestärkt.

11.2.5 Einen Erwartungsworkshop durchführen

Der Austausch ist ein erster Schritt, um Klarheit zu gewinnen und Ängste abzubauen. Wer genau weiß, was von ihm erwartet wird, hat es in der Hand, diese Erwartungen zu erfüllen oder es bewusst zu lassen. Im Austausch zwischen der Führungskraft und ihren Mitarbeitern wird häufig übersehen, dass beide ihrerseits in weitere Erwartungsgeflechte verstrickt sind. An die Führungskraft gerichtet sind die Erwartungen des oberen Managements und der anderen Teamleiter, an die Mitarbeiter die Erwartungen der Kunden, der Lieferanten und sonstigen Geschäftspartner und der internen Kollegen an den Schnittstellen.

Micro Habit: Erwartungsworkshop

Um das große Bild zu klären und erfüllbar zu machen, bietet sich ein Workshop mit einem breiteren Teilnehmerkreis an. Im Mittelpunkt sollte dabei der Kunde stehen. Laden Sie einen oder zwei Stammkunden ein, zu denen Sie ein gutes Verhältnis haben, um gemeinsam und offen zu klären, was deren aktuelle Probleme und Erwartungen sind. Die Erkenntnisse lassen sich vielfältig verwerten, beispielsweise im Marketing und Vertrieb oder für ein aussagekräftigeres Anforderungsprofil bei der Personalgewinnung.

Beziehen Sie beim Workshop das ganze Team ein. Je nach Betriebsgröße und Struktur muss entschieden werden, welche Teile des oberen Managements oder der Unternehmensleitung und welche Vertreter anderer Abteilungen hinzugezogen werden. Die Größe der Gruppe stellt dabei kein Problem dar, solange die Räumlichkeiten und Methoden ihr Rechnung tragen. Ob ein offener Austausch mit dem Kunden, eine Fish-Bowl, eine Podiumsdiskussion, eine Frage- und Antwort-Runde, ein Open Space oder durch wechselnde Kurzgespräche unter vier Augen: Für jede Situation und Konstellation gibt es die passende Methode. Ziehen Sie gegebenenfalls einen erfahrenen Moderator hinzu, um das Ergebnis zu optimieren.

Ob mit internen oder mit externen Teilnehmern – der Effekt ist regelmäßig verblüffend, wenn im Dialog Erwartungen auftauchen, derer man sich zuvor nicht bewusst war. Ebenso wertvoll ist es, wenn erkannt wird, dass Erwartungen, von denen man lediglich angenommen hatte, sie seien dem anderen wichtig, für diesen überhaupt nicht (mehr) relevant sind. Nachdem die Erwartungen erhoben wurden, sollten sie, wie oben beschrieben, auf dem Miro-Board bei den entsprechenden Stellen oder Rollen festgehalten werden.

11.2.6 Wer macht was bis wann?

In einer Zukunftswerkstatt unterstützte ich ein Führungsteam dabei, seine Vision, seine Kernwerte, die nächsten Schritte und die Meilensteine für die nächsten drei Jahre zu erarbeiten. Alle waren motiviert dabei und begeistert. Die Stimmung war hervorragend – bis es im letzten Schritt verbindlich wurde. Als ich die Verantwortlichen für die verschiedenen Meilensteine und die nächsten Schritte festhalten wollte, gingen die Diskussionen los. Es wurde ernst, und es kamen Einwände auf den Tisch, an die zuvor noch niemand gedacht hatte. Und genau das war gut so. Wenn man für ein Ergebnis die Verantwortung übernehmen soll, hinterfragt man mögliche Einwände, Risiken und Möglichkeiten genauer. Wie in der Medizin, wo die richtige Diagnose die halbe Heilung bedeutet, stellt im Betrieb die Klärung der Anforderungen, Ziele und Einwände einen zentralen Schritt für das spätere Gelingen dar.

Auch wenn es eigentlich längst bekannt ist, wird immer noch viel zu häufig am Ende von Meetings oder Workshops versäumt, klar zu vereinbaren, wer die Verantwortlichkeit für neue Aufgaben hat. Schnell wird dann Team zur altbekannten Abkürzung für »Toll, ein anderer macht's«. Wie so oft gilt: Wenn alle »irgendwie« verantwortlich sind, ist es schlussendlich keiner. Vage Vereinbarungen und fehlendes Commitment verhindern, dass sich der Einzelne angesprochen fühlt. Nachdem man sich konstruktiv beraten und ausgetauscht hat, gilt es also, das klassische »Wer macht was bis wann« schriftlich festzuhalten, um beim nächsten Mal nicht wieder von vorne anfangen zu müssen.

11.2.7 Lebensziele klären – Austausch über die Big Five for Life

Über die Arbeit hinaus haben wir alle gewisse Erwartungen an unser Leben, die sich zu Zielen verdichten lassen. In seinem Bestseller The Big Five for Life beschreibt John Strelecky, wie ein Unternehmer seine fünf Lebensziele klärt und Bewerber und Mitarbeiter auffordert, das ebenfalls zu tun. Anschließend bespricht er mit ihnen, durch welche Aufgaben und Tätigkeiten die Firma sie bei der Erreichung ihrer fünf Ziele unterstützen kann. Auch wenn es sich beim Vorzeigeunternehmer Thomas Derale um eine fiktive Romanfigur handelt, lässt sich die Methode einfach übertragen.

Micro Habit: Gespräch über die Big Five for Life

Bitten Sie Ihre Mitarbeiter, für sich zu klären, was ihre fünf Hauptziele im Leben sind, und überlegen Sie gemeinsam, was Sie und das Unternehmen dazu beitragen können, dass die Mitarbeiter diese erreichen oder ihnen zumindest näherkommen. Sind die Big five for Life erhoben, bietet es sich an, sie auf der Mitarbeiter-Folie in der Wertschätzungsdatei festzuhalten. Das erleichtert es Ihnen, bei mehreren Mitarbeitern und jeweils fünf Zielen, den Durchblick zu behalten. Als Führungskraft haben Sie die Erwartungen der Mitarbeiter stets griffbereit zur Hand, sodass Sie beispielsweise in Entwicklungs- und Fördergesprächen darauf Bezug nehmen können.

11.3 Der Wert von Checklisten und Arbeitsstandards

Klarheit über die Erwartungen ist eines der Erfolgsgeheimnisse des Vorzeigehotels Sonnenalp im Allgäu. Der Service und das gesamte Urlaubserlebnis der Gäste sind dort so hervorragend, dass andere Hotelketten ihre Angestellten hinschicken, um zu lernen, wie perfekter Service aussieht und sich anfühlt. Hermann Scherer beschreibt, wie er einmal selbst das Ressort besuchte, um dessen Erfolgsgeheimnis auf die Spur zu kommen. Er konnte es schließlich lüften, als er einen der Mitarbeiter dabei beobachtete, wie dieser das Kinderparadies wieder in einen perfekten Zustand versetzte. Das Geheimnis lag in einer illustrierten Checkliste, die dezidiert zeigte, wie beispielsweise der Kaufladen eingerichtet werden musste: Auf den Zentimeter genau war ersichtlich, wo die Bananen zu liegen hatten und wo die kleinen Döschen, Eier und andere Spielutensilien platziert werden mussten.

Der Mitarbeiter hatte dadurch Klarheit über seine Aufgabe und wusste genau, was zu tun war, damit er sie vollumfänglich erfüllen konnte. Das macht den entscheidenden Unterschied: Anderenorts werden Aufgaben nur »pauschal und allgemein« gestellt, ohne die Details, die dabei zu beachten sind, festzulegen. Anschließend besteht meist genug Anlass zu meckern oder zu schimpfen, wenn stillschweigende und nicht kommunizierte Erwartungen der Führungskraft bei der Ausführung nicht erfüllt wurden. Während das den Mitarbeiter demotiviert und verunsichert, fragt sich die Führungskraft genervt, von was für Leuten sie hier eigentlich umgeben ist. So oder so: Schlussendlich bahnen sich Unzufriedenheit und Spannung ihren Weg und landen bei den Gästen beziehungsweise Kunden.

Im Lean-Management spricht man von der klaren Definition und Festlegung von »Standards«, auf welche Weise und mit welchem Resultat eine Aufgabe zu erfüllen ist. Leanifizierte Unternehmen legen für jede Aufgabe im Betrieb und für jeden Arbeitsplatz solche Standards fest. Neu eingeführte Standards haben zunächst nur den Charakter von Soll-Erwartungen, doch nach einer Einführungsphase der Gewöhnung werden sie nach und nach zu Muss-Erwartungen, die der jeweilige Mitarbeiter zu erfüllen hat. Da die Standards grundsätzlich schriftlich fixiert und gut sichtbar ausgehängt sind – oft vereinfachend auch in bildlicher, anschaulicher Form –, sind sie leicht einzuhalten und geben dem Einzelnen eine hohe Sicherheit, was von ihm bei der Ausführung seiner Aufgaben genau erwartet wird. Wenn es Teams über längere Zeit schaffen, ihre Standards stets einzuhalten, wächst ihre Motivation. Meist ist damit auch die Basis geschaffen, um die Latte in Zukunft höher zu hängen, also noch besser zu werden und die Standards weiter anzuheben. Lean-Unternehmen wachsen auf diese Weise und erreichen nicht selten die Marktführerschaft, wie das im Kapitel 9.3.2 auf Seite 197 f. im Zusammenhang mit der Kompetenz-Matrix vorgestellte Unternehmen Yellotools.

Zurück zur Sonnenalp: Es ist zwar harte Arbeit, alle Punkte der Checklisten umzusetzen, aber anschließend sind die Mitarbeiter stolz auf ihre Leistung, denn sie wissen, dass sie ihren Job und die Erwartungen hundertprozentig erfüllt haben. Die Sicherheit führt einerseits dazu, dass die Arbeit mehr Spaß macht und keine Widerstände hervorruft. Darüber hinaus macht sie den Mitarbeiter unabhängiger vom Lob und Feedback des Vorgesetzten. Durch die Gewissheit, die Anforderungen voll erbracht zu haben, gibt das Ergebnis selbst das Feedback.

Checklisten werden schon seit Jahrzehnten von Piloten im Flugzeug genutzt, um die Sicherheit zu garantieren. Das ist auch notwendig, denn die Erfahrung zeigt, dass selbst erfahrenen Piloten immer wieder Fehler unterlaufen oder sie Dinge vergessen, wenn sie ohne Checkliste arbeiten. Nicht jeder ist jeden Tag gleich gut drauf und gleichermaßen konzentriert bei der Sache – Checklisten helfen, Schwächen auszugleichen.

Micro Habit: Checklisten

Klare Regeln beziehungsweise Checklisten und Arbeitsstandards für die Ausführung von Aufgaben haben viele Vorteile: Sie erhöhen die Arbeitsqualität, legen die Erwartungen an den Einzelnen unmissverständlich fest, erleichtern aber auch die Arbeit von Aushilfskräften oder Vertretungen. Darüber hinaus können neue Mitarbeiter leicht eingearbeitet werden. Mitarbeiter, die mit Standards arbeiten, sind häufig intrinsisch motiviert; sie arbeiten angstfrei und sicher und sind unabhängiger von Feedbacks des Vorgesetzten. Es empfiehlt sich, die Checklisten ebenfalls auf dem Miro-Board abzulegen, damit jeder Mitarbeiter direkten Zugriff darauf hat und bei Aktualisierungen schnell nachgesteuert werden kann.

11.4 Fazit

Unklarheiten behindern den Weg zum Safe Space. Werden die gegenseitigen Erwartungen geklärt, gewinnen Mitarbeiter und Führungskräfte die nötige Sicherheit, um entspannt und zielgerichtet zu arbeiten. Die Klärung der Erwartungen kann auf verschiedenen Ebenen und in verschiedenen Formaten erfolgen: persönlich, auf Teamebene, gemeinsam mit dem oberen Management oder in einem Workshop mit Kunden (oder anderen Geschäftspartnern) und den Vertretern anderer Abteilungen des Unternehmens.

- Erheben Sie in Ihrem Team in einem Meeting die Muss-, die Soll- und die Kann-Erwartungen. Halten Sie die Ergebnisse in einem Miro-Board fest.
- Tauschen Sie sich regelmäßig im Team über enttäuschte Erwartungen aus. Hilfreich ist dabei ein Kanban, auf dem Erwartungen, in Arbeit befindliche Dinge und erfüllte Erwartungen festgehalten werden.
- Die Erwartungen der Unternehmensleitung und des oberen Managements sollten in Fragerunden mit der Belegschaft wechselseitig geklärt werden.
- Legen Sie bei besprochenen Aufgaben die Verantwortlichkeiten – wer macht was bis wann – eindeutig und schriftlich fest.
- Ein Austausch über die Big Five for Life hilft, über den Tellerrand der täglichen Arbeitsanforderungen hinauszuschauen und die höheren Ziele jedes Einzelnen transparent zu machen.
- Die Festlegung von Standards, wie und mit welchem Ergebnis die Aufgaben an den einzelnen Arbeitsplätzen auszuführen sind, schafft Sicherheit, ist motivierend und beugt enttäuschten Erwartungen wirkungsvoll vor.

12.

Verbundenheit schaffen und das Team zusammenhalten

United we stand, divided we fall.

John Dickinson (1732–1808), US-amerikanischer Politiker

Wie gut wirkt ein Medikament gegen Angst? Um diese Frage zu beantworten, setzten Forscher einen Affen in einen Käfig und ließen einen aggressiven Hund knurrend und bellend um den Käfig herumlaufen (vgl. Hüther 2016: 52). Anschließend wurden die Stresshormone des Affen gemessen. Dann nahm man ein zweiten Affen hinzu, der zuvor das neue Medikament erhalten hatte. Als erneut der Hund losgelassen wurde, war die Freude groß, denn der behandelte Affe zeigte einen erheblich reduzierten Stresspegel: Das Medikament schien zu wirken.

Doch die Überraschung folgte auf dem Fuß, denn plötzlich war auch der erste Affe recht entspannt. Als die Forscher seinen Stresspegel erneut erhoben, befand er sich im grünen Bereich. Könnte es daran gelegen haben, dass sich die Ruhe des einen Affen auf den anderen übertragen hatte – oder daran, dass beide zusammen durch ihre zahlenmäßige Überlegenheit keine Angst mehr vor dem Hund hatten?

Dem war nicht so, denn als ein anderer als zweiter Affe hinzugezogen wurde, den der erste Affe nicht kannte, trat der Effekt nicht ein! Der Grund lag einzig und allein in der Qualität der Beziehung der beiden Primaten. Diese Wirkung zeigt sich nicht nur bei Affen, sondern bei allen sozial organisierten Säugetieren: Bekannte, Freunde und Partner sind das wichtigste Gegenmittel gegen Stress und Angst. Sind wir miteinander verbunden, können wir uns gemeinsam den Hindernissen des Lebens stellen und über uns hinauswachsen.

12.1 Das Potenzial gemeinsam entfalten

Nachdem die Kapitel 9 bis 11 gezeigt haben, wie das Wachstum der Mitarbeiter gefördert werden kann, behandeln dieses und das letzte Kapitel die zweite Größe, die wir seit unserer Zeit im Mutterleib als Referenz kennen: Verbundenheit. Aus Wachstum und Verbundenheit als den beiden grundlegenden menschlichen Bedürfnissen lassen sich vier verschiedene Konstellationen ableiten (vgl. Abbildung 14):

- Fehlen sowohl Wachstum als auch Verbundenheit, sehen sich die Mitarbeiter den ständig steigenden Anforderungen und Herausforderungen allein gegenübergestellt. Ohne die Möglichkeit, diese durch eigene Weiterentwicklung zu bewältigen, drohen Überlastung und steigendes Burn-out-Risiko.
- Ist Wachstum möglich, fehlt es aber an Verbundenheit, entwickeln sich Konkurrenzdenken und Einzelkämpfertum. Getrieben von der bewussten oder unbewussten Angst, den eigenen Platz in der Rangordnung des Teams zu verlieren, arbeiten die Mitarbeiter gegeneinander statt miteinander. Die Leistung stimmt zwar noch vereinzelt, es fehlt aber der Raum für Kreativität, Innovation und Entwicklung.
- Ist Verbundenheit vorhanden, Wachstum aber nicht möglich, entwickelt sich eine Komfort-Zone, die das nach sich zieht, was ich »Kaffee-und-Kuchen-Stimmung« nenne: Die Mitarbeiter haben eine gute Zeit miteinander und die Arbeit wird »irgendwie« erledigt, mal besser und mal schlechter. Eine Entwicklung findet jedoch nicht statt. Nach und nach geht der Anschluss verloren.
- Sind sowohl Wachstum als auch Verbundenheit gegeben, ergibt sich eine Zone des Lernens und der Bestleistung. Die Mitarbeiter teilen wichtige Informationen und helfen sich gegenseitig bei Engpässen. Sie probieren gemeinsam neue Wege aus und entfalten so ihr Potenzial optimal. Sie entwickeln sich nachhaltig gemeinsam weiter.

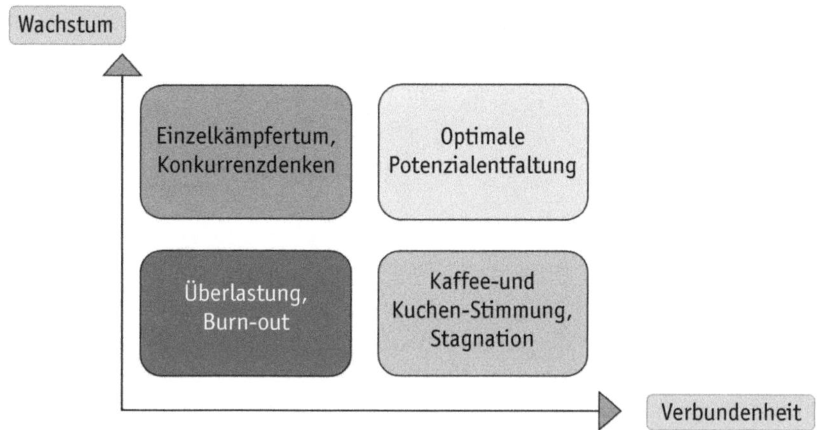

Abbildung 14: Wachstums- und Verbundenheitsmatrix

Wenn wir die beiden Einflussgrößen näher betrachten, zeigt sich, dass wir umso besser wachsen können, je sicherer wir uns fühlen. Wir müssen dann nicht mehr innerlich Ressourcen bereithalten, um etwaige zwischenmenschliche Risiken auszugleichen, sondern können uns ganz dem Erfahrungs-, Lern- und Wachstumsprozess hingeben. Verbundenheit gibt uns diese Sicherheit und ist damit eine wichtige Grundlage, um nachhaltiges Wachstum zu ermöglichen. Daher gehört es zur wichtigsten Aufgabe der Führungskraft, die Verbundenheit zwischen den Mitarbeitern zu stärken und sie als Team zusammenzuschweißen. Werfen wir einen Blick darauf, wie das am besten gelingt.

12.2 Das gemeinsame Anliegen entdecken

Ein Problem in unserer zunehmend komplexer werdenden Welt besteht darin, dass es immer diversere Teams und eine immer stärkere Vernetzung untereinander braucht, um diese Komplexität zu bewältigen. Die Studien des MIT-Forschers Alex Pentland zum Thema Social Physics belegen, dass die Pro-

Wer ein Warum zu leben hat, erträgt fast jedes Wie.

Viktor Frankl (1905–1997), Psychiater

duktivität der Gruppe und ihr innovatives Potenzial umso höher sind, je stärker die Mitarbeiter verbunden sind und je intensiver sie, über alle Mitglieder hinweg, miteinander kommunizieren (vgl. Burow 2018: 185 f.)

Beziehungsmuster entscheiden über die Produktivität und das innovative Potenzial der Gruppe

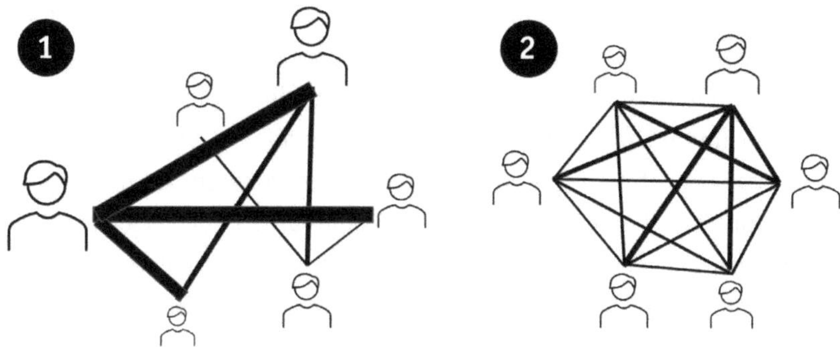

Abbildung 15: Unproduktives Interakrionsmuster ❶ und produktives Interakrionsmuster ❷

Diese Anforderung setzt die Organisation jedoch in eine Zwickmühle, denn je unterschiedlicher die Akteure sind, desto höher wird das Konfliktpotenzial. Was es braucht, ist eine Kohärenz stiftende Kraft, die alles zusammenhält, damit konstruktiv miteinander gearbeitet werden kann. Diese Aufgabe kommt üblicherweise der Führungskraft zu, kann aber mit steigendem Grad an Unterschiedlichkeit immer schwerer erfüllt werden. Was es dann braucht, ist eine größere Kraft, die das Team zusammenhält.

Frederic Laloux beschreibt diese Kraft als den evolutionären Sinn, dem Organisationen folgen. Simon Sinek nennt sie das Warum, mit dem begonnen werden soll, um daraus das Wie und Was des Handelns abzuleiten. Im Interview mit Gerald Hüther merkte er an, dass es auch Arbeiten gibt, die eben keinen besonderen Sinn haben. Daher bezeichnet er die erforderliche größere Kraft als das gemeinsame Anliegen der Gruppe. Dass dieses vorhanden ist, steht außer Diskussion: Bietet eine Organisation der Gesellschaft nicht einen gewissen Mehrwert und erfüllt sie keinen Nutzen, werden ihre Produkte und Dienstleistungen nicht mehr nachgefragt, woraus sich rasch wirtschaftliche Probleme ergeben. Der Reiz von Start-ups liegt darin, dass der ursprüngliche Grund der Zusammenarbeit noch direkt sichtlich und greifbar ist und das Unternehmen trägt und beflügelt. Je größer Unternehmen werden, desto mehr verliert sich ihr originärer Sinn zwischen Kennziffern, Zielen, Vorgaben und Regularien und gerät aus dem Blickfeld der Mitarbeiter. Die Arbeit wird mehr und mehr zum Mittel, um Geld zu verdienen, und das Verhalten politischer, um erfolgreicher in der Hierarchie zu agieren. Auch in solchen Unternehmen ist der Sinn noch vorhanden, aber oftmals so verschüttet oder überwachsen, dass er zunächst wieder gemeinsam freigelegt werden muss, um allen bewusst zu werden und damit seine tragende Bedeutung zurückzugewinnen.

Der Mensch ist ein sinnsuchendes Wesen: Wenn eine Gruppe ihr gemeinsames Anliegen entdeckt, führt sie das zusammen und schafft auf einer tieferen Ebene Verbundenheit. Mitarbeiter, denen der Sinn ihres Handelns präsent ist, sind resilienter gegen Burn-out und arbeiten motivierter, zuverlässiger und gewissenhafter. Die Arbeitszufriedenheit steigt ebenso wie die Loyalität zum Arbeitgeber, die gegenseitigen Beziehungen und die Bindung ans Unternehmen. Neben der stärkeren Gemeinschaft erleichtert der präsente Sinn die Entscheidungsfindung auf jeder Ebene und stellt auch eine wichtige Grundlage für gelingende Selbstorganisation dar.

Wenn ein Mitarbeiter in seinem Bereich eine innovative Idee hat oder eine Entscheidung treffen möchte, muss er nicht mehr bei jeder Kleinigkeit seine Führungskraft fragen, sondern kann sich daran orientieren, ob die angedachte Änderung der Organisation hilft, ihrem Sinn zu folgen. Ist das der

Fall, kann er die Entscheidung direkt treffen; bei Zweifeln kann er sich mit jenen Kollegen, die von der Entscheidung betroffen sind, beraten, um den eigenen Bezugsrahmen zu erweitern. Diese Vorgehensweise macht die Organisation nicht nur schneller, sondern entlastet auch die Führungskräfte.

Das gemeinsame Anliegen kann jedoch nicht einfach von oben übergestülpt werden. Wenn es lediglich von der Führung definiert und dann in goldenen Lettern an die Wand gehängt wird, bleibt der Effekt auf die Belegschaft erfahrungsgemäß gering. Entdeckt die Gruppe es dagegen gemeinsam im Rahmen eines Teambuilding-Workshops, führt sie das zusammen und stärkt die gemeinsame Identität. Der Weg ist also das Ziel.

12.2.1 Gemeinsame Sinnsuche in Workshops

Als Berater und Moderator habe ich mit dem »Finde dein Warum-Konzept« von Simon Sinek gute Erfahrungen gemacht, wenn ich Gruppen begleitet habe, den tieferen Sinn ihrer Zusammenarbeit zu entdecken. Ich habe erlebt, dass Mitglieder einer Gruppe, die sich aus Teilnehmern aus vier verschiedenen Hierarchieebenen zusammensetzte und in der es zuvor erhebliche Spannungen gegeben hatte, regelrecht gerührt waren, als ihnen der tiefere Sinn ihrer Tätigkeit wieder bewusst wurde. Ein Vorteil an Sineks Konzept liegt in der Arbeit mit Narrativen: Die Teilnehmer sammeln zunächst in Kleingruppen Geschichten aus der Praxis, leiten daraus den gemeinsamen Beitrag ab und verdichten diesen schließlich zu einem griffigen Satz über den tieferen Sinn ihres Handelns. Ergänzend wird geklärt, wie dieses Warum erbracht wird und was genau dabei getan wird. So stärkt der Prozess nicht nur die gemeinsame Identität, sondern schlägt auch die Brücke in die Praxis.

Micro Habit: Sinnstiftung beim Warum-Workshop

Führen Sie mit Ihren Mitarbeitern einen Workshop durch, um den Weg zum gemeinsamen Warum zu bahnen. Am besten eignet sich dafür ein Tagesworkshop mit zwölf bis dreißig Teilnehmern. Damit alle Mitarbeiter teilnehmen können, bietet sich ein externer, routinierter Moderator an. Orientieren Sie sich dabei am folgenden Zwölf-Stufen-Konzept.

Erstens: Zunächst erinnern sich die Teilnehmer in Zweiergruppen an ihre Anfangszeit im Betrieb und tauschen sich darüber aus, was sie damals inspirierte und dazu führte, dass sie dem Unternehmen bis heute treu geblieben sind. Den direkten Sitznachbarn kennt man oft schon zu gut, daher sollte bei der Gruppenbildung darauf geachtet werden, die Gruppe gut durchzumischen. Der Austausch sollte rund zwanzig bis dreißig Minuten umfassen.

Zweitens: Im nächsten Schritt vermittelt der Moderator in einem Impuls-Vortrag, warum es so wichtig ist, das gemeinsame Warum zu entdecken. Es bildet das Fundament, das später in der Praxis trägt, wie wir handeln und was wir im Einzelnen tun. Ergänzend kann auch der sehenswerte Ted-Talk »Start with why« von Simon Sinek gemeinsam angeschaut werden. (Der Ted-Talk ist bei Youtube abrufbar; geben Sie »Start with Why Ted Talk Simon Sinek« bei Google ein, um den aktuellen Link zu finden.)

Drittens: Dann werden die Teilnehmer gleichmäßig auf drei Gesprächsgruppen aufgeteilt, um sich über Situationen auszutauschen, in denen sie stolz darauf waren, für das Unternehmen zu arbeiten. Ziel ist es zu erfassen, wofür die Organisation in ihren stärksten Momenten steht. Dabei kommt es darauf an, keine allgemeinen Aussagen zu treffen, sondern konkrete Geschichten zu spezifischen Menschen und Erlebnissen zu finden. Die Gesamtdauer des Austauschs umfasst zwanzig bis dreißig Minuten. Jede Gruppe hält auf einem Flipchart einige Gedankenstützen zu den Geschichten fest, um sie später mit der restlichen Gruppe zu teilen.

Viertens: In den nächsten fünfundzwanzig bis fünfunddreißig Minuten stellt jede Kleingruppe ihre drei besten Geschichten den Kollegen im Plenum vor. Jede einzelne Geschichte sollte rund drei bis vier Minuten dauern und von demjenigen Kollegen erzählt werden, der sie tatsächlich erlebt und dabei das Gefühl des Stolzes empfunden hat.

Fünftens: Nun kommen erneut die Kleingruppen für zehn Minuten zusammen und überlegen gemeinsam, was für einen Beitrag das Unternehmen im Leben anderer Menschen leistet. Hierfür suchen sie nach Verben, die sich auf die im dritten Schritt besprochenen Beispiele beziehen. Als Hilfestellung können die folgenden Sätze ergänzt werden: »Unser Beitrag für unsere Kunden ist es, zu ...«, »Wir sorgen bei unseren Kunden dafür, dass ...« oder »In dieser Situation kamen wir und haben ...«. Jedes gefundene Verb wird auf eine Moderationskarte geschrieben, jede Kleingruppe sollte mindestens zehn Verben aufschreiben.

Sechstens: In den nächsten zehn bis fünfzehn Minuten findet die gesamte Gruppe zusammen die zentralen Themen, um die die Organisation kreist. Hierfür lesen zunächst die Kleingruppen ihre Verben vor, und der Moderator heftet alle auf eine Pinnwand. Anschließend tritt die ganze Gruppe vor die Pinnwand, lässt die Ergebnisse auf sich wirken und clustert diese nach verschiedenen Themen.

Siebtens: Die Teilnehmer tauschen sich nochmals in ihrer Kleingruppe darüber aus, welche Wirkung sie bei den zuvor besprochenen Geschichten für ihre Kunden erzielen konnten. Was war für diese nach dem Kontakt anders? Was hätten sie ohne den Beitrag der Kollegen nicht erreichen oder tun können? In diesem Schritt werden sich die Kollegen bewusst, woran die Organisation glaubt und was der tiefere Sinn ihrer Existenz ist. Die Ergebnisse sollten in Stichworten festgehalten werden, der Austausch sollte fünfzehn bis zwanzig Minuten dauern.

Achtens: Während der Moderator in den ersten Schritten den Prozess geleitet und durch vertiefende Impulsfragen die Teilnehmer dabei unterstützt hat, in ihre Erinnerungen und die damit verbundenen Gefühle einzutauchen, ist er nun stärker gefordert. Seine Aufgabe ist es, hochpräsent zu sein und die Berichte der Kleingruppen über deren Wirkung in einem griffigen Satz für jede der Geschichten zu verdichten. Er hört die Essenz dessen heraus, worum es wirklich geht und identifiziert in den Berichten der Gruppen den Kern der Botschaft, der den entscheidenden Unterschied in der Wirkung beschreibt. Dann schreibt er diesen einen Satz für jede der Geschichten auf, sodass nach zwanzig bis dreißig Minuten auf ein bis zwei Flipcharts neun griffige Sätze stehen, die die Wirkung der Organisation fassbar machen.

Neuntens: Nun gilt es, alles zusammenzutragen, um eine provisorische Warum-Erklärung zu formulieren. Hierfür stellt der Moderator die beiden Flipcharts mit den Wirkungen sowie die Pinnwand mit den Aktionsverben und den Themen gut sichtbar nebeneinander. Die Gruppe wird in zwei Untergruppen aufgeteilt, von der jede die Aufgabe hat, in zwanzig bis fünfundzwanzig Minuten eine provisorische Warum-Erklärung zu formulieren. Damit diese griffig ist, sollte sie nach einer klaren Struktur verfasst werden, die aus zwei Teilen besteht, welche mit einem »damit« verbunden sind. Der erste Teil ergibt sich aus dem Aktionsverb des Beitrags, der in den ersten beiden Gesprächsrunden (Schritt 3 und 5) erhoben wurde. Der zweite Teil ergibt sich aus der Wirkung, die in Schritt 7 erhoben wurde. Die Struktur ist also »Beitrag – damit – Wirkung«. Dabei ist wichtig, sich weiterhin auf die ursprünglichen Geschichten zu beziehen, um zu verhindern, dass nichtssagende, austauschbare oder beliebige Marketingphrasen entstehen. Um die provisorische Warum-Erklärung zu verfassen, müssen einige Ideen und Einflüsse verworfen werden, die ebenfalls wichtig sind. Das ist zunächst nicht einfach, wird aber dadurch erleichtert, dass die verworfenen Elemente später wieder aufgegriffen werden, um das Wie zu beschreiben, mit dem das Warum ausgedrückt wird.

Zehntens: Anschließend stellen beide Gruppen kurz und prägnant ihre provisorische Warum-Erklärung vor. Sie sprechen ihr Warum aus und verbinden es mit ein bis zwei Geschichten, die es am besten greifbar machen. Dann wählen alle zusammen eine der beiden Warum-Erklärungen oder formulieren aus den beiden Vorschlägen einen gemeinsamen neuen. Das Ergebnis ist eine provisorische Warum-Erklärung, die zu circa 80 Prozent fertig ist und in den folgenden Wochen noch verfeinert werden kann.

Elftens: Es wird gemeinsam erhoben, wie das Warum umgesetzt werden kann. Hierzu werden die übrigen Themen, die im fünften Schritt gefunden wurden, auf fünf reduziert und als Handlungen beschrieben, die sich an den ursprünglichen Geschichten orientieren. Auch hier sollte aktiv formuliert werden, um die Umsetzung der Themen zu beschreiben. Ein Beispiel für das Wie könnte lauten: »Wir beraten unsere Kunden, um herauszufinden, was die richtigen nächsten Schritte sind.« Damit ist jedoch auf der operativen Ebene noch nicht geklärt, was dabei tatsächlich getan wird. Das wird im letzten Schritt geklärt.

Zwölftens: Um aus den Themen des Wie das Was des konkreten täglichen Handelns abzuleiten, fertigen die Teilnehmer Notizen an, die beschreiben, wie ihre Handlungen in der Praxis aussehen. Am Beispiel des Beratungsthemas: »Wir erarbeiten mit unseren Kunden ihre Stärken und helfen ihnen, ihre Ziele zu klären.«

Die Entdeckung des gemeinsamen Warums bietet sich sowohl für einen Führungskräfte-Workshop an als auch für ein Teambuilding-Event oder für eine Großgruppenveranstaltung.

12.2.2 In der Zukunftswerkstatt die gemeinsame Vision finden

Ich habe sehr gute Erfahrungen damit gemacht, den Warum-Workshop mit Teambuilding-Elementen zu ergänzen und am zweiten Tag eine Zukunftswerkstatt anzuschließen. Dabei greift das Führungskräfte-Team das Warum des ersten Tages auf und leitet daraus eine gemeinsame Vision für die Zukunft sowie einen möglichen Weg der Realisierung ab. Auch hier empfiehlt es sich, mit Geschichten, visuellen Elementen und Slogans zu arbeiten, um eingetretene Pfade zu verlassen, die rechte Gehirnhälfte zu aktivieren und die Gruppe ganzheitlich einzubeziehen. Im Kern geht es darum, die Vision des Unternehmens zu finden und diese in einen starken Leitsatz und ein klares Symbol zu gießen. Dazu werden drei Kernwerte herausgearbeitet, die den Rahmen für den Weg zum Ziel bilden und die Richtung des Wandels charakterisieren. Anschließend werden mögliche Hindernisse identifiziert, die der Realisierung der Vision im Weg stehen und daraus Aufgaben abgeleitet, um diesen proaktiv zu begegnen. Diese werden priorisiert, sodass sich die nächsten Schritte und Milestones ergeben. Schließlich wird vereinbart, wer die Verantwortung für welche Schritte übernimmt. Und dann kann es schon am nächsten Tag losgehen.

12.2.3 Den Sinn präsent halten

Aus den Augen, aus dem Sinn: So wertvoll es ist, das gemeinsame Warum zu entdecken und zusammen eine Vision zu entwickeln, so flüchtig hält sich die Erkenntnis oftmals. Von daher gilt es im nächsten Schritt, sie nachhaltig im Alltag präsent zu halten. Das gelingt beispielsweise, wenn nach dem Workshop für jeden Mitarbeiter eine Kaffeetasse bedruckt wird, auf der das gemeinsam gefundene Anliegen, die prägnant formulierte Vision, ihr Symbol und die Kernwerte festgehalten werden. Um den Sinn in Meetings präsent zu halten, kann ein freier Stuhl für das gemeinsame Anliegen reserviert werden. Während eines Meetings kann dann jeder Mitarbeiter von seinem Stuhl auf den der Organisation wechseln, um von dort aus für ihren tieferen Sinn zu sprechen.

12.3 Die Verbundenheit durch regelmäßigen Austausch fördern

Je größer das Unternehmen, desto wichtiger wird es, auch Kontakt zu jenen Kollegen herzustellen, mit denen man seltener etwas zu tun hat. Neben der Verbundenheit, die durch das Verwirklichen des gemeinsamen Anliegens und das Streben nach gemeinsamen Zielen entsteht, stärken unterschiedliche Formate das Miteinander und ermöglichen einen regelmäßigen Austausch zwischen den Kollegen. Im Folgenden finden Sie ein buntes Potpourri verschiedener Formate, die Sie nach Bedarf oder Laune einsetzen können.

12.3.1 Themen-Events

Um die Verbundenheit zu erhöhen, gibt es keinen effektiveren Weg, als etwas Verbindendes zu finden und zu kultivieren. Ein gemeinsames Thema führt Menschen zusammen, erhöht die gegenseitige Sympathie und die Identifikation. Dabei muss es längst nicht immer um unternehmensbezogene Themen gehen. Arbeitgeber können diesen Effekt nutzen und durch offene Themen-Events das Miteinander stärken.

Micro Habit: Themen Events

Bieten Sie beispielsweise eine Back- oder Kochgruppe an, einen Spiele-, Karaoke- oder Tango-Abend. Veranstalten Sie einmal ein Kicker-, Schach- oder Tischtennisturnier. Je nach Firmengröße können die Mitarbeiter ermutigt und unterstützt werden, eine Sportmannschaft, einen Chor oder eine Band zu gründen. Falls einer der Mitarbeiter in einem Bereich besondere Erfahrungen hat, kann er seinen Kollegen Kurse anbieten, beispielsweise für Yoga, Pilates, Tai-Chi oder Faszientraining. Alternativ kann auch eine Meditationsgruppe eingerichtet werden. Als fachliche Alternative bietet sich eine kollegiale Fallberatung an, bei der die Kollegen gemeinsam über schwierige Fälle beraten.

12.3.2 Wertschätzende Notizen und Mitteilungen

Eine weitere Übung für Teammeetings lenkt den Blick auf positive Inhalte, wertschätzt die positiven Eigenschaften der Kollegen und fördert durch die bejahende, zustimmende Atmosphäre das Miteinander. Hierzu wird allen Mitarbeitern ein Stück festes Papier auf dem Rücken befestigt. Anschließend gehen die Teilnehmer durch den Raum und schreiben sich gegenseitig etwas Positives, das sie aneinander schätzen, auf ihre Schilder. So erhält jeder Mitarbeiter viele positive Rückmeldungen, über die er sich freuen kann.

Wenn wir Positives voneinander erfahren, das wir zuvor noch nicht wussten, sehen wir unsere Mitmenschen in einem anderen Licht und vertiefen den Kontakt. Statt mit Rückennotizen lässt sich das auch auf andere Weise erreichen: In einer ein- oder zweimonatlich erscheinenden E-Mail wird jeweils ein Mitarbeiter mit einem persönlichen Hobby oder Interesse vorgestellt. Wenn wir erfahren, dass beispielsweise ein Kollege in seiner Freizeit ein leidenschaftlicher Vespa-Bastler ist oder ein anderer sich als DJ, Fitnesstrainer oder Handballtrainer engagiert, dann entwickeln wir das Bild, das wir von unseren Kollegen haben, weiter.

Diese Maßnahme kann zunächst einen kleinen Anstoß zur Beteiligung erfordern. Hierzu können Sie als Führungskraft unter vier Augen einzelne Kollegen auf ihre Interessen, die sie abseits des Unternehmens verfolgen, ansprechen. Mit der Zeit werden die Interviews und ein- bis zweiseitigen bebilderten Vorstellungen zu einem Format, auf das sich alle freuen. Manche Kollegen entdecken, dass andere im Betrieb die gleichen Interessen oder Hobbys haben und verabreden sich auch einmal in der Freizeit. Wenn eine neue E-Mail kommt, ist man schon gespannt, was ein Kollege, den man bislang nur vom Sehen kannte, außerhalb der Arbeitszeit macht. Auf diese Weise wächst die Verbundenheit.

12.3.3 Das Gesichter-Quiz

Der amerikanische Online-Händler Zappos wuchs nicht zuletzt aufgrund seiner besonderen Kultur innerhalb von zehn Jahren zu einem Unternehmen mit mehr als einer Milliarde Dollar Jahresumsatz, bevor es von Amazon übernommen wurde. Während sich die Mitarbeiter anderer Unternehmen morgens an ihrem Rechner anmeldeten und darauf warteten, dass es losging, nutzte Zappos die Gelegenheit für ein kleines Quiz, um die ständig wachsende Belegschaft zusammenzuhalten. Auf dem Bildschirm erschienen die Bilder von drei verschiedenen Kollegen, von denen man sich einen aussuchen konnte, um dessen Namen zu erraten. Danach wurde sein Profil angezeigt, sodass die Kollegen schauen konnten, was sich hinter dem Bild und dem Namen verbirgt. Sobald die Daten der Mitarbeiter erhoben sind, können IT-Dienstleister ein entsprechendes Quiz ohne großen Aufwand in die Anmeldung-Prozedur einbauen.

12.3.4 Positives Kundenfeedback an alle weitergeben

Wenn wir erfahren, wie unser Handeln das Leben anderer Menschen bereichert, erfüllt uns das auf einer tieferen Ebene und motiviert uns, weiterhin unser Bestes zu geben. Wird diese Erfahrung im Team geteilt, führt sie die Mitarbeiter zusammen und verbessert die Zusammenarbeit. Je nach Tätigkeitsfeld und Kunden eröffnen sich verschiedene Möglichkeiten, die Mitarbeiter den tieferen Sinn ihrer Arbeit spüren zu lassen.

Die Fundraising-Teams amerikanischer Universitäten werben bei ehemaligen Absolventen um Spenden für die Vergabe neuer Stipendien. Diese ermöglichen Menschen aus ärmeren Verhältnissen ein Studium und eine bessere Zukunft. Nachdem die Mitglieder des Fundraising-Teams der University Michigan für je zehn Minuten mit Empfängern früherer Stipendien gesprochen hatten, erhöhte sich in den folgenden Wochen die Anzahl der getätigten Anrufe um 45 Prozent und die Höhe der eingeworbenen Gelder um durchschnittlich 90 Prozent. Es beflügelte die Mitarbeiter zu erleben, was für einen Unterschied die eigene Arbeit im Leben der Menschen gemacht hatte.

Micro Habit: Positives Kundenfeedback nutzen

Es lohnt sich, positives Kundenfeedback im Kollegium publik zu machen. Das kann beispielsweise dadurch geschehen, dass es an alle Kollegen weitergeleitet wird, wenn es per E-Mail eintrifft oder es in den Sozialraum oder eine andere gut frequentierte Stelle eine Pinnwand gehängt wird. Eine weitere Möglichkeit besteht darin, es als positiven Start in ein Meeting zu nutzen und sich gemeinsam kurz darüber auszutauschen.

Natürlich ist in diesem Zusammenhang Feedback, das aus freien Stücken erfolgt, am wertvollsten. Oftmals äußern die Kunden es jedoch nur mündlich gegenüber ihrem Kundenbetreuer. Wenn dieser in einer solchen Situation den Kunden bittet, es per E-Mail an den Chef zu senden, um auch die Kollegen zu motivieren, entsteht nach und nach eine schöne Sammlung mit Rückmeldungen, die die Mitarbeiter zusammenführen. Nachdem das Feedback per E-Mail eingetroffen ist, sollte sich der Verantwortliche dafür bedanken, eventuell sogar mit einem kleinen Geschenk. Fragen Sie bei dieser Gelegenheit, ob beziehungsweise mit welchem Personalisierungsgrad es auch auf der Website veröffentlicht werden darf. So profitieren neben den Mitarbeitern auch das Marketing und der Vertrieb davon.

Eine Variante kann darin bestehen, das Kundenfeedback als eine Sammlung von Bildern auf den Rechnern abzuspeichern, aus denen dann zufällig einzelne eingeblendet werden, sobald sich der Bildschirmschoner aktiviert. Die Bilder können am einfachsten erstellt werden, wenn jedes Feedback in PowerPoint auf eine einzelne Folie geschrieben wird und die Folien der Präsentation dann als Bilddatei in jenem Ordner gespeichert werden, auf den der Bildschirmschoner zugreift. Wenn bereits das gemeinsame Warum, eine Vision sowie deren Symbol und Kernwerte erarbeitet wurden, können auch diese als einzelne Bilder im Ordner gespeichert werden.

12.3.5 Gemeinsamer Urlaub

Je nach Firmengröße und Form der Zusammenarbeit kann ein gemeinsamer Urlaub helfen, um die Mitarbeiter zusammenzubringen. Wenn der Unternehmer jedes Jahr die Belegschaft für eine Woche an einen Ort einlädt, den diese noch nicht kennen, erhöht die gemeinsame Zeit in der Fremde die Verbundenheit und die Identifikation mit dem Unternehmen und den Kollegen. Ein gemeinsamer Urlaub bietet sich besonders für Firmen an, in denen viele Mitarbeiter im Homeoffice oder an verschiedenen Standorten arbeiten.

12.3.6 Boni und Beteiligungen

Unabhängig davon, was man von einem Bonus hält: Wenn dieser von einer individuellen Zielerreichung abhängt, wird automatisch auch die Aufmerksamkeit von der Gemeinschaft abgelenkt. Im Zweifel ist das Hemd einfach näher als die Jacke: Wenn der eigene Bonus in Gefahr gerät, sinkt die Bereitschaft zur Kooperation und Unterstützung der Kollegen. Hängt der Bonus dagegen vom Teamergebnis ab, lenkt das den Fokus auf das Miteinander und stärkt die Zusammenarbeit. Sehen Sie also zu, dass Sie Boni stets an Gruppen- oder Teamergebnisse knüpfen.

Einen Schritt weiter als der Teambonus gehen Unternehmensbeteiligungen. Wenn Mitarbeiter einen finanziellen Anteil am Unternehmen erhalten, der von Zeit zu Zeit erhöht wird, steigen Identifikation, Verbundenheit und Beteiligung. Die Mitarbeiter übernehmen auf einer tieferen Ebene mehr Verantwortung und entwickeln eine stärkere Geschlossenheit, die Fluktuation sinkt. Auch diesen Weg gehen immer mehr Unternehmen. Tischlereien wandeln sich in Genossenschaften um, Start-up-Unternehmer gründen Aktiengesellschaften und schütten Anteile an die Mitarbeiter aus.

Think twice: Welche der in diesem Kapitel vorgestellten Micro Habits wollen Sie zunächst ausprobieren? Welche würden Ihrem Team besonders gut tun?

1. ______________________________

2. ______________________________

12.4 Fazit

Verbundenheit bildet gemeinsam mit Wachstum die Grundlage zur optimalen Potenzialentfaltung der Mitarbeiter. Für Menschen als sinnsuchende Wesen ist es motivierend und für Gruppen identitätsstiftend, sich den tieferen Grund beziehungsweise den Zweck des Unternehmens und ihrer eigenen Arbeit gemeinsam bewusst zu machen. Es schweißt die Gemeinschaft zusammen.

- Ermitteln Sie in einem Workshop mit Ihrem Team das gemeinsame Anliegen oder das Warum, das der täglichen Arbeit zugrunde liegt.
- Leiten Sie mit Ihrem Team anschließend eine gemeinsame Vision für die Zukunft ab.
- Halten Sie beides präsent, indem Sie es sichtbar machen, zum Beispiel auf Kaffeetassen oder als Bildschirmschoner.
- Stellen Sie eine Verbundenheit her, indem Sie jenseits der Arbeit gemeinsame Themen-Events kreieren, zum Beispiel Spieleabende, Kochevents oder Tischtennisturniere.
- Lassen Sie die Kollegen übereinander wertschätzende Notizen anfertigen.
- Stellen Sie per E-Mail oder in Mitarbeiterzeitschriften regelmäßig Kollegen mit ihren privaten Hobbys oder Interessen vor, zum Beispiel in Form von Interviews.

- Bei großen Belegschaften bietet es sich an, beim Hochfahren des Rechners morgens ein Gesichter-Quiz zu veranstalten, damit sich alle gegenseitig kennen lernen.
- Geben Sie positives Kunden-Feedback an alle weiter, zum Beispiel per E-Mail, auf Pinnwänden, in Meetings oder als Bildschirmschoner.
- Gemeinsame Urlaube bieten sich für Mitarbeiter an, die ausschließlich im Homeoffice oder an verschiedenen Standorten arbeiten.
- Vergeben Sie Boni für gute Teamergebnisse oder führen Sie finanzielle Mitarbeiterbeteiligungen ein.

13.
Reden Sie miteinander, nicht übereinander!

Werte entstehen im gemeinsamen Diskurs.

Prof. Dr. Peter Kruse (1955–2015),
deutscher Psychologe

13.1 Das wertvollste Werkzeug des Teufels

Am Ende seiner Karriere beschließt der Teufel, sich zur Ruhe zu setzen und seine Werkzeuge zu verkaufen. Auf dem Verkaufstisch liegen Hass, Neid, Intrige, Lüge, Niedertracht, Verrat und viele andere, alle ausgezeichnet mit ihrem jeweiligen Preis. Als die geladenen Gäste die diabolischen Instrumente begutachten, fällt ihnen ein abgewetzter Keil auf, der etwas abseits am Rande liegt. Durch seinen stark gebrauchten Zustand und den exorbitant hohen Preis, der den aller anderer Werkzeuge weit übersteigt, entwickelt er eine geheimnisvolle Anziehungskraft.

»Was hat es mit diesem Werkzeug auf sich? Und warum ist es so teuer?«, möchte einer der Interessenten wissen. »Es ist das wirksamste Werkzeug von allen«, zischt der Teufel, »denn erst mit ihm können die anderen ihre Wirkung entfalten. Es ist der Zweifel. Ich habe ihn bei all meinen Opfern genutzt, um den ersten Spalt in die unerschütterliche Mauer ihres Vertrauens zu treiben. Hat er das Opfer erst einmal geöffnet, können die anderen Werkzeuge mühelos eindringen und im Inneren ihre vernichtende Kraft entfalten, die die Menschen auseinandertreibt und vom Guten entfernt. Darum ist er so stark gebraucht, und darum ist er so teuer.«

Wenn Vertrauen der Schmierstoff ist, der Beziehungen und Geschäfte am Laufen hält, dann stellt der Zweifel den buckligen Türöffner dar, der das Misstrauen einlässt, welches unsere Beziehungen vergiftet. Zweifel entstehen nur selten von selbst. Meist werden sie gesät, und das in der Regel von Dritten, die aus Nachlässigkeit, Wichtigtuerei, Opportunismus, politischem Kalkül, Boshaftigkeit oder Tratsch- und Geltungssucht mit Halbwahrheiten, Gerüchten und sensiblen Inhalten hausieren gehen.

13.2 Die Verbundenheit schützen – gegen Lästerer und Meckerer

So wichtig eine starke Verbundenheit ist, um gemeinsam über sich hinauszuwachsen, so fragil ist sie auch. Verhalten, das sie unterwandert, sollte gebremst oder einfach unterlassen werden. Das Problem dabei: Gerüchte, Klatsch und Tratsch, Geschichten und Vertraulichkeiten sind einerseits verführerisch und spannend; andererseits sind sie aber auch Gift, das durch den Stille-Post-Effekt Kleinigkeiten aufbauscht und Unruhe ins System bringt.

Sozialpsychologisch gesehen, ist Tratsch ein altbewährter Regelmechanismus. Werden von einzelnen Mitarbeitern wiederholt die Soll- oder Kann-Erwartungen ihrer Kollegen verletzt, werden diese irritiert beginnen, sich darüber auszutauschen. Angesichts der enttäuschten Erwartungen wollen sie einfach wissen, ob mit ihnen oder den anderen etwas nicht stimmt.

So verständlich das einerseits ist, so ist es auch der erste Schritt zu Ausgrenzung, Spaltung und Mobbing. Daher ist die in Kapitel 11 beschriebene offene Klärung der Erwartungen eine wichtige Voraussetzung, um kontraproduktive Lästereien zu verhindern. Denn wenn es etwas gibt, das der Teufel noch mehr fürchtet als das Weihwasser, dann ist es eine Offenheit, die keine Heimlichkeiten und kein Versteckspiel mehr zulässt.

Nicht selten sind »Analysen und Feststellungen« einfach Ventile, die der Druck gruppendynamischer Entwicklungen zum Pfeifen bringt. Es geht also darum, durch mikropolitische Aktionen die eigenen Pfründe zu sichern. Gerade in althergebrachten Strukturen, in denen Wissen immer noch mit Macht gleichgesetzt wird, stellt jeder Informationsfetzen einen möglichen Wettbewerbsvorteil auf dem internen Markt der Eitelkeiten dar. Aber Wissen wächst nicht, indem man darauf sitzt, sondern indem man es teilt – und zwar nicht, um die eigenen Seilschaften zu stärken, sondern um es jenen zukommen zu lassen, die es brauchen, damit sich die Organisation weiterentwickeln kann. Wer es dagegen missbraucht, um über die Weitergabe von Indiskretionen die eigene Position zu stärken, erlangt damit zwar persönliche Vorteile, entzieht aber der Organisation Energie und schwächt so ihre Überlebensfähigkeit, die von ihrer Verbundenheit abhängt.

13.2.1 Einen Vertrag gegen das Lästern abschließen

Die Trainerin und Autorin Anne Katrin Matyssek bezeichnet das Beenden des Lästerns als simples oberstes Gebot für jeden, der mehr Wertschätzung im Betrieb möchte. Sie ist davon überzeugt, dass man die Welt besser macht und das Lästern abschafft, wenn man sich selbst weigert, daran teilzunehmen. Mit ihrer Ansicht ist Matyssek beileibe nicht allein. Die kurze, aber einfache Regel »miteinander reden anstatt übereinander« haben wohl fast alle Führungskräfte schon einmal gehört. Die Herausforderung ist lediglich, sich daran zu halten. Ray Dalio hat es mit überragendem Erfolg getan: Das fest implementierte Lästerverbot bei Bridgewater ist ein zentraler Baustein dafür, dass der Hedgefonds auf globaler Ebene seine Branche anführt. Dort unterschreibt jeder Mitarbeiter einen Vertrag gegen das Lästern, und es gilt die eiserne Regel, dass Beschwerden nur in Anwesenheit der Beteiligten formuliert werden dürfen.

Getroffene Hunde bellen. Je wilder es in Unternehmen zugeht, desto mehr wehren sie sich erfahrungsgemäß gegen den Anti-Läster-Vertrag: Das sei dann doch zu restriktiv und zu extrem; das könne man den Mitarbeitern doch nicht einfach auferlegen; ab und zu ginge es nur so; das gehöre doch zum Arbeiten irgendwie dazu. Man könne es sowieso nicht überprüfen. Reiche statt eines Vertrages nicht auch eine Absichtserklärung? Oder ein Leitfaden, wie miteinander umgegangen werden sollte? All das sind Hintertürchen, die das, worum es im Kern geht und was wirklich hilft, aufweichen und untergraben.

Es ist sicher nicht immer leicht, das Lästern zu lassen – gerade, weil es auch Spaß machen kann –, aber es ist notwendig, denn es ist nicht fair und bildet soziales Gift, das die Gemeinschaft verletzt. Häufig schießt man sich auf einige wenige ein, und nicht selten nur aufgrund ihrer Andersartigkeit. Der dahinterstehende Sündenbock-Mechanismus ist uralt und bereits seit dem dritten Buch Mose dokumentiert. Es kann aber nicht sein, dass man Diversität predigt und Abweichung von der Norm bestraft. Die Kette bricht am schwächsten Glied, und das umso schneller, je mehr auf ihm herumgehackt wird.

Micro Habit: Der Vertrag gegen das Lästern
Schließen Sie einen Vertrag gegen das Lästern ab. So beziehen Sie klar Stellung und stärken Sie den schwächeren Mitarbeitern an der Peripherie den Rücken.

13.2.2 Die drei Siebe des Sokrates

Das Verhalten der Führungskraft wirkt auch in puncto Lästern kulturstiftend. Ich habe Führungskräfte erlebt, die die größten Klatschbasen im ganzen Unternehmen waren, sich aber gleichzeitig beschwerten, dass sich die Mitarbeiter genauso verhielten. Mir ist bewusst, dass die Forderung nach offener Kommunikation und Lästerverzicht die eine oder andere Führungskraft zwischen zwei Stühle setzt. Immerhin führen die bestehenden Hierarchieunterschiede ohnehin schon oft dazu, dass sich Mitarbeiter gar nicht, nur selten oder nur verzerrt mitteilen. Wer jedoch einzelnen, privilegierten Informationszuträgern sein Ohr schenkt, übersieht, dass zur Verzerrung dann auch noch selektive und politische Einflüsse kommen. Objektivität und Fairness gegenüber der gesamten Belegschaft sieht anders aus. Bauen Sie lieber Hierarchien ab und fördern Sie die Bildung des in Kapitel 10 beschriebenen Safe Space.

Führungskräften, die die Lästereien beenden und zielführend regulieren wollen, welche Informationen durch ihre Mitarbeiter an sie herangetragen werden, helfen die drei Siebe des Sokrates, die im folgenden Dialog beschrieben werden. Ein Bekannter sucht Sokrates auf, um ihm aufgeregt etwas zu erzählen.

Sokrates: *»Bevor du mir deine Neuigkeit erzählst, hast du sie durch die drei Siebe gesiebt?«*
Bekannter: *»Durch welche drei Siebe?«*
Sokrates: *»Das erste Sieb ist jenes der Wahrheit: Hast du geprüft, ob es wirklich wahr ist, was du mir erzählen willst?«*
Bekannter: *»Nein, mir wurde es auch nur erzählt ...«*
Sokrates: *»Hm ... na gut. Ist es wenigstens etwas Gutes, was du mir erzählen willst?«*
Bekannter: *»Nein, im Gegenteil, und zwar ...«*
Sokrates: *»Halt! Lass uns zunächst noch das dritte Sieb anwenden. Ist es wichtig und notwendig, mir das zu erzählen, was dich so aufregt?«*
Bekannter: *»Hm ..., es ist nicht zwingend notwendig und eigentlich auch nicht wirklich wichtig.«*
Sokrates entgegnete lächelnd: *»Mein lieber Freund: Wenn es also weder wahr noch gut noch wichtig ist, was du mir erzählen möchtest, dann lass es doch lieber sein und belaste weder dich noch mich damit.«*

Micro Habit: Schädliche Informationen aussieben
Machen Sie es wie Sokrates: Prüfen Sie mit den drei Sieben Wahrheit, Güte und Bedeutung zunächst, ob es sich wirklich um substanzielle Neuigkeiten handelt, statt undifferenziert jedem Informationsstöckchen hinterherzujagen, das aus den Gerüchteküchen der Mitarbeiter in Ihre Nähe fliegt.

Das soll nicht dem informellen Austausch mit ihren Mitarbeitern entgegenstehen, aber die Richtung steuern, in die er sich entwickelt. Seien Sie sich auch bewusst, dass Sie mit jeder Information, die Sie über andere Mitarbeiter annehmen, gleichzeitig die Erwartungshaltung des Senders schüren. Irgendwann fühlen Sie sich verpflichtet, ebenfalls Interna über andere Mitarbeiter zu erzählen, und leiten damit neues Wasser auf die betrieblichen Tratschmühlen. Halten Sie es lieber ein zweites Mal mit Sokrates und seiner Erkenntnis, dass große Geister über Ideen diskutieren, durchschnittliche über Ereignisse und nur schwache Geister über andere Menschen.

13.2.3 Lästerkasse

Der Vertrag gegen das Lästern wurde geschlossen und Sie gehen durch ihr Verhalten mit gutem Beispiel voran. Jetzt ermöglicht eine Lästerkasse auf Teamebene, Übertritte in milder Form zu sanktionieren. Mitarbeiter, die über andere lästern, müssen zwei Euro in ein Lästerschwein einwerfen. Am Ende des Jahres werden die Schweine der verschiedenen Teams geschlachtet und das Geld verwendet, um ein Lästerfest zu finanzieren, das einige transformierende und teambildende Aufgaben enthält.

13.2.4 Meckerfasten

Stellen Sie sich Folgendes vor und spielen Sie es gerne einmal nach: Sie planen mit Ihrem Partner oder Ihrer Partnerin eine Reise. Variante 1: Einer startet mit einem Vorschlag und sein Partner ergänzt den Vorschlag mit: »Au ja! Und ...« Diese Ergänzung wird wieder mit »Au ja! Und...« aufgenommen und fortgeführt. Prompt entwickelt sich ein Kreativfeuerwerk, dass die Möglichkeiten immer weiter ausbaut. In Variante 2 wird genauso begonnen. Nach jedem Vorschlag antworten beide Partner jedoch mit: »Ja, aber ...«, bevor sie ihre Ergänzungen mitteilen. Innerhalb weniger Sätze ergeben sich Fronten und Positionskämpfe, und jeder spürt: Wenn es schon so los geht, können wir gleich zu Hause bleiben.

Nur wenig ist für Produktivität, Entwicklung und ein kreatives Arbeitsklima so abträglich wie Pessimisten, Nörgler und Meckerfritzen. Denn worauf wir uns konzentrieren, das wächst. Entsprechend den Informationen und Gefühlen, mit denen wir unser Gehirn füttern, entwickelt sich dessen Struktur. Und diese legt wiederum die Grundlage für die Ausrichtung unserer zukünftigen Wahrnehmung und für unsere Reaktionen auf wahrgenommene Reize. Im negativen Fall entwickelt sich ein Teufelskreis, im positiven Fall eine Aufwärtsspirale. Sicherlich verbindet es, miteinander über die Missstände der Welt, der Gesellschaft oder des Betriebes zu klagen. Aber die dabei eingenommene Opferhaltung macht nicht nur passiv und missgünstig, sondern sie lähmt auch und findet schnell vermeintlich Schuldige, gegen die sich der Groll richtet.

Micro Habit: Meckerfasten
Halten Sie das Meckern draußen und initiieren Sie mit Ihrem Team ein Meckerfasten. Je länger dieses dauert, desto besser. Fangen Sie mit ein bis zwei Tagen an und steigern Sie gerne auf ganze Wochen. Spätestens wenn Sie die biblischen vierzig Fastentage erreichen, steigt die Wahrscheinlichkeit, dass alle gleich ganz dabei bleiben, um die entstandene inspirierende und konstruktive Arbeitsatmosphäre nicht mehr zu trüben.

13.3 Die Verbundenheit stärken – mehr Kontaktpunkte schaffen

Nachdem das Arbeitsklima von störenden kommunikativen Einflüssen gereinigt worden ist, gilt es nun, die Verbundenheit durch konstruktive Elemente zu stärken. Dabei steht das Miteinander-Reden im Fokus, um den Austausch der Mitarbeiter zu erhöhen und sie stärker miteinander zu verzahnen.

13.3.1 Spannungsmeetings einberaumen

Die Thematisierung von Spannungen wurde bereits in Kapitel 11 empfohlen, jedoch lediglich im Rahmen einer kurzen Sequenz im Meeting.

Micro Habit: Spannungsmeetings

Führen Sie darüber hinaus einmal im Monat ein Spannungsmeeting durch, bei dem es explizit nur darum geht, Spannungen zu verbalisieren und zu klären. Das Meeting sollte mindestens eine Stunde dauern, auch wenn zunächst keine Spannungen spürbar sind. Durch den fixen Zeitrahmen beugt es Pseudofrieden vor, der mit vorschnellen Antworten im Sinne von »Wir haben doch keine Probleme miteinander« der Auseinandersetzung mit substanziellen Themen ausweichen möchte.

Es kann für die Führungskraft herausfordernd sein, den Raum zu halten, wenn zunächst keiner der Beteiligten eine Spannung verspürt, die sich ausdrücken kann. Es ist aber notwendig, sich dann gemeinsam in Achtsamkeit zu üben und die Stille auszuhalten. Einige Minuten der gemeinsamen Stille beruhigen den Geist und schärfen die Sinne, sodass auch subtilere Verstimmungen und Spannungen registriert und anschließend besprochen werden können.

Dabei muss es sich nicht um Spannungen zwischen Mitarbeitern handeln. Genauso wichtig sind Spannungen, die die Mitarbeiter zwischen dem aktuellen Istzustand und dem von der Organisation angestrebten Sollzustand wahrnehmen. Oder zwischen dem, was am besten für den Kunden wäre und dem, was aktuell praktiziert wird. Jede Spannung weist auf eine Lücke zwischen dem aktuellen Status quo und einem möglichen besseren Zustand hin. Diese Lücke kann aber erst überbrückt werden, wenn die Spannung, die diese Lücke erzeugt, bewusst wahrgenommen und verbalisiert wurde.

13.3.2 Exit-Gespräche und Bleibe-Gespräche führen

Wenn Mitarbeiter ungeplant das Unternehmen verlassen, ist das eine kritische Situation. Wenn Mitarbeiter gehen, werden die verbliebenen Kollegen erst einmal stark belastet, was die Stimmung im Team beeinträchtigt und die Fehlzeiten und Fehlerquoten erhöhen kann. Außerdem besteht jederzeit die Gefahr, dass der unverhoffte Abgang auch andere Kollegen motiviert, sich anderweitig umzuschauen und ihren Marktwert zu testen.

Rund drei von vier Kündigungen kommen von Seiten der Arbeitnehmer. Dabei ist jede Kündigung die Weigerung eines Mitarbeiters, ihrer Führungskraft im Betrieb weiterhin zu folgen und damit ein Entzug der Führungslegitimation. So zieht jeder Mitarbeiter, der das Unternehmen verlässt, der Führungskraft einige Zentimeter der Planke unter ihren Füßen weg. Im Extremfall habe ich erlebt, dass ein Team von zwölf Mitarbeitern auf den einen sprichwörtlichen letzten Mohikaner zusammenschrumpfte. Ich weiß nicht, ob mittlerweile auch dieser das Weite gesucht hat, aber wenn, dann ist klar, wen die einstige Führungskraft nun erst einmal zu führen lernen muss: sich selbst. Mit dieser Ablehnung muss man umgehen können.

Noch viel zu häufig lautet die pseudocoole Reaktion eingeschnappter Chefs auf Kündigungen: »Reisende soll man nicht aufhalten.« Eine Antwort, die Stärke und Überlegenheit zeigen soll und die bestehenden Verhältnisse unterstreichen will. Mitarbeiter, deren Kündigung mit der Reisenden-Weisheit quittiert wurde, erhalten ein letztes Mal eine demütigende Watsche, obwohl sie sich doch wenigstens einmal Betroffenheit und ein offenes Gesprächsangebot erhofft haben. Geschieht das nicht, so werden sie in ihrem Entschluss bestärkt, teilen ihn mit ihrem Netzwerk und säen damit nicht selten die Saat für den Reiseantritt des nächsten Kollegen.

Es dauert durchschnittlich mehr als vier Monate, bis eine Stelle in Deutschland besetzt werden kann, in Einzelfällen weitaus länger. Rund jedes dritte kleine Unternehmen wurde laut IAB bereits 2018 schon gar nicht mehr fündig und brach die Suche nach neuen Mitarbeitern wieder ab. Beugen Sie Fluktuation vor und machen Sie es besser.

Micro Habit: Exit Gespräche

Führen Sie dezidierte Exit-Gespräche, in denen Sie Ihr ehrliches Bedauern ausdrücken und dem Mitarbeiter für die gemeinsame Zeit und seine vergangene Unterstützung auf dem gemeinsamen Weg danken. Fragen Sie offen, was der Betrieb anders hätte machen können, um das zu verhindern, und bitten Sie um ein Feedback oder um weiterführende Hinweise, was man verbessern könnte, damit nicht noch mehr Kollegen das Unternehmen verlassen.

Gerade in autoritär geführten Unternehmen ist diese Situation der Kündigung oftmals der einzige Zeitpunkt, in dem der Mitarbeiter sich traut, frei und politisch ungeschönt zu sprechen. Im Prinzip besteht genau jetzt jener Safe Space, der eigentlich schon von Beginn der Arbeitsbeziehung an anzustreben sein sollte. Erstellen Sie dem Kollegen zunächst ein gutes Zeugnis, denn nicht selten befürchten die Mitarbeiter, dieses nicht zu erhalten, wenn sie zum Schluss noch negative Punkte äußern. Legen Sie ihm keine Steine in den Weg und bitten ihn um ein offenes letztes Wort. Für den emotionalen Frieden sollte ein Gespräch mit dem direkten Vorgesetzten geführt werden. Teilweise sind die Mitarbeiter jedoch auch dann noch gehemmt. Von daher bietet sich die Einladung für ein Gespräch mit der Geschäftsführung an, in dem jedoch die Gefahr besteht, dass aus nachtragendem Kalkül nachgetreten wird. Eine Alternative stellt die Beauftragung eines externen Beraters dar, der den Ursachen der Kündigung auf den Grund geht, damit daran gearbeitet werden kann.

Der erste Eindruck zählt, der letzte bleibt. Nach der Kündigung kann vor der Einstellung sein. 72 Prozent der Mitarbeiter, die ein Unternehmen verlassen, sehen rasch, dass die Äpfel in anderen Unternehmensgärten nicht wirklich grüner und saftiger sind. Oft steht dann neben einem hässlichen Abgang der eigene verletzte Stolz beider Seiten einer erneuten Zusammenarbeit im Wege. Kürzlich hörte ich von einem Unternehmen, das diesem Umstand offensiv entgegentritt. Wenn ein guter Mitarbeiter das Unternehmen verlässt, lädt die Geschäftsführung ihn zum persönlichen Abschlussgespräch ein, dankt ihm und zeigt ihm einen eigens für ihn reservierten Stuhl, der dort immer auf den Mitarbeiter warten wird. Dann geht der Geschäftsführer sogar noch einen Schritt weiter und überreicht dem Mitarbeiter einen neuen Arbeitsvertrag, den dieser jederzeit aktivieren kann. Eine Geste mit ungeheurer Symbolkraft, die nicht unvergessen bleibt, wenn man im neuen Betrieb erkennt, dass nicht alles Gold ist, was aus der Entfernung geglänzt hat.

So hilfreich es ist, Exit-Gespräche zu führen: Warum warten, bis das Kind in den Brunnen gefallen ist?

Micro Habit: Bleibegespräche
Wir betreiben in den verschiedensten Bereichen Prophylaxe, warum nicht bei der Mitarbeiterbindung? Schaffen Sie ein offenes Gesprächsklima und führen Sie Bleibe-Gespräche, in denen Sie die Mitarbeiter bitten, auf einer Skala von 1 bis 10 ihre Kündigungswahrscheinlichkeit grob zu beziffern. Unterhalten Sie sich über die Gründe und möglichen Wege, um sie zu reduzieren. Dabei sollte es nur selten um Geld gehen.

13.3.3 In den Kreis der einhundertfünfzig vertrauten Menschen eintreten

Der britische Psychologe und Anthropologe Robin Dunbar entdeckte, dass die Größe unseres Gehirns die Zahl der sozialen Kontakte, die wir verarbeiten und abbilden können, begrenzt. Die Dunbar-Zahl beschreibt, dass wir nur mit maximal einhundertfünfzig Menschen eine tiefere Beziehung eingehen können. Auch beim Wachstum von Unternehmen verändert sich ab der Größe von einhundertfünfzig Mitarbeitern die Dynamik im Betrieb: Die Kontaktdichte nimmt ab, die Effizienz sinkt, die Fragmentierung steigt. Unternehmen wie Goretex tragen diesem Umstand Rechnung und eröffnen immer dann einen neuen Standort, sobald ein alter die kritische Größe von einhundertfünfzig Mitarbeitern erreicht.

Mitarbeiter leiten aus der Anzahl der komplexen Interaktionen mit ihren Kollegen ab, als wie nahestehend die Gemeinschaft empfunden wird. Dabei gibt es drei kritische Schwellen, nämlich die einer wöchentlichen, einer monatlichen oder einer jährlichen positiven oder komplexen Interaktion. Mit wem einmal pro Woche ein positiver Austausch gelingt, den ziehen wir in den Kreis unserer engeren fünfzig Vertrauten. Erfolgt dieser Kontakt im monatlichen Rhythmus, nehmen wir die Person in den Kreis unserer einhundertfünfzig Vertrauten. Aber wann ist jemand eigentlich ein Vertrauter für uns? Eine alltagstaugliche Definition dafür lautet, dass er das dann ist, wenn wir ihn spontan einladen würden, sich auf ein Bier zu uns und unserer Gruppe zu gesellen, sofern wir ihn abends zufällig treffen.

Micro Habit: Den Kreis der vertrauten Menschen betreten

Führungskräfte können anhand dieser Schwellenwerte selbst bestimmen, wie nahe sie ihren Mitarbeitern sein wollen. Wenn bei einer Unternehmensgröße von einhundertfünfzig Mitarbeitern die Geschäftsführung durchschnittlich drei Stunden pro Woche reserviert, kann sie zumindest einmal pro Jahr mit jedem einzelnen Mitarbeiter ein dreißig- bis sechzig-minütiges Einzelgespräch führen. Mit monatlichen, kurzen Meetings in den Abteilungen pflegt sie den Kontakt und bringt sich bei den Mitarbeitern in den Kreis der einhundertfünfzig Vertrauten.

Für den Austausch innerhalb der Bereiche und Teams sollten wöchentliche Formate angestrebt werden, bei denen die Kollegen zueinanderkommen und miteinander interagieren.

Gemeinsame Mahlzeiten verbinden die Menschheit schon seit der Höhlenzeit und stärken die Gemeinschaft. Daher bietet sich ein monatliches Frühstück an, das jeweils im Wechsel von zwei Kollegen für die anderen vorbereitet wird. Natürlich sind auch höhere Frequenzen möglich. Die Kosten und die geschenkte Arbeitszeit sind in der Regel eine gute Investition in die gegenseitigen Beziehungen. Wer hier noch ein wenig optimieren will, kann sich an Carlo Ancelotti – dem legendären italienischen Fußballtrainer, der mit mehreren Mannschaften die Champions-League gewann – orientieren. Um die Verbundenheit seiner Spieler zu verbessern, verteilte er die Plätze beim Mittagessen und Abendessen so, dass Spieler, die sich noch nicht so gut kannten, nebeneinander saßen. Wenn man nebeneinander oder sich gegenüber sitzt, ergeben sich automatisch Gespräche und man kommt sich näher.

13.3.4 Workations

Seit der Coronapandemie ist der Homeoffice vielerorts zur neuen Normalität geworden. Die örtliche Trennung wirkt sich jedoch kontraproduktiv auf die Verbundenheit aus. Menschen brauchen einfach gemeinsam verbrachte Zeit und gemeinsame Erlebnisse. Nachdem sich die Lage wieder entspannt hat, war es gar nicht so einfach, die Mitarbeiter wieder in die Betriebe zurückzuholen. Für viele Bewerber ist heute die Arbeitszeitregelung und die Flexibilität beim Arbeitsort ein K.o.-Kriterium, dass über Zu- oder Absage eines Arbeitsplatzangebotes entscheidet. Einige würden am liebsten ihr Homeoffice ans Meer verlegen. Die ersten Arbeitgeber haben auf diese Wünsche reagiert und in Südeuropa oder anderen attraktiven Regionen größere Wohnungen oder Häuser mit Internet gemietet. Sie bieten ihren Mitarbeitern an, dort für eine gewisse Zeit Arbeit und Urlaub zu verbinden. Mitarbeiter können normalerweise übers Jahr verteilt für maximal zwölf Wochen aus dem europäischen Ausland arbeiten, ohne dass Probleme mit Steuerpflicht oder der Sozialversicherung entstehen.

Micro Habit: Workation
Eine Workation-Location im Ausland erhöht die interne Vernetzung und die Verbundenheit, wenn Mitarbeiter aus verschiedenen Abteilungen dort für einige Zeit gemeinsam arbeiten. Um den Workation-Effekt zu erhöhen, kann es sich anbieten, die dortige Zeit mit dem Abbau von Überstunden zu verbinden. Wenn die Mitarbeiter beispielsweise sechs statt der üblichen acht Stunden arbeiten, können sie in einem Workation-Monat vierzig Überstunden abbauen. In der Freizeit kommen sie automatisch den Kollegen näher und erholen sich von jener Zeit, in der die Überstunden aufgebaut wurden.

Homeoffice ja oder nein – die Meinungen sind verschieden. Ein Patentrezept gibt es nicht. Für beide Seiten gibt es gute Gründe. Manche wollen nur noch Homeoffice, andere ein bis zwei Tage die Woche, weitere haben seit der Pandemie die Arbeit zu Hause satt und wünschen sich nichts mehr als soziale Kontakte in der Firma. Jedes Unternehmen, bisweilen jedes Team, muss für sich eine Entscheidung treffen, wie es Arbeit im Homeoffice handhaben will. Ideal ist es, wenn nicht einfach »von oben« entschieden wird, sondern gemeinsam mit den Mitarbeitern eine für alle tragfähige Lösung gefunden wird, die auch individuelle Varianten für die Einzelnen zulässt.

13.3.5 Open Space Events

Eine Möglichkeit, um auch mit größeren Gruppen gemeinsame Themen zu finden, zu vertiefen und die Gruppe zusammenzuführen, bieten Open-Space-Events. Ein Vorteil von Open Space ist, dass man spontan neue Themen auf die Agenda nehmen kann, die dann parallel vertieft werden. So kann sich jeder Teilnehmer genau jenen Themen anschließen, die ihn interessieren. Es bietet sich an, im Vorfeld auf einige Mitarbeiter zuzugehen und sie zu motivieren, ein Thema, dass ihnen am Herzen liegt, anzubieten. Der Austausch selbst findet dann in einem offenen Format statt. Die Mitarbeiter sollen also keine expliziten Seminare oder Workshops vorbereiten, sondern lediglich den Raum schaffen, um ein Thema gemeinsam zu vertiefen.

Zunächst werden die verschiedenen Themen mit einem kurzen Pitch vom jeweiligen Themengeber vorgestellt. Dann wird auf einer Pinnwand festgehalten, wann und in welchem Raum diese bearbeitet werden. Anschließend können die Teilnehmer spontan in jene Räume gehen, die sie interessieren, um sich an der Bearbeitung der jeweiligen Themen zu beteiligen. Der Themengeber moderiert, und es gilt die Regel, dass es beginnt, sobald es beginnt, und endet, wenn es vorbei ist. Es bieten sich Zeitfenster von dreißig bis fünfundvierzig Minuten je Runde und ein Puffer von fünfzehn Minuten zwischen den Runden an. So können Teilnehmer zwischen den Runden den Kontakt untereinander vertiefen. Die genaue Anzahl der parallel bearbeiteten Themen und der durchgeführten Runden hängt von der Anzahl der Teilnehmer ab. Praktikabel ist es, drei bis sechs Themen parallel zu bearbeiten und drei bis vier Runden durchzuführen. Bei größeren Zusammenkünften kann die Methode über mehrere Tage hinweg durchgeführt werden. Wenn eine größere Anzahl an Themen parallel angeboten wird, empfiehlt es sich, die Themen zweimal anzubieten, damit Mitarbeiter nicht auf Themen, die sie interessieren, zugunsten eines anderen verzichten müssen. Ergänzend sollte ein Kaffeeraum eingerichtet werden, in dem sich die Mitarbeiter abseits der Themenräume miteinander austauschen können. Es gilt das Gesetz der zwei Füße und offenen Türen, das es den Teilnehmern ermöglicht, einen Raum jederzeit wieder zu verlassen, um irgendwo anders vorbeizuschauen. Abschließend werden die Ergebnisse der Gruppenarbeiten im Plenum kurz präsentiert.

13.4 Fazit

Um die Verbundenheit nachhaltig zu sichern, sollten Sie an zwei Seiten ansetzen: Verhindern Sie einerseits, dass destruktive Verhaltensweisen die Verbundenheit untergraben und stärken Sie andererseits das Erleben von Verbundenheit durch konstruktive Kommunikationselemente und Formate.

- Unterbinden Sie, dass Mitarbeiter übereinander lästern und herziehen, indem Sie gemeinsam einen Vertrag gegen das Lästern aufsetzen und unterschreiben.
- Lassen Sie sich nicht auf unproduktive Gespräche und Tratsch ein und helfen Sie Ihren Mitarbeitern mit den drei Sieben, das ebenfalls zu tun.
- Führen Sie Lästerkassen ein, um Verstöße mit einem Augenzwinkern zu sanktionieren und feiern Sie gemeinsam vom Ertrag.
- Ergänzend hilft regelmäßiges und ausgiebiges Meckerfasten, um den Fokus auf konstruktive Elemente zu legen.
- Regelmäßige gemeinschaftsbildende Formate stärken die Verbundenheit. Unterstützen Sie gemeinsame Kaffeepausen von Kollegen, die sich noch nicht kennen, führen Sie regelmäßig ein gemeinsames Frühstück auf Teamebene durch, und tratschen Sie positiv übereinander.
- Ein regelmäßiges Spannungsmeeting schafft den Raum, um Dinge, die gerade nicht optimal laufen, konstruktiv zu klären.
- Exit-Gespräche mit scheidenden Mitarbeitern ermöglichen, um eigene blinde Flecken zu erkennen.
- Wer nicht warten will, bis das Kind in den Brunnen gefallen ist, sollte mit jährlichen Bleibe-Gesprächen klären, was die Mitarbeiter bewegt und wie es um ihre Bindungsstärke bestimmt ist.
- Klären Sie mit allen Mitarbeitern, inwieweit Homeoffice von ihnen gewünscht ist und inwieweit nicht.
- Nutzen Sie Open-Space-Events, um auch mit größeren Gruppen Themen zu finden und zu bearbeiten.

Epilog

Eine alte Börsenregel lautet: The Trend is your friend. Wenn die Märkte in eine bestimmte Richtung ziehen, macht es mehr Sinn, ihnen zu folgen, als zu versuchen, sich gegen einen übermächtigen Gegner zu stemmen. Vielleicht erinnern Sie sich noch an die Erkenntnis von Mahatma Gandhi: »First they ignore you, then laugh at you, then fight you. Then you win.« Zunächst ignorierten die Unternehmen, dass durch die demografische Entwicklung immer weniger Nachwuchs in den Arbeitsmarkt einmündete und dass sich die Kräfteverhältnisse zu drehen begannen. Dann wurden Witze gemacht über jene Unternehmen, die Tischkicker, Kaffee-Ecken, Obstkörbe und Tischtennisplatten einführten und eine mitarbeiterzentrierte Organisationskultur anstrebten. Als nächstes wurde die Stirn gerunzelt über die verwöhnten Millennials und ihre überzeichneten Ansprüche. Zuletzt wurden Mitarbeiter, die ihre Unternehmen verließen als undankbar und illoyal abgekanzelt: Ignorieren. Auslachen. Bekämpfen. Es liegt auf der Hand, was der nächste Schritt sein wird: Der War for Talents ist vorbei. Die Talente haben gewonnen.

Die Arbeitsmärkte sind gekippt. Die Spielregeln haben sich geändert. Die Coronapandemie fungierte als zusätzlicher Katalysator. Im Zuge der Pandemie und der Lockdowns hat sich bei vielen Menschen das Verhältnis zur Arbeit verändert: ihr Wert hat abgenommen. Wenn die Welt immer unsicherer und vager wird, wenn das Geld immer weniger wert wird, warum dann sein Leben und den Kontakt mit den Liebsten der übermäßigen Arbeit opfern? Im Zuge der Great Resignation kündigen seit 2021 immer mehr Mitarbeiter. Wenn gewechselt wird, möchte sich niemand verschlechtern. Dabei ist das Gehalt nur ein Hygienefaktor. Im Zentrum des Interesses steht eine Arbeitsatmosphäre, in der man gerne zur Arbeit geht. Bevor sie sich bewerben, aktivieren Fachkräfte ihr Netzwerk und erkundigen sich über potenzielle Arbeitgeber. Mehr als die Hälfte der Bewerber konsultieren Arbeitgeberbewertungsplattformen und werfen einen Blick hinter die Kulissen der Unternehmen. Mittelmäßige und schlechte Beurteilungen führen dazu, dass junge und gutqualifizierte Talente sich nicht mehr bewerben. Durch die gestiegene Transparenz können untragbare Zustände einzelner Abteilungen immer seltener durch den guten allgemeinen Ruf eines Unternehmens kaschiert werden. Für Betriebe, die weiterhin alten Paradigmen anhängen oder toxische Führungskräfte protegieren, wird das Eis also immer dünner.

Es ist ein ehernes Marktgesetz, dass die Nachfrage den Preis bestimmt und jene Seite, die über das knappere Gut verfügt, die höhere Macht besitzt. Auch wenn vieles automatisiert werden kann, lebt ein Unternehmen letztlich von den Menschen, die in ihm wirken und seine Entwicklung prägen. Wer auch zukünftig noch erfolgreich am Markt agieren will, braucht fähige Mitarbeiter und ein wertschätzendes Umfeld, in dem diese eine starke Gemeinschaft bilden und intensiv kooperieren. Wer im Wettbewerb um gute Mitarbeiter weiterhin mitspielen will, muss die Erwartungen und Interessen der Talente verstehen und bedienen. Der Wunsch nach einer starken Gemeinschaft, einer sinnvollen Tätigkeit und nach echter Wertschätzung stehen dabei ganz oben.

Wenn Führungskräfte ihre Mitarbeiter wertschätzen und ihnen auf Augenhöhe begegnen, wenn sie ihnen einen Vertrauensvorschuss geben und die Freiheit, selbst Entscheidungen zu treffen, dann geht das mit einem Verlust der eigenen Macht, Status und Kontrolle einher. Keine Frage: Diese Veränderung ist zunächst ungewohnt und fühlt sich befremdlich an. Sie wird aber belohnt, denn die verteilte Entscheidungsbefugnis erhöht die Agilität der Organisation und der Vertrauensvorschuss erhöht ihre Geschwindigkeit. Wenn Macht von der Spitze der Organisation nach unten verteilt wird, wird die gesamte Firma machtvoller und kann schneller und intelligenter dort reagieren, wo es darauf ankommt. Zudem steigt die Freude der Mitarbeiter an ihrer Arbeit und damit deren Loyalität.

Es braucht den Wandel zur mitarbeiterzentrierten Führungskultur. Nicht nur zum Wohl der gesamten Organisation, sondern auch zum Wohl der Gesundheit aller Beteiligten und unserer Gesellschaft. Nach der Coronapandemie fühlte sich im Frühjahr 2022 mehr als jeder dritte Mitarbeiter ausgebrannt. Nicht nur die Angestellten, sondern auch mehr und mehr Führungskräfte gehen auf dem Zahnfleisch. Ihr Versuch, die Herausforderungen der vernetzten, digitalisierten Gesellschaft mit veralteten Instrumenten und Methoden zu bewältigen, ist schon aus systemischer Sicht zum Scheitern verurteilt. Wer versucht, das Unmögliche doch zu schaffen, betreibt Raubbau mit seiner Gesundheit. Erhebungen zur nervlichen Belastung zeigen, dass 80 Prozent der Führungskräfte in der deutschen Automobilindustrie an einem Tinnitus leiden. Peter Kruse beschrieb bereits 2014, dass die Führungskräfte die Symptomträger der aktuellen Umbrüche sind. Je höher sich diese in ihrer Hierarchie befinden, desto mehr Verantwortung kommt ihnen zu. Entscheidend ist aber nicht der Grad der Verantwortung, sondern nach welchen Werten diese ausgerichtet wird. Unternehmen, die weiterhin die monetären Interessen der Shareholder und Kapitalgeber über jene der Mitarbeiter, Kunden und anderer Stakeholder setzen, verheizen die Menschen, die ihnen vertrauen, und nehmen die Zerstörung unserer Umwelt und die Zerrüttung unserer Gesellschaft billigend in Kauf. Tragischerweise sind sie dabei nur mäßig erfolgreich und bleiben mit ihren Erfolgen hinter jenen Unternehmen zurück, die bewusst auf eine mitarbeiterzentrierte Kultur setzen.

Wie sind die Ausblicke? Auch wenn viele die Scheuklappen hochgezogen haben und hoffen, dass alles irgendwie gut wird, wenn sie einfach ein wenig schneller so weitermachen wie bisher, wissen oder spüren sie, dass es so nicht weitergehen kann. Und auch nicht wird. Wir sitzen auf einem riesigen Potenzial an fähigen Mitarbeitern, die künstlich durch die Systeme und Strukturen, in denen sie arbeiten und durch die Art, wie sie geführt werden, ausgebremst werden. Es stellt sich die Frage, ob der Wandel mit einem großen Knall kommt, oder ob ein gleitender Übergang gelingt. Ich habe die Hoffnung, dass Letzteres der Fall sein wird. Warum? Weil von den rund 3,4 Millionen Unternehmen in Deutschland nur dreitausend mehr als tausend Mitarbeiter und damit ausgeprägte Machtstrukturen haben. 3,1 Millionen

Betriebe haben unter zehn Mitarbeiter und könnten schon morgen mit der Transformation beginnen, wenn ihr Unternehmer beschließt, den Hebel umzulegen. In deren Folge können auf wirtschaftlicher Ebene Graswurzelbewegungen entstehen, die den neuen Standard definieren werden, sobald eine kritische Menge erreicht ist. Diese Schwelle ist nicht einmal so hoch, wie viele vermuten: 16 Prozent. Getrieben durch den aktuellen Leidensdruck öffnen sich mehr und mehr Unternehmen und folgen jenen Pionieren, die schon länger eine mitarbeiterzentrierte, wertschätzende Kultur etabliert haben. Mehr und mehr Autoren, Berater, Trainer und Unternehmer unterstützen die Entwicklung. Das Wissen, die Haltung, die Methoden und inspirierende Beispiele, die die neuen Wege aufzeigen, verbreiten sich. Vielleicht erinnern Sie sich noch an die ersten Mobiltelefone. Zuerst wurde über die Wichtigtuer mit ihren Handys gelacht. Ein paar Jahre später hatte dann jeder selbst eines am Ohr. Wenn es gelingt, die kritische Masse zu erreichen, geschieht der Wandel wie von selbst. Zwar wurde die Transformation zuletzt durch die Coronakrise und den daran anschließenden Ukraine-Krieg gebremst, aber auch diese Krisen werden vorübergehen. Unsere Gehirne funktionieren nach Netzwerkgesetzen. Das Internet funktioniert nach Netzwerkgesetzen. Menschliche Gemeinschaften funktionieren nach Netzwerkgesetzen. Sobald unsere Institutionen und Organisationen sich daran anpassen und ihre hierarchischen Top Down Strukturen hinter sich lassen, kann und wird der Wandel leicht und schnell geschehen.

Vielleicht erinnern Sie sich noch daran, wie vor Corona im Rahmen der Fridays for Future Bewegung die sogenannten alten weißen Männer in der Kritik standen. Der Begriff stand für ein machtorientiertes, bewahrendes Denken, das versucht den Status quo zu halten und dabei die organische Entwicklung der Gesellschaft verhindert. Durch die Krisen und Ablenkungen der letzten Jahre sind diese etwas in Vergessenheit geraten, während die Dringlichkeit stieg, dem neuen Denken und Zeitgeist nicht künstlich im Wege zu stehen. Es ist belegt, dass sich komplexe Problemlagen nicht top down managen lassen.

Der Einfluss, den reine Autorität ausüben kann, ist verschwindend gering. Warum scheitern rund 80 Prozent der Change-Vorhaben? Weil es nicht möglich ist, alle auf einmal zu kontrollieren. Und es ist auch nicht nötig, denn wenn man die Mitarbeiter inspiriert, wertschätzt, ermächtigt und beteiligt, richten sie ihre Anstrengungen wie von selbst nach den gemeinsamen Werten und auf das gewünschte Ziel und bewegen sich und die gesamte Organisation in komplexen Umfeldern erfolgreicher, als es von oben orchestriert jemals möglich wäre. Allen, die merken, dass hier etwas gehörig schiefläuft, sei also ans Herz gelegt, auf dasselbe zu hören und einfach das zu tun, von dem sie spüren, dass es richtig ist. Geschieht das auf eine wertschätzende Art und Weise, werden die Türen aufgestoßen für den Weg in eine schöne Zukunft, die wir uns doch alle wünschen.

Dank

Wie bei vielen Büchern reichen auch die Wurzeln dieses Buches einige Jahre zurück. Neben meiner damaligen Partnerin Özlem, die mich einfach schreiben lies und mich bei allen Vorhaben unterstützte, danke ich Dr. Sonja Klug für ihre strategische Unterstützung, das Lektorat und ihr Feedback zum Text. Ich bedanke mich bei Theresa Denzer-Urschel, durch deren Anfrage im Jahr 2016 für einen Vortrag zum Thema Körpersprache für Führungskräfte ich die Themen Safe Space und Wertschätzung das erste Mal in den Fokus eines neuen Verständnisses von Führung setzte. Ebenso Dr. Nico Rose, dessen Artikel »Angst frisst Leistung« bei ZEIT online einen wichtigen ersten Impuls darstellte. Frank Eiselt inspirierte mich zeitgleich zu den Themen New Work und evolutionäre Unternehmen. Ein weiterer Dank geht an Marcell Heinrich, der den Kontakt zu Dr. Gerald Hüther hergestellt hat und diesem der Dank für unseren inspirierenden Austausch. Zahlreiche Interviewpartner halfen mir im Vorfeld, das Thema Wertschätzung im Unternehmen zu vertiefen und zu reflektieren. Ich danke Matthias Moelleney, Dieter Hieber, Sandra Lienhart und Norbert Stark, die mir beschrieben, wie sie Wertschätzung in ihren Unternehmen und Bereichen vorantreiben. Der Austausch mit vielen Gesprächspartnern hat mein Verständnis von Wertschätzung geprägt und verfeinert, für die Inspirationen danke ich Martin Gaedt, Michael Rothe, Sven Sprakties, Michael Sell, Timm Urschinger, Mika Mihic, Dejan Jovanovic, Christoph Stein, Volker Poplawski, Viola Pantazakos, Dorothea Trochim, Christoph Glück, Serena Sander, Ralph-Christoph Seul, Dieter, Edeltraud und Jennifer Bernhardt, Jürgen Rehm, Kurt Sutter, Stefan Lohse, Sandra Nakielski, Romeo Ruh, Dr. Kathrin Cornelius, Martin Kaeser, Sylvia Müller Wolf, Daniela Zink und Hrvoje Salov.

Auch die gemeinsamen Trainings mit Mareike Hauk, Lutz Biedermann, Olga Schneider, Jörg Zoller, Marco Naumann, Martina Momkute und Matthias Finster haben dazu beigetragen, die Inhalte dieses Buches zu reflektieren und weiter zu verfeinern. Ein besonderer Dank gebührt Christian Hoffmann für den scharfen Blick aufs Wesentliche, den Impuls zu den Micro Habits und sein Vertrauen in das gemeinsame Buchprojekt.

Das tägliche Handeln spricht mitunter lauter, als die längsten Worte, von daher danke ich Horst Eckert, Christian Ramm, Jutta Hünenberger, Jenniefer Schmucker, Marcel Schilling, Sylvia Jaki, Michael Rimkus, Mike Kalinasch, Stephanie Rutschmann, Tania Weinmann, Martina Groß, Thorsten Bühler, Thorsten Reutter, Eva Faller, Kevin Reinhart und Laura Maillard für die Beobachtungen und Einblicke in die tägliche Arbeit, die sie mir ermöglicht haben. Darüber hinaus danke ich allen Arbeitgebern, Coachees, Trainingsteilnehmern und Gesprächspartnern, die hier nicht namentlich erwähnt wurden, mir aber im Austausch und in gemeinsamen Projekten, Trainings und Coachings ermöglichten, tiefer in die Thematik einzutauchen und Lösungen für Probleme zu erarbeiten.

©Özlem Türk

Literaturverzeichnis

Augsburger Allgemeine (2022): Kühe mit Namen geben mehr Milch. https://www.augsburger-allgemeine.de/panorama/Kuehe-mit-Namen-geben-mehr-Milch-id4997466.html, abgerufen am 11. Juli 2022.

Avolio, Bruce J.; Rebecca Reichard; Sean T. Hannah et al. (2009): A meta-analytic Review oft leadership impact research: Experimental and quasi experimental studies. In: Leadership quarterly. Vol 20/5, Seite 764–784.

Bartens, Werner (2018): Emotionale Gewalt. Berlin: Rowohlt.

BMAS – Bundesministerium für Arbeit und Soziales (2016): Wertewelten Arbeiten 4.0 – Vorabfassung. https://www.bmas.de/DE/Service/Publikationen/Forschungsberichte/fb-studie-wertewelten-a40.html, abgerufen am 11. Juli 2022.

Bohm, David (2014): Der Dialog. Das offene Gespräch am Ende der Diskussionen. Klett-Cotta, Stuttgart.

Bossler, Mario; Alexander Kubis; Andreas Moczall: Neueinstellungen im Jahr 2016: Große Betriebe haben im Wettbewerb um Fachkräfte oft die Nase vorn. IAB-Kurzbericht 18/2017. https://doku.iab.de/kurzber/2017/kb1817.pdf, abgerufen am 11. Juli 2022.

Bowden, Mark (2013): Winning Body Language for Sales Professionals. New York: Mc Graw Hill.

Brohm-Badry, Michaela (2017): Positive Psychologie in der Schule: Die »Glücksrevolution« im Schulalltag. Weinheim: Beltz.

Burow, Olaf-Axel (2018): Führen mit Wertschätzung. Der Leadership-Kompass für mehr Engagement, Wohlbefinden und Spitzenleistung. Weinheim: Beltz.

Chapman, Gary (2019): Die fünf Sprachen der Liebe – Wie Kommunikation in der Partnerschaft gelingt. Marburg: Verlag der Francke-Buchhandlung.

Cuddy, Amy (2016): Dein Körper spricht für dich. Von innen wirken, überzeugen, ausstrahlen. München: Mosaik.

Dalio, Ray (2019): Die Prinzipien des Erfolgs. München: FBV.

Edmondson, Amy C. (2020): Die angstfreie Organisation. München: Vahlen.

Edlund, Jan Roy (2010): Monkey Management. Monsenstein und Vannerdat, Münster.

Greiser, Christian; Jan-Philipp Martini et al. (2020): Tap your Company's Collective Intelligence with Mindfulness, 5. Februar 2020. https://www.bcg.com/publications/2020/tap-your-company-collective-intelligence-with-mindfulness, abgerufen am 11. Juli 2022.

Grant, Adam (2016): Nonkonformisten. Warum Originalität die Welt bewegt. Droemer HC; München.

Gruenert, Steve; Whitaker, Todd (2015): School Culture Rewired: How to Define, Assess, and Transform It. Alexandria, VA: ASCD.

Half, Robert (2016): Die Zeit ist reif. Glücklich arbeiten. Studie über die Geheimnisse der glücklichsten Unternehmen und Mitarbeiter. https://www.roberthalf.de/sites/roberthalf.de/files/pdf/noindex/robert-half-deutschland-gluecklich-arbeiten.pdf. Abgerufen am 11. Juli 2022.

Haller, Reinhard (2019): Das Wunder der Wertschätzung. München: Gräfe und Unzer.

Härtl-Kasulke, Claudia (2017): Mit Wertschätzung Wert schöpfen. Weinheim: Beltz. (Sowie Vortrag der Autorin zum Thema »Achtsamkeit« im Jobcenter Lörrach 2019).

Heart-Math-Institut (2016): Doc Childre, Howard Martin: Die HerzIntelligenz®-Methode; VAK Verlag, Freiburg.

Heidrick & Struggles (2021): Aligning Culture with the Bottom Line: How Companies Can Accelerate Progress. https://www.heidrick.com/en/insights/culture-shaping/Aligning-Culture-with-the-Bottom-Line-How-Companies-Can-Accelerate-Progress, abgerufen am 02.05.2022.

Hüther, Gerald (2016): Biologie der Angst. Wie aus Streß Gefühle werden. Göttingen: Vandenhoeck & Ruprecht.

Hüther, Gerald (2018): Was wir sind und was wir sein könnten. Frankfurt: Fischer.

Laloux, Frederic (2015): Reinventing Organizations: Ein Leitfaden zur Gestaltung sinnstiftender Formen der Zusammenarbeit. München. F. Vahlen.

Levy, B. R.; Pilver, C.; Chung, P. H. & Slade, M.D. (2014). Subliminal strengthening: Improving older indivudals' physical function over time with an implicit-age-stereotype intervention. Psychological Science 25(12), 2127-2135

Lowndes, Leil (2014): Wie man das Eis bricht. München: mvg.

McKinsey (2021): »Great Attrition« or »Great Attraction«? The choice is yours. https://www.mckinsey.com/business-functions/people-and-organizational-performance/our-insights/great-attrition-or-great-attraction-the-choice-is-yours, abgerufen am 15. August 2022.

Nextpractice GmbH (2014): Next Germany. https://www.nextpractice.de/next-germany und https://www.nextpractice.de/arbeiten-4-0/ abgerufen am 15. August 2022.

Roth, Gerhard (2015): Persönlichkeit, Entscheidung und Verhalten: Warum es so schwierig ist, sich und andere zu ändern. Stuttgart: Klett Cotta.

Rozovsky, Julia (2015): The Five Keys to a Successful Google Team. 17. November 2015. https://rework.withgoogle.com/blog/five-keys-to-a-successful-google-team, abgerufen 11. Juli 2022.

Scherer, Hermann (2016): Fokus. Frankfurt am Main: Campus.

Softgarden (2018): Die ersten 100 Tage aus Sicht der Bewerber: Probezeit für Arbeitgeber. 1. Januar 2018. https://softgarden.com/de/studie/die-ersten-100-tage-aus-sicht-der-bewerber-probezeit-fuer-arbeitgeber, abgerufen am 11. Juli 2022.

Spence, Garry (1996): Argumentiere und gewinne. Amerikas Anwalt Nr. 1 lehrt die hohe Kunst des erfolgreichen Argumentierens. München: Goldmann.

Sprenger + Sprenger (2021): Wertschätzung. https://deutschepodcasts.de/podcast/sprenger-sprenger/wertschatzung, abgerufen am 15. August 2022.

Strack, Rainer; Mike Booker et al. (2018): Decoding Global Talent 2018. https://www.bcg.com/de-de/publications/2018/decoding-global-talent, abgerufen 11. Juli 2022.

Strelecky, John (2009): The big five for Life. Was wirklich zählt im Leben. München: dtv.

Tagesschau (2021): Größtes Risiko: Fachkräftemangel. 14. Oktober 2021. https://www.tagesschau.de/wirtschaft/unternehmen/fachkraeftemangel-arbeitsmarkt-personal-101.html, abgerufen am 11. Juli 2022.

Thomasson, Emma (2018): At Germany's SAP, employee mindfulness leads to higher profits. 17. Mai 2018. https://www.reuters.com/article/us-world-work-sap-idUSKCN1II1BW, abgerufen am 11. Juli 2022.

Uhls, Yalda; Minas Michikyan; Jordan Morris et al. (2014): Five days at outdoor education camp without screens improves preteen skills with nonverbal emotion cues. In: Computer in Human Behavior, Vol. 39, 2014, Seite 387–392. https://www.sciencedirect.com/science/article/pii/S0747563214003227, abgerufen am 11. Juli 2022.

Von Rundstedt (2018): So verlieren Unternehmen ihre besten Mitarbeiter. 26. April 2018. https://newsroom.rundstedt.de/pressemitteilungen/talents-trends-so-verlieren-unternehmen-ihre-besten-mitarbeiter, abgerufen am 11. Juli 2022.

Weisbach, Christian-Rainer (2008): Professionelle Gesprächsführung. München: dtv.

Werner, Kathrin (2022): Fast jeder vierte Mitarbeiter steht vor dem Absprung. 5. April 2022. https://www.sueddeutsche.de/wirtschaft/neuer-job-jobsuche-job-wechseln-1.5560877, abgerufen am 11. Juli 2022

Wolf, Gunter (2020): Mitarbeiterbindung. Freiburg: Haufe.

Emotional Leading

Denis Mourlane
Emotional Leading
Unsere fünf Grundbedürfnisse oder wie wir die Kraft positiver Emotionen entfesseln
1. Auflage 2021

234 Seiten; Broschur; 19,95 Euro
ISBN 978-3-86980-614-3; Art.-Nr.: 1132

»Es gibt keinen größeren Motivator als die Erwartung positiver Emotionen.«, sagt der Diplom-Psychologe und deutsche Resilienzvordenker Dr. Denis Mourlane.

Wache ich morgens auf und erwarte viele positive Emotionen wie Liebe, Stolz oder Freude vom Tag, fliege ich förmlich aus dem Bett. Erwarte ich überwiegend negative Emotionen wie Ärger, Angst oder Frustration, wird mir das Aufstehen deutlich schwerer fallen. Diese Emotionen sind aber keine Zufallsprodukte, sondern entspringen der Befriedigung oder Verletzung unserer fünf Grundbedürfnisse.

Mourlanes Buch illustriert, wie wir selbst aktiv die schier grenzenlos motivierende Kraft positiver Emotionen nutzen: Für unser eigenes Wohlbefinden. Aber auch für das Wohlergehen und die Motivation von Mitarbeitenden und anderen Menschen in unserem Einflussbereich.

Wie das geht? Das zeigt Ihnen, neurowissenschaftlich fundiert, dieses Buch.

Mit vielen Tests zu Selbst- und Fremdeinschätzung sowie Übungen.

www.BusinessVillage.de